国家示范性高职院校重点建设专业系列教材

安全果蔬保护

（绿检　园艺　植保专业用）

王晓梅　高世吉　主编

中国农业大学出版社

·北京·

内 容 简 介

本书的编写融入了新的职业教育理念,以任务导向教学模式为依据,可作为高职高专绿检专业、园艺专业、植保专业学生教材使用,同时也可作为植保员岗位培训教材。本书把安全果蔬保护课程按工作过程分为:果蔬植物昆虫识别;果蔬植物病害诊断;果蔬病虫害标本采集、制作、保存;果蔬田间病虫害调查;果蔬病虫害预测预报;果蔬主要病虫害综合防治;农药剂型、配制及安全使用;蔬菜病虫害综合防治历制定;果品病虫害综合防治历制定九大工作任务。每项工作任务列有工作任务描述、目标要求、内容结构、相关资料、计划实施、评价与反馈。在部分工作任务的计划实施中列举案例,全书列举案例 20 个。缩短了教材与工作任务的差距,使任务更明确具体。

图书在版编目(CIP)数据

安全果蔬保护/王晓梅,高世吉主编. —北京:中国农业大学出版社,2010.9
ISBN 978-7-5655-0079-4

Ⅰ.①安…　Ⅱ.①王…②高…　Ⅲ.①果树-病虫害防治方法-教材　②蔬菜-病虫害防治方法-教材　Ⅳ.①S436

中国版本图书馆 CIP 数据核字(2010)第 163048 号

书　　名	安全果蔬保护
作　　者	王晓梅　高世吉　主编

策划编辑	陈　阳　伍　斌	责任编辑	梁爱荣
封面设计	郑　川	责任校对	王晓凤　陈　莹
出版发行	中国农业大学出版社		
社　　址	北京市海淀区圆明园西路 2 号	邮政编码	100193
电　　话	发行部 010-62731190,2620	读者服务部	010-62732336
	编辑部 010-62732617,2618	出 版 部	010-62733440
网　　址	http://www.cau.edu.cn/caup	E-mail:	cbsszs @ cau.edu.cn
经　　销	新华书店		
印　　刷	涿州市星河印刷有限公司		
版　　次	2010 年 11 月第 1 版　2010 年 11 月第 1 次印刷		
规　　格	787×980　16 开本　20 印张　363 千字		
定　　价	32.00 元		

图书如有质量问题本社发行部负责调换

编 审 人 员

主　编　王晓梅(北京农业职业学院)
　　　　高世吉(北京农业职业学院)
副主编　王春兰(北京市房山区长阳永兴果林试验场)
　　　　刘玉兰(吉林农业科技学院)
参　编　康克功(杨凌职业技术学院)
　　　　黄彦芳(北京农业职业学院)
　　　　句荣辉(北京农业职业学院)
　　　　迟全元(北京农业职业学院)
　　　　吴晓云(北京农业职业学院)
审　稿　孙艳梅(吉林农业科技学院)
　　　　何　笙(北京农业职业学院)

前　言

安全果蔬保护是高职院校绿色食品生产与检验和植保专业的一门专业课,又是紧密结合农业生产实际的一门课,同时又是与高级植保工岗位培训相融合的课程。随着人们生活水平的提高,对果蔬产品要求越来越高,希望能买到无污染、无农药残留的安全果蔬产品。要想获得这样的果蔬产品应从源头抓起,抓住生产的环节,最重要的是安全果蔬病虫害的防治问题。因此,提出"绿色植保"新理念,即通过使用各种绿色植保技术,包括农业、生态、物理等非化学防控技术,以及生物农药、高效低毒低残留新型农药和农药增效剂等应用技术,控制病虫危害,减少化学农药使用量,提高农药利用率,减少农药污染,确保生态环境和农产品质量安全。因此对植保工作提出更高要求。

本教材主要通过引领学生完成典型工作任务,经历完整工作过程的思路编写的。具体主要是根据绿检、园艺、植保专业对这门课程要求,确定九个典型工作任务。根据九大典型工作任务要求寻找相关知识和技能,通过学习相关知识、技能以及20个案例来完成九大工作任务。

本书每项工作任务列有工作任务描述、目标要求、内容结构、相关资料、计划实施、评价与反馈等。在部分工作任务的计划实施中列举案例,全书列举案例20个;缩短了教材与工作任务的差距,使任务更明确具体。

教材的内容尽量以先进又实用的案例为主,同时增加了新农业、生态、物理等非化学防控技术,体现"绿色植保"新理念,引导学生去探索本行业的前沿知识和发展趋势,为今后更好地完成工作任务打下基础。

在编写过程中注重了综合能力培养、学习目标工作化、课程内容职业化、学习过程导向化、评价反馈过程化。

本教材由王晓梅、高世吉主编。编写分工是:王晓梅、康克功编写工作任务8和工作任务9;高世吉编写工作任务1;刘玉兰、王春兰编写工作任务6和工作任务7;句荣辉编写工作任务2;黄彦芳、迟全元编写工作任务3和工作任务4;吴晓云编写工作任务5。

王晓梅对全书进行了统稿,孙艳梅、何笙教授负责本教材的审定工作。本教材得到了北京农业职业学院、杨凌职业技术学院、吉林农业科技学院的专家、领导和老师的大力支持和关心,在此表示感谢。

　　本书内容先进科学、简明实用、指导性强,可供绿检、园艺、植保专业高职高专学生教材之用,同时也可为从事果蔬生产的技术人员、管理人员学习使用。

　　编写《安全果蔬保护》特色教材还是初次尝试,限于编者水平有限,加之编写时间仓促,故难免有不妥之处,诚请各位同行、广大读者批评指正。

编　　者

2010 年 8 月

Contents 目　录

工作任务1 果蔬植物昆虫识别

工作任务描述

能够准确对果蔬生产上常见虫害进行识别,找出危害特点,根据危害特点确定防治方法。

目标要求

完成本学习任务后,你应当能:(1)知道果蔬昆虫一般形态特征;(2)掌握昆虫各附器的类型;(3)知道果蔬昆虫的主要生物学特性;(4)掌握昆虫的发生与环境关系;(5)独立完成昆虫分类基本知识,能够识别昆虫;(6)对果蔬植物昆虫进行识别。

内容结构

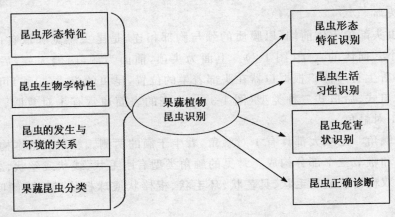

相关资料

(1)昆虫形态特征;(2)昆虫生物学特性;(3)昆虫的发生与环境的关系;(4)果蔬昆虫分类。

［资料单 1］ 昆虫形态特征

成虫的体躯分为头、胸、腹三个体段，各段由若干体节组成，并具不同的附器（图 1-1）。

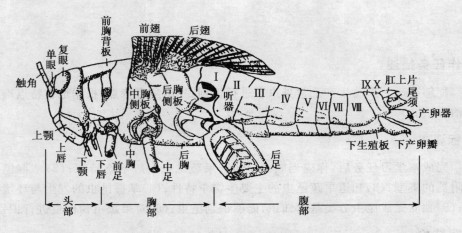

图 1-1 蝗虫体躯构造

1. 头部

昆虫头部位于体前端，以膜质的颈与胸部相连，是昆虫感觉和取食的中心。外观像个六面体的盒子（图 1-2）。上面为头顶，前面为额，两侧为颊，后方为后头，下部着生有口器。根据口器在头部着生的位置，昆虫的头式（口式）可分为下口式、前口式、后口式三种类型（图 1-3）。头壳的表面通常有 1 对复眼、1～3 个单眼及 1 对触角。

（1）触角 昆虫大都具有 1 对触角，着生于额的两侧。触角的基本构造由柄节、梗节和鞭节三个部分构成。常见的触角类型有刚毛状、线状或丝状、念珠状、锯齿状、双栉齿状或羽毛状、具芒状、环毛状、棍棒状或球杆状、锤状、鳃叶状（图 1-4）。

（2）眼 昆虫的眼有复眼和单眼两种。有些昆虫的成虫，除有 1 对复眼外，其背方还生有 0～3 个单眼。单眼没有调节光度的能力，只能辨别光线强弱。也有昆虫不具有单眼。

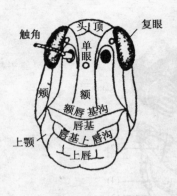
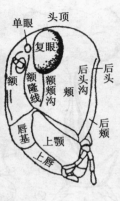
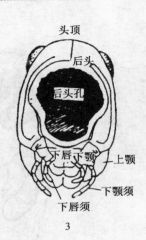

图 1-2 蝗虫头部构造

1.正面 2.侧面 3.后面

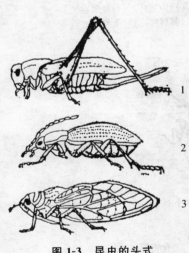

图 1-3 昆虫的头式

1.下口式(蝗斯) 2.前口式

3.后口式(蝉)

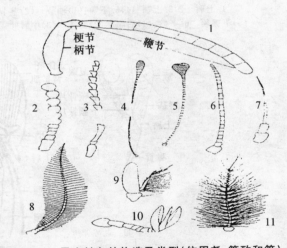

图 1-4 昆虫触角的构造及类型(仿周尧、管致和等)

1.触角的基本构造 2.念珠状 3.锯齿状(步行虫)

4.球杆状 5.锤状 6.丝状 7.刚毛状 8.双栉齿状

9.具芒状 10.鳃叶状 11.环毛状

（3）口器 口器是昆虫的取食器官。主要有咀嚼式(图 1-5)、刺吸式(图 1-6)、

锉吸式、虹吸式、舔吸式等口器。

3

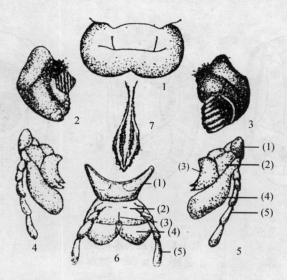

图 1-5　蝗虫的咀嚼式口器

1.上唇　2,3.上颚　4,5.下颚：(1)轴节　(2)茎节　(3)内颚叶　(4)外颚叶
(5)下颚须　6.下唇：(1)后颏　(2)前颏　(3)中唇叶　(4)侧唇叶　(5)下唇须　7.舌

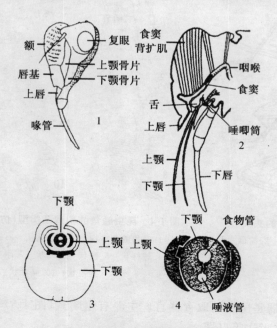

图 1-6　蝉刺吸式口器的构造

1.蝉头部侧面　2.从头部正中纵切面　3.喙的横断面　4.口针横断面

（4）口器类型与化学防治的关系　咀嚼式口器的昆虫都取食固体食物,给植物组织造成缺刻和孔洞。防治这类害虫多用胃毒剂或触杀剂。刺吸式口器可以吸食植物汁液和分泌唾液,危害植物一般造成变色、斑点、皱缩、卷曲等症状。多用内吸剂、触杀剂等药剂来防治。

2.胸部

昆虫的胸部是昆虫的运动中心。由 3 个体节组成,依次为前胸、中胸和后胸。每个胸节的下侧方各生有 1 对分节的足,依次为前足、中足和后足,多数昆虫在中、后胸上方各有 1 对翅,依次为前翅和后翅。

（1）昆虫胸足　昆虫成虫的胸足由基节、转节、腿节、胫节、跗节和前跗节组成,一般前跗节被两个侧爪取代。昆虫足的类型分为步行足、跳跃足、开掘足、捕捉足、携粉足、抱握足、游泳足（图 1-7）。

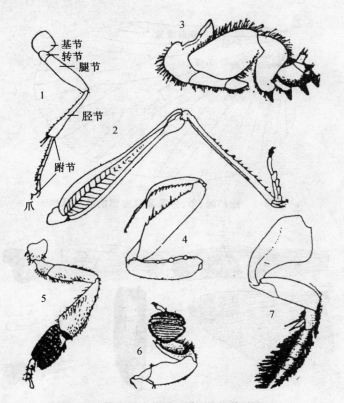

图 1-7　昆虫足有构造及类型（仿管致和）

1.步行足　2.跳跃足　3.开掘足　4.捕捉足　5.携粉足　6.抱握足　7.游泳足

5

（2）昆虫的翅　翅通常呈三角形，膜质透明，由气管固化成纵横的翅脉。翅的3条边分别称前缘、后缘和外缘。翅与身体相连的角称肩角，前缘与外缘所成的角称顶角；外缘与后缘所成夹角称臀角（图1-8）。翅的类型有革翅、膜翅、半翅、鞘翅、平衡棒、鳞翅、缨翅等类型（图1-9）。

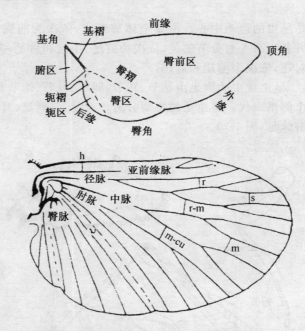

图1-8　翅的缘、角、分区及昆虫翅的标准脉序

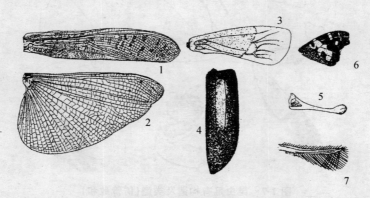

图1-9　昆虫翅的类型
1.革翅　2.膜翅　3.半翅　4.鞘翅　5.平衡棒　6.鳞翅　7.缨翅

3. 腹部

腹部是昆虫的第三体段,通常由 9～11 节组成,节与节之间以膜相连,腹部末端有外生殖器和尾须(图 1-10)。昆虫的内部器官包括消化器官、呼吸器官、生殖器官、神经器官、排泄器官、分泌器官等。其中消化器官、呼吸器官、生殖器官、神经器官的特性及生理与防治有密切关系。

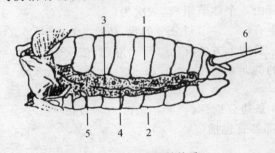

图 1-10　昆虫腹部的构造
1.背板　2.腹板　3.侧板　4.背侧线　5.气门　6.尾须

4. 昆虫的体壁

体壁是昆虫骨化了的皮肤,包在体躯外,具有与高等动物骨骼相似的支撑和保护作用,由表皮层、皮细胞层和基底膜三部分组成(图 1-11)。

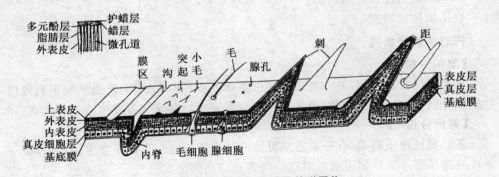

图 1-11　昆虫体壁构造及其附属物

[作业单 1]

(一)填空题

1. 根据口器在头部着生的位置,昆虫的头式(口式)可分为(　　　　)、(　　　　)、(　　　　)三种类型。

2. 昆虫触角的基本构造由(　　　　)、(　　　　)和(　　　　)三个部分构成。

3.触角类型有（   ）、（   ）、（   ）、（   ）、（   ）、（   ）、（   ）等。

4.昆虫的眼有（   ）和（   ）两种。

5.各种昆虫因食性和取食方式的不同,口器在构造上有不同的类型,主要有（   ）、（   ）、（   ）、（   ）等。

6.昆虫的胸部由 3 个体节组成,依次为（   ）、（   ）和（   ）。每个胸节的下侧方各生有（   ）对分节的足,依次为（   ）、（   ）和（   ）足,多数昆虫在中、后胸上方各有（   ）对翅,依次为（   ）和（   ）翅。

7.昆虫成虫的胸足由（   ）、（   ）、（   ）、（   ）和（   ）组成。

8.昆虫翅有 3 条边分别称（   ）、（   ）和（   ）。

9.昆虫的内部器官包括（   ）、（   ）、（   ）、（   ）、（   ）、（   ）等。

10.昆虫体壁由（   ）、（   ）和（   ）三部分组成。

(二)简答题

1.昆虫成虫的一般特征。

2.如何根据昆虫口器类型进行药剂防治?

3.举例说明昆虫触角功能。

4.昆虫体壁功能。

(三)案例分析题

【案例分析1】

某地农民种植白菜,有一类害虫把白菜叶吃成孔洞和缺刻,严重情况下只残留叶柄和叶脉,你分析一下这类虫是哪一类口器害虫? 对这一类害虫应选哪类农药?

【案例分析2】

某地农民种植白菜,有一类害虫可使叶片变黄、卷曲,不能正常生长,你分析一下这类虫是哪一类口器害虫? 对这一类害虫应选哪类农药?

【案例分析3】

某农民张某到菜地里,看到自己辛辛苦苦种的蔬菜遭受害虫严重危害,捉到虫子又不认识,你能帮助他吗? 说一说你的识别方法。

[技能单1] 昆虫形态特征观察

1.目的要求

通过本实训熟悉昆虫的体躯外部形态及分段、分节情况,了解各体段的基本构造和附器,为昆虫分类奠定基础。

2.材料工具

材料:蝗虫、蝼蛄、蟋蟀、蝉、金龟子、蝴蝶、各种蛾类、蜜蜂、椿象、螳螂、步行虫、龙虱、草蛉、蚜虫、蓟马、象甲、食蚜蝇等的浸渍或针插干制标本。

用具:体视显微镜、普通放大镜、培养皿、挑针、镊子、多媒体课件及相关昆虫外部形态挂图等。

3.操作步骤

4.完成技能单(表1-1)

表1-1　昆虫外部形态特征观察技能单

编号	昆虫名称	口器类型	触角类型	翅类型		胸足类型			备注
				前翅	后翅	前足	中足	后足	

［资料单 2］　昆虫生物学特性

(一)昆虫的繁殖方式

(1)**两性生殖**　昆虫绝大多数是雌雄异体,通过两性交配后,精子与卵子结合,雌虫产出受精卵,每粒卵发育为子代,这种繁殖方式称为两性生殖,是昆虫繁殖后代最普遍的方式,如蝗虫。

(2)**孤雌生殖**　又称单性生殖,是卵不必经过受精可以繁殖的方式,如蚜虫。

(3)**卵胎生**　是指卵在母体内成熟后,留在母体内进行胚胎发育,直到孵化后,直接产下幼虫,如蚜虫的单性生殖,就是卵胎生的生殖方式。

(4)**多胚生殖**　由一个卵发育成两个或更多的胚胎,每个胚胎发育成一个新个体。

(二)昆虫的发育和变态

昆虫的生长发育分为两个阶段:第一阶段在卵内发育,从卵产出到孵化为止,称为胚胎发育。第二阶段从卵孵化后开始至成虫性成熟的整个发育期称为胚后发育。昆虫的一生自卵产下起至成虫性成熟为止,在外部形态和内部构造上,要经过复杂的变化,若干次由量变到质变的过程,从而形成几个不同的发育阶段,这种现象称为变态。

（三）变态的类型

按昆虫发育阶段的变化,变态可分为下列两大类:不完全变态和完全变态。不完全变态是昆虫一生中只经过卵、若虫、成虫 3 个虫期。若虫与成虫的外部形态和生活习性很相似,仅个体的大小,翅及生殖器官发育程度不同,如蝗虫。完全变态具有卵、幼虫、蛹、成虫 4 个虫期,其成虫和幼虫在形态上和生活习性上完全不同,如蛾、蝶、蜂、蝇和大多数甲虫等（图1-12）。

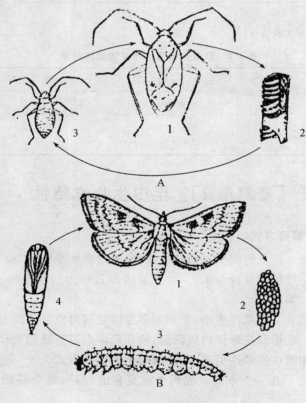

图1-12 昆虫的变态

A.不完全变态(盲蝽):1.成虫 2.卵 3.若虫

B.完全变态(螟虫):1.成虫 2.卵 3.幼虫 4.蛹

(四)昆虫个体发育各阶段的特性

1.卵期

卵期是卵自产下后到孵化幼虫(若虫)所经过的时间。卵常见的有椭圆形、鱼篓形、瓶形、有柄形等(图1-13)。根据昆虫卵的类型不同可以鉴别昆虫种类及有效地进行防治。掌握害虫卵期长短,在幼虫初孵时进行防治,效果好。

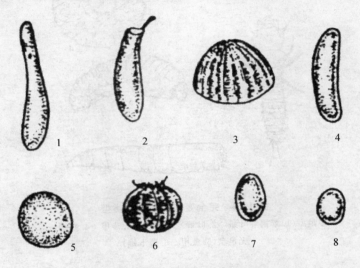

图1-13 卵的形状及卵的模式构造

1.袋形(三点盲蝽) 2.长茄形(飞虱) 3.半球形(小地老虎) 4.长卵形(蝗虫)
5.球形(甘薯天蛾) 6.篓形(棉金刚钻) 7.椭圆形(大黑金龟子) 8.馒头形(棉铃虫)

2.幼虫(若虫)期

幼虫生长到一定程度,必须将束缚过紧的旧表皮脱去,重新形成新的表皮,才能继续生长,这种现象,称为蜕皮。从卵孵化至第一次蜕皮前称为第一龄幼虫(若虫),以后每蜕皮1次增加1龄。所以,计算虫龄是蜕皮次数加1。两次蜕皮之间所经历的时间,称为龄期。昆虫蜕皮的次数和龄期的长短,因种类及环境条件而不同。一般幼虫蜕皮4次或5次。在2、3龄前,活动范围小,取食很少,抗药能力很差;所以,防治常要求将其消灭在3龄前或幼龄阶段。完全变态昆虫的幼虫按体型和足式可分以下类型:①无足型。完全无足,如象甲、天牛、吉丁虫及蝇类的幼虫。②寡足型。只有3对发达的胸足,无腹足,如叩头甲、瓢虫、金龟甲的幼虫。③多足型。除有胸足3对外,还有多对腹足,如蝶、蛾、叶蜂(图1-14)。

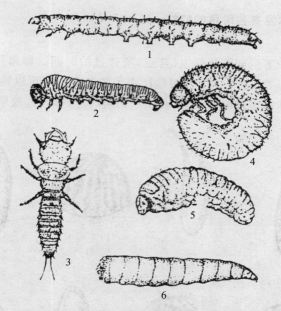

图 1-14　完全变态类幼虫的类型

多足型(1.苹褐卷叶蛾　2.叶蜂)　寡足型(3.步甲　4.蛴螬)

无足型(5.象甲　6.萝卜蝇)

3.蛹期

蛹期是完全变态昆虫特有的发育阶段,也是幼虫转变为成虫的过渡时期,表面不食不动,但内部进行着分解旧器官、组成新器官的剧烈新陈代谢活动。

各种昆虫蛹的形态不同,可分3个类型。离蛹(裸蛹)是触角、足、翅等与蛹体分离,有的可以活动,如金龟甲、蜂类的蛹。被蛹是触角、足、翅等紧紧地贴在蛹体上,表面只能隐约见其形态,如蝶、蛾的蛹。围蛹是蛹体被幼虫最后脱下的皮形成桶形外壳所包围,里面是离蛹,如蝇、虻类的蛹(图1-15)。

4.成虫期

成虫是昆虫个体发育的最后一个虫态。不完全变态的若虫和完全变态的蛹,蜕去最后一次皮变为成虫的过程称为羽化。这个时期的主要任务是交配、产卵和繁殖后代。因此,寿命很短,对作物危害性不大。

掌握了昆虫的生物学特性,抓住产卵前期诱杀成虫,产卵盛期释放卵寄生蜂,可以提高防治效果。

由于成虫期是昆虫个体发育的最后阶段,体型结构已经固定,种的特征已经显示,所以成虫的形态特征是昆虫形态分类的主要依据。成虫的雌、雄个体,在体型

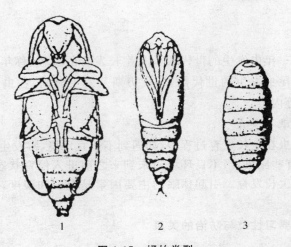

图 1-15 蛹的类型
1.裸蛹(天牛) 2.被蛹(蛾类) 3.围蛹(蝇)

上比较相似,仅外生殖器官和性腺等第一性征不同。但也有少数昆虫,除第一性征不同外,在体型、色泽以及生活行为等第二性征方面也存在着差异,称为性二型。例如,小地老虎等蛾类,雄性触角为栉齿状,雌性为丝状;介壳虫类等,雄虫有 1 对翅,雌虫无翅(图 1-16)。

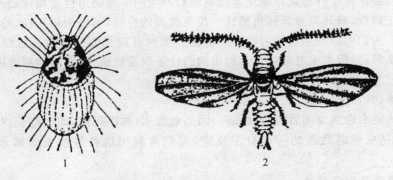

图 1-16 吹绵蚧的性二型
1.无翅雌虫 2.有翅雄虫

(五)昆虫的世代和年生活史

1.世代与世代重叠

昆虫自卵或幼体产下到成虫性成熟繁殖后代的个体发育史称为一个世代,简称一代。世代重叠是指同一时期可以看到不同的虫态或不同世代昆虫,这种现象称为世代交替。

2. 年生活史

一种昆虫在一年内发生的世代数及其生长发育的过程,称年生活史。年生活史包括一年某种昆虫发生的世代数、各代历期及发生时间、各虫态的数量变化规律、越夏和越冬等内容。

3. 昆虫的休眠与滞育

休眠是指昆虫在生长发育过程中,如遇到不适宜环境,常发生发育暂时中止现象,称为休眠。有些昆虫,当不良环境尚未到来之前进入停育状态,即使不良条件解除也不能恢复生长发育。引起休眠的主要因素是温度和湿度,引起滞育主要是由内因引起的。

(六)昆虫主要习性及与防治的关系

1. 食性

(1)单食性 昆虫只取食一种动植物,也称专食性。如葡萄天蛾只取食葡萄。

(2)寡食性 昆虫只取食一科或近缘动植物,也称寡食性。如菜粉蝶、小菜蛾取食十字花科作物。

(3)多食性 昆虫取食多种动植物,也称多食性。

2. 趋性

趋性是昆虫受外界某种物质连续刺激后产生的一种强迫性定向运动。趋向刺激源称正趋性,避开刺激源称负趋性。按刺激源的性质,可分为趋光性、趋温性、趋化性等。人们可以利用这些习性开展防治。如对有趋光性的害虫进行灯光诱杀、黄板诱杀等;利用害虫对某些化学物质的趋性采取食物诱杀、药物拒避或进行性引诱等。

3. 伪(假)死性

有些昆虫遇到惊动后,立即蜷缩一团坠地装死,称伪死性,如金龟子、叶甲的成虫,这是昆虫逃避敌害的一种自卫反应,人们常利用这种习性振落捕杀和人工捕杀。

4. 群集性和迁移性

同种昆虫大量个体高密度聚集在一起的现象叫群集性。如竹蝗、飞蝗等。昆虫在个体发育过程中,为了满足对食物和环境的需要,都有向周围扩散、蔓延的习性,如蚜虫。有的还能成群结队远距离地迁飞转移,如蝗虫、黏虫等。了解害虫迁飞规律,有助于人们掌握害虫消长动态,以便在其扩散之前及时防治。

[作业单2]

(一)填空题

1.昆虫的繁殖方式有(　　　　)、(　　　　)、(　　　　)、(　　　　)。

2.昆虫变态的类型可分为(　　　　)和(　　　　)两种类型。完全变态具有(　　　　)、(　　　　)、(　　　　)、(　　　　)4个虫期;不完全变态经过(　　　　)、(　　　　)、(　　　　)3个虫期。

3.虫龄与蜕皮次数关系是(　　　　)。

4.昆虫幼虫可分(　　　　)、(　　　　)、(　　　　)。

5.昆虫蛹的形态不同,可分(　　　　)、(　　　　)、(　　　　)三种类型。

6.昆虫的一生自(　　　　)产下起至成虫性成熟为止,在(　　　　)和内部构造上,要经过复杂的变化,若干次由量变到(　　　　)的过程,从而形成几个不同的发育阶段,这种现象称为(　　　　)。

7.不完全变态的若虫和完全变态的(　　　　),蜕去最后一次皮变为成虫的过程称为(　　　　)。

8.幼虫生长到一定程度,必须将束缚过紧的旧表皮脱去,重新形成(　　　　)表皮,才能继续生长,这种现象,称为(　　　　)。

9.卵期是(　　　　)自产下后到孵化幼虫或(　　　　)所经过的时间。

10.黄板诱杀可诱杀(　　　　)、(　　　　)、(　　　　)等昆虫。

11.灯光诱杀主要有(　　　　)、(　　　　)类昆虫。

(二)简答题

1.举例说明昆虫繁殖方式有哪几种?

2.举例说明什么是昆虫性二型?

3.为什么防治幼虫时在3龄前进行防治?

4.如何利用昆虫主要生活习性进行防治?

[技能单2]　昆虫生物学特性观察

1.目的要求

认识昆虫不同发育阶段各虫态类型的形态特征,区分完全变态、不全变态昆虫的生活史特征。为进一步识别昆虫奠定基础。

2.材料工具

材料:菜粉蝶、天蛾、椿象、叶蝉、地老虎、玉米螟、瓢虫、蝗虫等卵块或卵标本。蝗虫、蚜虫、椿象的若虫标本。金龟子、瓢虫、菜粉蝶、尺蛾、象甲、苍蝇、叶蜂、寄生蜂等成虫、幼虫及蛹标本。菜粉蝶、凤蝶、介壳虫、蟋蟀、螽斯、蝉、蚜虫等成虫性二型及多型现象标本。主要果蔬害虫的变态类型挂图、照片、光盘、多媒体课件等。

用具：体视显微镜、放大镜、镊子、挑针、培养皿、多媒体教学设备等。

3.操作步骤

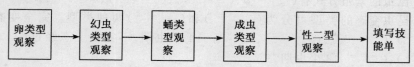

4.完成技能单（表1-2）

表1-2　昆虫变态类型和发育各虫态特点观察技能单

编号	昆虫名称	变态类型	卵的形态特征	幼虫类型	蛹的类型

［资料单 3］　果蔬昆虫分类

（一）昆虫分类的依据

昆虫分类是研究昆虫科学的基础。昆虫的分类阶梯是界、门、纲、目、科、属、种。种是分类的基本单位。为了更好地反映物种间的亲缘关系，在种以上的分类等级间加设亚纲、亚目、总科、亚科、亚属、亚种等。

昆虫的科学名称叫学名，由属名、种名和命名者等部分构成，其中属名和命名者的第一个字母要大写，其余小写，在印刷时属名和种名应排斜体，定名人正体。例如，梨小食心虫（*Grapholitha molesta* Basck）。

（二）果蔬昆虫主要目、科分类特征

昆虫纲有33目，其中有9个目与果蔬植物有关。

1. 直翅目

体中至大型，触角多为丝状，口器咀嚼式。前胸背板发达，中、后胸愈合。前翅狭长革质，后翅膜质宽大。多数种类后足腿节发达为跳跃足，有些种类前足为开掘足。雌虫产卵器发达。多为植食性，不完全变态。有蝗科、蟋蟀科、蝼蛄科、螽斯科（图1-17）。

2. 鳞翅目

此目包括蛾、蝶类。体小型至大型。成虫体、翅密生鳞片，触角丝状、羽毛状、棍棒状等。成虫口器虹吸式。完全变态。幼虫多足型，咀嚼式口器。蛹为被蛹。

本目成虫一般不危害植物,幼虫多为植食性,有食叶、卷叶、潜叶、钻蛀茎(根、果实)等,主要代表科见图1-18。

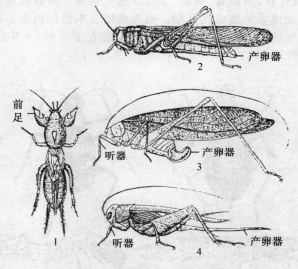

图 1-17　直翅目常见代表科

1.蝼蛄科　2.蝗科　3.螽斯科　4.蟋蟀科

17

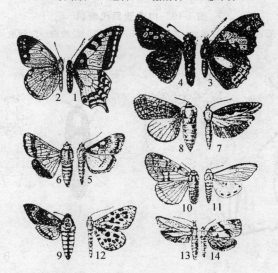

图 1-18　鳞翅目主要代表科

1.凤蝶科　2.粉蝶科　3.蛱蝶科　4.弄蝶科　5.螟蛾科　6.夜蛾科　7.菜蛾科
8.木蠹蛾科　9.天蛾科　10.毒蛾科　11.灯蛾科　12.尺蛾科　13.麦蛾科　14.卷蛾科

3.鞘翅目

此目通称甲虫。体小型至大型,体壁坚硬。成虫前翅为鞘翅。口器咀嚼式。触角形状多变,有丝状、锯齿状、锤状、膝状或鳃叶状等。多数成虫有趋光性和假死性。完全变态。幼虫寡足型或无足型。蛹为离蛹。本目包括很多果蔬植物的害虫和益虫。如肉食性的虎甲科、步甲科等;植食性的吉丁甲科、天牛科、叩头甲科、叶甲科、金龟甲科等(图1-19至图1-22)。

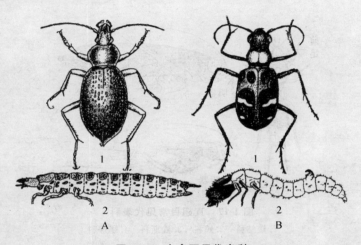

图1-19 肉食亚目代表科

A.步甲科 1.成虫 2.幼虫 B.虎甲科 1.成虫 2.幼虫

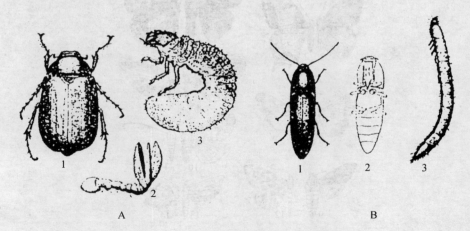

图1-20 金龟甲科和叩头甲科

A.金龟科(金色金龟) 1.成虫 2.成虫触角 3.幼虫

B.叩头甲科(细胸叩头甲) 1.成虫 2.成虫腹面 3.幼虫

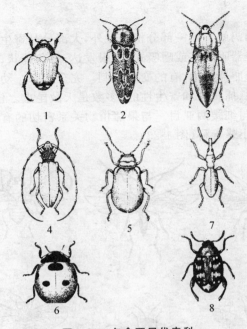

图1-21 多食亚目代表科

1.金龟科　2.吉丁虫　3.叩头科　4.天牛科
5.叶甲科　6.瓢甲科　7.象甲科　8.豆象科

19

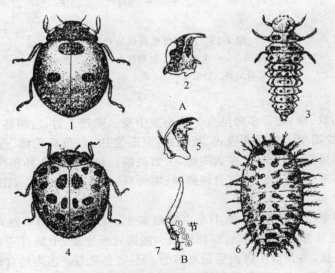

图1-22 鞘翅目瓢甲科

A.七星瓢甲　1.成虫　2.上颚　3.幼虫　B.马铃薯瓢甲　4.成虫　5.上颚　6.幼虫　7.足

4.膜翅目

此目包括蜂类和蚂蚁。除一部分植食性外,大部分是寄生性,很多是有益的种类,体小型至大型,口器咀嚼式或嚼吸式;复眼发达;触角膝状、丝状或锤状等。前、后翅均膜质。雌虫产卵器发达,有的变成螫刺。完全变态。幼虫通常无足。裸蛹,有的有茧。有植食性、捕食性和寄生性的,多数是天敌昆虫。依据胸腹部连接处是否腰状缢缩,分广腰与细腰两亚目。与果蔬植物关系密切的有叶蜂、茎蜂、姬蜂、茧蜂、小蜂、赤眼蜂、金小蜂等科(图1-23)。

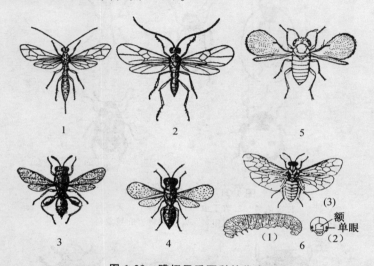

图1-23 膜翅目重要科的代表

1.姬蜂 2.茧蜂 3.广大腿小蜂 4.黑腿小蜂 5.纹翅卵蜂科
6.叶蜂科:(1)幼虫 (2)幼虫头 (3)成虫

5.双翅目

此目包括蚊、蝇、虻等多种昆虫。体小至中型。前翅1对,后翅特化为平衡棒,前翅膜质,脉纹简单。口器刺吸式、舐吸式;复眼发达;触角具芒状、念珠状、丝状。完全变态。幼虫蛆式,无足。多数围蛹,少数被蛹。包括长角亚目和芒角亚目。与果蔬植物关系密切的有瘿蚊科、食蚜蝇科、实蝇科、花蝇科、寄蝇科(图1-24)。

6.半翅目

过去称椿象,现简称蝽。体小至中型略扁平。刺吸式口器。触角多为丝状,3~5节。前翅基部角质或革质,端部膜质。前胸背板发达,中胸有三角形小盾片。很多种类有臭腺,多开口于腹面后足基节旁。不完全变态。多为植食性,少数为肉食性天敌。如猎蝽、小花蝽等。果蔬植物关系密切的有蝽科、网蝽科、盲蝽科、缘蝽科、猎蝽科、花蝽科等(图1-25)。

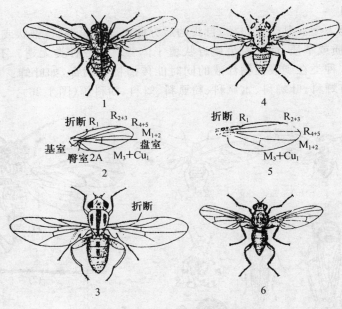

图 1-24　双翅目重要科的代表

1,2 潜蝇科　3. 秆蝇　4,5 水蝇科　6. 种蝇科

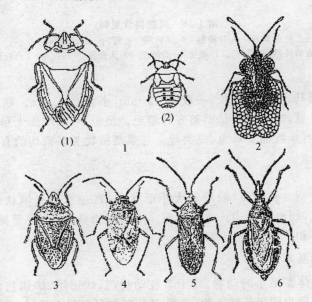

图 1-25　半翅目体躯构造及常见代表科

1. 半翅目的体躯构造:(1)成虫　(2)若虫;2. 网蝽科　3. 蝽科　4. 盲蝽科　5. 缘蝽科　6. 猎蝽科

7. 同翅目

体小型至大型。刺吸式口器,自头的后方伸出。触角鬃状、锥状或线状。前翅质地均匀,膜质或革质,静止时呈屋脊状覆于体背。少数种类无翅。不完全变态。植食性。有些种类在刺吸植物汁液的同时能传播植物病毒,如叶蝉。与果蔬植物关系密切的有蝉科、叶蝉科、木虱科、粉虱科、蚜科、蚧科等(图1-26)。

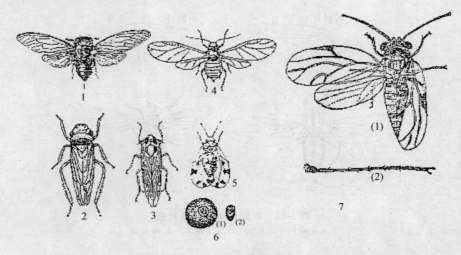

图 1-26　同翅目常见科
1. 蝉科　2. 叶蝉科　3. 飞虱科　4. 蚜科　5. 粉虱科
6. 盾蚧科(梨圆蚧):(1)雌虫　(2)雄虫　7. 木虱科:(1)成虫　(2)触角

8. 缨翅目

本目通称蓟马。体小,细长,一般 1～2 mm,小者 0.5 mm。翅膜质,狭长,无脉或最多两条纵脉,翅缘着生长而整齐的缨毛。足短小,末端膨大呈泡状。过渐变态。多数植食性,少数捕食蚜虫、螨类等。与果蔬植物关系密切的有蓟马科和管蓟马科(图1-27)。

9. 脉翅目

体小型至大型。翅膜质,前后翅大小形状相似,翅脉多呈网状,边缘两分叉。成虫口器咀嚼式,幼虫刺吸式。完全变态。本目昆虫成、幼虫都是捕食性的益虫。常见的有草蛉科和粉蛉科(图1-28)。

(三)螨类的基本知识

螨类是一些体型微小的动物,属于节肢动物门,蛛形纲,蜱螨目。世界大约有50万种。螨类与昆虫同属节肢动物,在形态上有许多相似之处,如身体和附肢都分节,具有外骨骼等。但它们是两类不同的动物,它们之间有明显的区别(表1-3)。

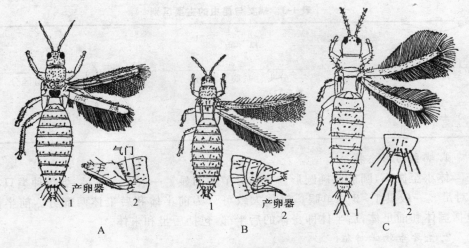

图1-27　缨翅目各科

A.纹蓟马科:1.雌成虫　2.雌虫腹末端侧面;B.蓟马科:1.成虫　2.雌虫腹末端侧面

C.管蓟马科:1.雌成虫　2.腹部末端背面

23

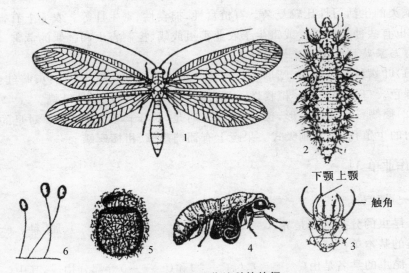

图1-28　脉翅目草蛉科的特征

1.成虫　2.幼虫　3.幼虫头部　4.蛹　5.茧　6.卵

表 1-3　螨类与昆虫的主要区别

构造＼类群	昆　虫	螨　类
体躯	分头、胸、腹 3 部分	头、胸、腹愈合不易区分
触角	有	无
足	3 对	4 对(少数 2 对)
翅	多数有翅 1～2 对	无

1.螨类的形态特征

体小至微小,圆形或椭圆形。身体分节不明显。一般有 4 对足,少数种类只有 2 对足。一般具 1～2 对单眼。螨体大致可分为前半体和后半体两部分。前半体包括颚体和前足体,后半体即身体的后半部,包括后足和末体。

2.主要生物学特征

螨类多为两性生殖,卵必须受精才能发育成正常的后代,个别种类为孤雌生殖。螨类有变态,一生分为卵、幼螨和成螨。幼螨具足 3 对,从第 1 若螨开始均具足 4 对。

螨类的生活习性比较复杂。有植食性、捕食性、寄生性等。农业上有害螨类很多,但也有些种类可捕食或寄生于农业害虫或螨,控制害虫和害螨的危害。

3.与果蔬植物关系密切的螨类

(1)叶螨科　体微小,圆形或长圆形。雄螨腹部尖,多半为红色、暗红色、黄色或暗绿色。口器刺吸式。植食性。危害果蔬有朱砂叶螨、山楂叶螨。

(2)瘿螨科　体蠕虫形,狭长,仅有 2 对足,位于体躯前部,第 2 对足的正后方有横向的生殖孔;口器刺吸式。果蔬上有葡萄瘿螨、柑橘瘿螨。

[作业单 3]

(一)填空

1.昆虫的分类阶梯是界、(　　　　)、纲、(　　　　)、(　　　　)、属、种。(　　　　)是分类的基本单位。

2.昆虫的学名是由(　　　　)、(　　　　)和(　　　　)等部分构成,其中(　　　　)和(　　　　)的第一个字母要(　　　　),其余(　　　　),在印刷时属名和种名应排(　　　　),定名人(　　　　)。

(二)选择题

1.金龟甲的幼虫称为(　　　　)。

　　A. 蛴螬　　　　B. 金针虫　　　　C. 叩头虫　　　　D. 地老虎

2. 蚜虫属于(　　　　)目。

　　A. 同翅目　　　　B. 双翅目　　　　C. 脉翅目　　　　D. 直翅目

3. 下列昆虫(　　　)属于不完全变态。

　　A. 草蛉　　　　B. 蝉类　　　　C. 蛾类　　　　D. 天牛

4. 下列(　　　)没有天敌昆虫。

　　A. 半翅目　　　　B. 同翅目　　　　C. 脉翅目　　　　D. 鞘翅目

5. 草履蚧雌虫有(　　　　)对翅。

　　A. 0　　　　　　B. 1　　　　　　C. 2

6. 幼虫将单片叶以主脉为轴二边对包成饺子状的是(　　　　　　)。

　　A. 银纹夜蛾　　B. 梨星毛虫　　C. 黄刺蛾　　　D. 天幕毛虫

7. 危害果树的(　　　　　)，又被称为顶针虫。

　　A. 天幕毛虫　　B. 梨星毛虫　　C. 黄刺蛾　　　D. 地老虎

8. 糖醋液可以诱杀(　　　　　)。

　　A. 斑蛾类　　　B. 灯蛾类　　　C. 夜蛾类

9. 鲜马粪和鲜草可以诱杀(　　　　　)。

　　A. 蝼蛄类　　　B. 枯叶蛾类　　C. 象甲类　　　D. 黄刺蛾

10. 赤眼蜂主要用来防治(　　　　　)害虫。

　　A. 同翅目　　　B. 鞘翅目　　　C. 鳞翅目　　　D. 直翅目

11. 食蚜蝇幼虫是(　　　　　)。

　　A. 无足型　　　B. 多足型　　　C. 寡足型　　　D. 一对足

12. 蛾类、蝶类幼虫是(　　　　　)。

　　A. 无足型　　　B. 多足型　　　C. 寡足型　　　D. 一对足

13. 蛾类、蝶类蛹是(　　　　　)。

　　A. 离蛹　　　　B. 被蛹　　　　C. 围蛹

(三)简答题

1. 举例说明与果蔬植物有关的昆虫主要有哪几个目？各目的主要特点是什么？

2. 昆虫与螨类如何区别？

[技能单3]　果蔬昆虫主要目、科特征识别技术

1. 目的要求

　　识别直翅目、半翅目、同翅目、鞘翅目、鳞翅目、膜翅目、双翅目、缨翅目、脉翅目的特征及各目主要科形态特征。

2.材料工具

材料:各目的代表昆虫种成虫的针插标本、浸渍标本、昆虫盒式分类标本、挂图、照片等。

用具:体视显微镜、放大镜、镊子、挑针、培养皿等。

3.操作步骤

口器类型观察 → 翅特征观察 → 足特征观察 → 变态类型观察 → 形态特征描述 → 填写技能单

4.完成技能单(表1-4)

表1-4　昆虫主要各目、科形态特征识别技能单

编号	昆虫名称	目	科	形态特征描述	备注

[资料单4]　昆虫的发生与环境的关系

昆虫环境是由一系列生态因子组成的,按生态因子的性质,分为非生物因子和生物因子两大类。非生物因子包括气候因子、土壤因子。生物因子包括天敌昆虫、天敌微生物、捕食性鸟兽及其他有益动物等。

(一)气候因素

1.温度

能使昆虫正常生长发育、繁殖的温度范围,称有效温度范围。在温带地区通常为8～40℃,最适温度为22～30℃。有效温度的下限称发育起点,一般为8～15℃。有效温度的上限称临界高温,一般为35～45℃。在发育起点以下若干摄氏度,昆虫便处于低温昏迷状态,称停育低温区,一般为8～10℃。停育低温以下昆虫会立即死亡,称致死低温区,一般−40～−10℃。

在临界高温以上,昆虫处于昏迷状态,叫停育高温区,通常40～45℃。在停育高温以上昆虫会立即死亡,称致死高温区,通常45～60℃。

有效积温定律(法则):在有效温度范围内,昆虫的生长发育速度与温度成正相关。实验测得,昆虫完成一定发育阶段(虫期或世代),需要一定的温热积累,发育所需天数与该期内有效温度的乘积为一个常数,该常数称为有效积温,这个规律称

有效积温定律(法则)。公式表示如下:

$$K=N(T-C) \text{ 或 } N=K/(T-C)$$

式中:K 为常数,N 为发育天数,T 为平均温度,C 为发育起点温度。

有效积温定律可应用于以下几点:

①预测害虫发生期。例如,已知槐尺蠖卵的发育起点温度为 8.5℃,卵期有效积温为 84 日度,卵产下时的日平均温度为 20℃,若天气无异常变化,根据 $N=84/(20-8.5)=7.3(d)$,预测 7 d 后槐尺蠖的卵就会孵出幼虫。

②控制昆虫发育进度。人工繁殖利用寄生蜂防治害虫,按释放日期的需要,可根据公式 $T=K/N+C$ 计算出室内饲养寄生蜂所需要的温度,通过调节温度来控制寄生蜂的发育速度,在合适的日子释放出去。

③估测一种昆虫在不同地区的年发生代数。例如,已知梨尺蠖完成一代所需要有效积温为 458 日度,发育起点 9.5℃,当地 4~8 月的有效积温为 1 873 日度。根据公式:

世代数=某地全年发育有效积温总和(℃)/某虫完成一代所需的有效积温
(℃)=1 873/458=4(代/年)

2. 湿度

湿度和降雨,实质是水的问题。水是生物进行生理活动的介质。昆虫对湿度的要求有一定范围,它对昆虫的发育速度、繁殖力和成活率有明显影响。一般地说,低湿延缓发育天数、降低繁殖力和成活率,但湿度过大,尤其暴风雨对弱小昆虫与低龄幼虫(若虫)都是致命打击。因此,湿度对昆虫的数量消长影响很大。

3. 温、湿度的综合影响

自然界中,温度与湿度总是同时存在,互相影响并综合作用于昆虫,适宜的温度范围常随湿度的变化而变化,反之适宜的湿度范围常随温度不同而变化。

为了正确反映温湿度对昆虫的综合作用,常以温湿系数来表示,公式为:温湿系数=平均相对湿度/平均温度。

在一定的温湿度范围,相应的温湿度组合能产生相近或相同的生物效能。但不同的昆虫必须限制在一定的温度、湿度范围。

4. 光

昆虫可见光偏于短光波,为 253~700 nm,许多昆虫对紫外光表现正趋性,黑光灯波长为 360 nm 左右,所以诱虫最多。

5. 风

风可以降低气温和湿度,影响昆虫的体温和体内水分的蒸发,特别是对昆虫的扩散和迁移影响较大。许多昆虫能借风力传播到很远的地方,如蚜虫可借风力迁移 1 220～1 440 km。

(二)土壤因素

土壤的理化性状,如温度、湿度、机械组成、有机质含量及酸碱度等,直接影响土壤中昆虫的生命活动。如东方蝼蛄多分布在南方黏土地区,而华北蝼蛄多出现在北方沙土地,金针虫喜酸性土壤,金龟甲喜在有机质含量丰富的土壤中产卵。

(三)生物因素

天敌因素泛指害虫的所有生物性敌害。

1.天敌昆虫

包括寄生性和捕食性两大类。寄生性天敌种类很多,其中膜翅目、双翅目的昆虫利用价值最大。

捕食性天敌种类也很多,常见的如螳螂、蜻蜓、草蛉、虎甲、步甲、瓢甲、食虫虻、食蚜蝇、胡蜂等。

2.微生物

主要包括细菌、真菌、病毒等。有些病原微生物已能人工繁殖生产。

3.其他有益动物

主要包括蜘蛛、捕食螨、鸟类、两栖类、爬行类等。鸟类的应用早为人们所见,蜘蛛的作用在生物防治中越来越受到人们的重视。

(四)植物的抗虫性

植物对昆虫的取食危害所产生的抗性反应,称为植物的抗虫性。其抗虫机制可分为三种。

1.排趋性

植物的形态、组织上的特点和生理生化上的特性,或体内某些特殊物质的存在,阻碍昆虫对植物的选择,或由于植物发育阶段与害虫的危害期不吻合,使局部或全部避免受害。

2.抗生性

植物体内存在某些有毒物质,害虫取食后引起生理失调甚至死亡,或植物受害后产生一些特殊反应,阻止害虫继续危害。

3.耐害性

植物受害虫危害后,由于本身强大的补偿能力使产量损失很小。如多种阔叶植物被害后再生能力强,常可忍受大量的失叶。

(五)人类生产活动对昆虫的影响

1.改变一个地区的昆虫组成

人类在生产活动中,常有目的地从外地引进某些益虫,如澳洲瓢虫相继被引进各国,控制了吹绵蚧。但人类活动中无意带进一些危险性害虫,如苹果绵蚜、葡萄根瘤蚜、美国白蛾等,也给生产带来灾难。

2.改变昆虫的生活环境和繁殖条件

人类培育出抗虫、耐虫植物,大大减轻了受害程度;大规模的兴修水利、植树造林和治山改水活动,从根本上改变昆虫的生存环境,从生态上控制害虫的发生,如东亚飞蝗喜欢禾本科作物,如果植树造林切断食源就可以达到控制害虫目的。

3.人类直接消灭害虫

人们可以直接采用人工捕成虫、卵、幼虫方法直接消灭害虫。

[作业单4]

(一)填空题

1.在温带地区昆虫正常发育温度范围为( );最适温度为( );发育起点温度为( );停育高温为( );致死高温为( )。

2.在有效温度范围内,昆虫的生长发育速度与( )成正相关。

3.影响昆虫生长发育的气候因素为( )、( )、( )、( )、( )。

4.影响昆虫生长发育的生物因素为( )、( )、( )。

5.天敌昆虫包括( )、( )两大类。捕食性有( )、( )、( )、( )、( ),寄生性有( )、( )、( )、( )。

6.5月8日小地老虎产卵,当时气温为20℃,已知小地老虎卵的发育起点为11.64℃,有效积温为46.64日度,推算出卵在( )可孵化。

A.5.10   B.5.14   C.5.15   D.5.16

(二)简答题

1.有效积温法则是什么?

2.有效积温法则在农业上有哪些方面应用?

(三)计算题

(1)已知玉米螟卵的发育起点温度为10℃,卵期有效积温为85日度,卵产下时的日平均温度为20℃,若天气无异常变化,预测几天孵出幼虫?

(2)已知啮小蜂卵的发育起点温度为10℃,卵期有效积温为84日度,若让卵7 d孵出幼虫,日平均温度应控制在多少摄氏度?

计划实施 1

（一）工作过程的组织

5～6 个学生分为一组，每组选出一名组长。

（二）材料与用具

每组提供 60 种以上主要害虫、危害状标本或图片、放大镜、体视显微镜。

（三）实施过程

提供 60 种以上主要害虫、危害状标本或图片。进行昆虫形态特征识别、昆虫危害状识别。从 60 种虫害标本中随机抽取 20 种标本组成三组，对照 20 种标本能够正确写出每一种病虫害名称得 2 分；对照标本能够正确鉴定每一种虫害是属于哪个目和科得 3 分；测试方法为每 3 人一组，选题按抽签方法。考核时限每人 15 min（表 1-5）。

表 1-5　虫害识别项目考核

组号：　　　　　姓名：　　　　　班级：　　　　　学号：

标签号	病虫害名称	标准分	实际得分	说明:此栏按实际情况答下列选项二者之一 A. 虫害写目、科 B. 害虫危害状要写出危害害虫所属目、科	标准分	实际得分
1		2			3	
2		2			3	
3		2			3	
4		2			3	
5		2			3	
6		2			3	
7		2			3	
8		2			3	
9		2			3	
10		2			3	
11		2			3	
12		2			3	
13		2			3	
14		2			3	
15		2			3	
16		2			3	

续表 1-5

标签号	病虫害名称	标准分	实际得分	说明:此栏按实际情况答下列选项二者之一 A. 虫害写目、科 B. 害虫危害状要写出危害害虫所属目、科	标准分	实际得分
17		2			3	
18		2			3	
19		2			3	
20		2			3	

总分:＿＿＿＿＿＿＿　　　　　　　　　　　　主考教师签名＿＿＿＿＿＿＿

评价与反馈 1

　　完成虫害识别与诊断工作任务后,要进行自我评价、小组评价、教师评价。考核指标权重:自我评价占 20%,小组互评占 40%,教师评价占 40%。

　　(一)自我评价

　　根据自己的学习态度、完成果蔬植物昆虫识别任务的成绩实事求是地进行评价。

　　(二)小组评价

　　组长根据组员对 60 种昆虫识别的情况对组员进行评价。主要从小组成员配合能力、完成识别工作任务的成绩给组员进行评价。

　　(三)教师评价

　　教师评价是根据学生学习态度、完成果蔬昆虫识别成绩、作业单与技能单完成情况、出勤率四个方面进行评价。

　　(四)综合评价

　　综合评价是把个人评价,小组评价,教师评价成绩进行综合,得出每个学生完成一个工作任务的综合成绩。

　　(五)信息反馈

　　每个学生对教师进行评议,对本工作任务完成提出建议。

31

工作任务2 果蔬植物病害诊断

工作任务描述

能够准确对果蔬生产上常见病害进行诊断,找出病害病状、病征。根据诊断结果指导农民进行病害防治。

目标要求

完成本学习任务后,你应当能:(1)明确果蔬病状类型;(2)明确果蔬病征类型;(3)明确引起果蔬病害原因;(4)知道果蔬病害病原种类;(5)知道果蔬病害发生与流行;(6)学会果蔬病害诊断方法。

内容结构

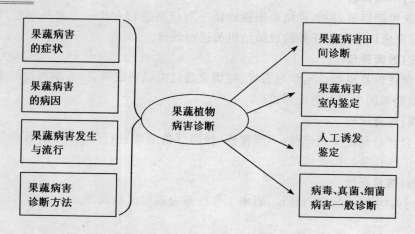

相关资料

(1)果蔬病害的症状;(2)果蔬病害的病原;(3)果蔬病害发生与流行;(4)果蔬病害诊断方法。

［资料单 1］　果蔬病害的症状

果蔬植物生病后,经过一定的病理程序,最后表现出的病态特征叫做症状。症状包括病状和病征。

(一)病状

病状是指发病植物本身的不正常表现。按性质分为变色、坏死型、腐烂型、萎蔫型、畸形等类型。

1. 变色

变色是指褪色或黄化。植物器官失去原有色泽,变黄、变红、变紫色等,或形成黄绿相间的斑纹、花叶等。叶片绿色深浅不匀,薄厚不一,形成浓淡相嵌、凹凸不平的现象,有的还皱缩、变形(图 2-1)。

图 2-1　变色类型
1.花叶(苹果花叶病)　2.黄化(苹果花叶病)

2. 坏死型

植物受害后,引起局部组织细胞坏死,主要有病斑(圆斑、条斑、角斑、穿孔)、叶枯、枯涧、溃疡、猝倒、立枯、疮痂等(图 2-2)。

3. 腐烂型

分为干腐型、湿腐型、软腐型(图 2-3)。

4. 萎蔫型

分为生理性萎蔫、枯萎、黄萎(图 2-3)。

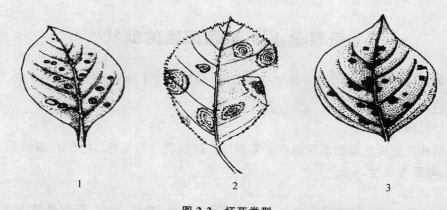

图 2-2　坏死类型

1. 圆斑(柿圆斑病)　2. 轮斑(苹果轮斑病)　3. 角斑(柿角斑病)

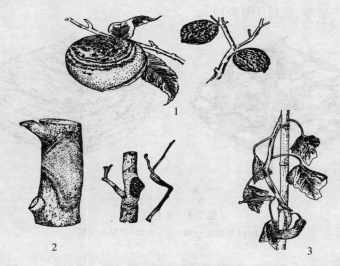

图 2-3　腐烂和萎蔫类型

1. 桃褐腐病　2. 苹果腐烂病　3. 黄瓜枯萎病

5. 畸形

受害部分局部膨大成瘤或肥厚、皱缩、簇生、丛枝;植物受害后,潜伏芽过度生长,形成小叶或细枝、丛生、矮化。植株矮化或器官发育不全,叶变细,花不孕;蕨叶、缩果(图2-4)。

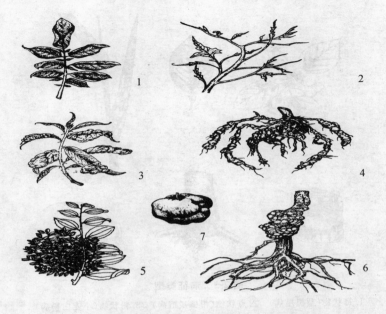

图 2-4　畸形类型
1.卷叶(马铃薯卷叶病)　2.蕨叶(番茄蕨叶病)　3.缩叶(桃缩叶病)
4.肿瘤病(根结线虫病)　5.丛生(枣疯病)　6.癌肿(根癌病)　7.缩果(苹果缩果病)

35

(二)病征

病征是病原物在发病部位表现出的特征。通常只在病害发展的某一阶段表现显著。有些病害不表现病征。常见的有粉状物、霉状物、粒状物、菌核与菌索、溢脓(菌脓、菌胶)(图 2-5)。

1.粉状物

病部出现许多粉状物,如锈状粉、白粉状、黑粉状等。常见的有黄瓜白粉病、苹果白粉病、梨锈病、海棠锈病、苹果锈病等。

2.霉状物

病部出现各种颜色的霉层,如红霉、黑霉、灰霉、绿毒、青霉、黄霉等。常见的有葡萄霜霉病、辣椒灰霉病等。

3.粒状物

在病斑中央散生黑色颗粒状物,有的排列成轮纹状。如苹果炭疽病病部的黑色粒点状物等。

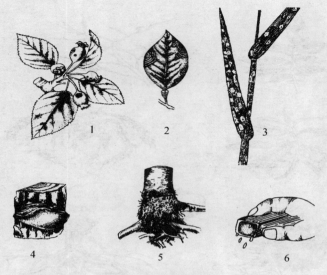

图 2-5　病征类型

1.霉状物(梨黑星病)　2.点状物(柑橘炭疽病)　3.粉状物(小麦白粉病)

4.马蹄状物(桃木腐病)　5.丝状物(苹果白绢病)　6.脓状物(番茄青枯病)

4.菌核与菌索

病部先产生白色绒毛状物,后期聚结成大小、形状不一的菌核,颜色逐渐变深,质地变硬。菌索是由菌丝形成的,呈绳索状。如根腐病、白绢病等。

5.溢脓(菌脓、菌胶)

细菌性病害在潮湿时病部流出污色黏液,干燥时结成污白色薄层或鱼子状小胶粒。如黄瓜细菌性角斑病、白菜软腐病等。

[作业单1]

(一)填空题

1.果蔬植物生病后,经过一定的病理程序。最后表现出的病态特征叫做(　　　　)。

2.植物症状包括(　　　　)、(　　　　)。

3.植物病状包括(　　　)、(　　　　)、(　　　　)、(　　　　)、(　　　　)。

4.植物病征包括(　　　)、(　　　　)、(　　　　)、(　　　　)、(　　　　)。

5.发病植物本身的不正常表现叫(　　　　)。

6.病征是病原物在(　　　　)表现出的特征。

36

(二)简答题

1. 果蔬植物病害的病状和病征有哪些种类?

2. 果蔬植物病害的病状和病征的区别是什么?

3. 植物病害是否都能见到病状和病征? 为什么?

[**技能单 1**]　果蔬病害的症状识别

1. 目的要求

通过观察,了解植物病害的主要症状(病状和病征)类型及其特点,为田间植物病害诊断奠定基础。

2. 材料与用具

(1)材料　当地植物不同症状类型的新鲜、干制或浸渍病害标本。

侵染性病害标本:花叶病、霜霉病、疫病、白粉病、锈病、炭疽病、菌核病、灰霉病、角斑病、腐烂病、溃疡病、猝倒病、立枯病、枯萎病、青枯病、根癌病、丛枝病、软腐病、菟丝子和线虫病等。

非侵染性病害标本:日灼、缺素、药害、肥害和污染等病害。

(2)用具　体视显微镜、放大镜、投影仪、镊子、挑针、培养皿以及以上具有病害典型症状的照片、挂图、光盘、多媒体课件等。

3. 操作步骤

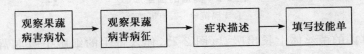

4. 完成技能单(表 2-1)

表 2-1　植物病害症状观察技能单

编号	病害名称	寄主名称	发病部位	病状类型	病征类型	症状描述

[资料单 2]　果蔬植物病害的病原

果蔬病害的病原包括生物性病原与非生物性病原。

一、生物性病原

（一）植物病原真菌

1. 真菌的形态

真菌的个体分为营养体和繁殖体两部分。

（1）营养体　除少数种类外，大多是分枝的丝状体组成，叫菌丝。丝状细胞，有壁，有核，无叶绿素，多数为多细胞，直径为 $5\sim10~\mu m$。菌丝分枝生长，交错密集，称为菌丝体（图 2-6）。

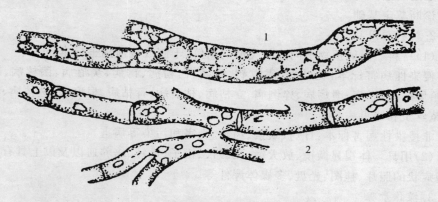

图 2-6　真菌的菌丝形态
1. 无隔菌丝　2. 有隔菌丝

有的真菌的菌丝体上长出吸盘（图 2-7），伸入寄主的细胞中吸取营养。有的真菌的菌丝体发生变态，形成一些特殊的组织（如菌核、菌索、子座等）（图 2-8）。

（2）繁殖体　在营养体上产生，由子实体和孢子两部分组成。子实体相当于果实，是产生孢子的器官，有许多类型和形状。主要有分生孢子器、分生孢子盘、子囊果、担子果等（图 2-9）。

2. 真菌的繁殖

分有性和无性两种。一般是菌丝体生长到一定阶段，先进行无性繁殖，产生无性孢子；到后期，在同一菌丝体上进行有性繁殖，生成有性孢子。

（1）无性繁殖　指营养体不经过性细胞的结合而直接由菌丝分化形成后代新个体的繁殖方式。常见的无性孢子主要有以下六种：游动孢子、孢囊孢子、分生孢子、芽孢子、粉孢子、厚垣孢子（图 2-10）。

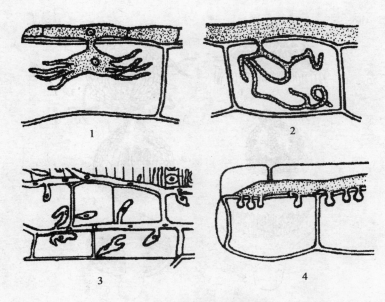

图 2-7　真菌的吸器类型

1.白粉菌吸盘　2.霜霉菌吸盘　3.锈菌吸盘　4.白锈菌吸盘

39

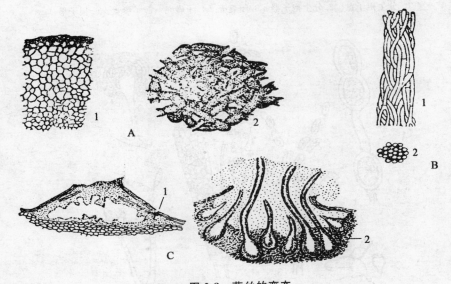

图 2-8　菌丝的变态

A.菌核:1.菌核剖面　2.内部结构

B.菌索:1.纵面观　2.横切面　C.子座:1无性　2.有性

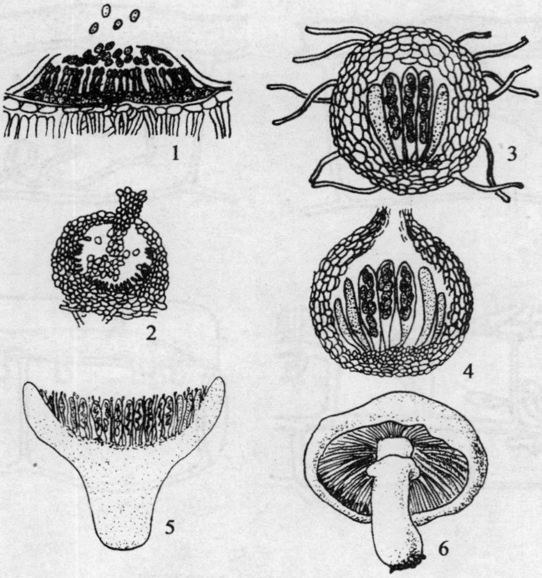

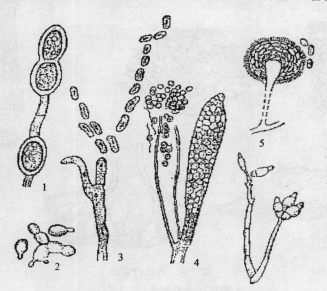

图 2-9　真菌的子实体类型

1.分生孢子盘　2.分生孢子器　3.闭囊壳　4.子囊壳　5.子囊盘　6.担子果

图 2-10　真菌的无性孢子类型

1.厚垣孢子　2.芽孢子　3.粉孢子　4.游动孢子　5.孢囊孢子　6.分生孢子

（2）有性繁殖　经过两性结合，形成有性孢子的繁殖方式。真菌的性细胞称为配子，性器官称为配子囊。多数真菌由营养体上分化形成的性器官（配子囊）进行交配。有性孢子类型包括接合子、卵孢子、接合孢子、子囊孢子、担孢子 5 种（图2-11）。

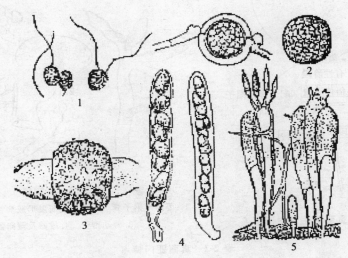

图 2-11　真菌的有性孢子类型

1.接合子　2.卵孢子　3.接合孢子　4.子囊孢子　5.担孢子

41

3.真菌的生活史（个体发育）

真菌的生活史是指从一种孢子开始，经过萌发、生长和发育，最后产生同一种孢子的个体发育周期（过程）（相当于种子发芽到新种子成熟）。

从孢子萌发，长成菌丝体，菌丝体上产生无性孢子，无性孢子萌发，长成菌丝体，无性孢子可重复产生多次（无性阶段），到生长后期，进行有性繁殖，产生有性孢子（有性阶段）（图 2-12）。不少真菌只有无性阶段，极少或不进行有性繁殖（半知菌）。

4.真菌的主要类群

真菌属菌物界、真菌门，有 10 万多种。真菌亚门的特点见表 2-2。

（1）鞭毛菌亚门

①腐霉属。孢囊梗生于菌丝的顶端或中间，孢子囊棒状、姜瓣状或球状，不脱落。萌发时先形成孢囊。在孢囊中产生游动孢子。藏卵器内仅产生一卵孢子（图2-13）。存在于潮湿的土壤中，能引起各种果蔬植物幼苗的猝倒、根腐和果腐等病害。

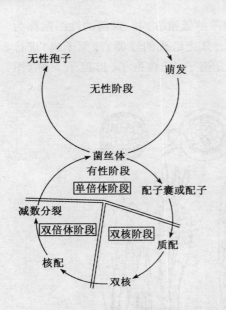

图 2-12　真菌的生活史图解

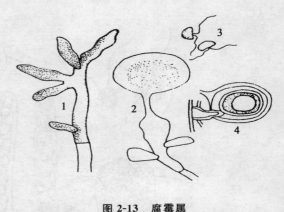

图 2-13　腐霉属

1. 姜瓣形孢子囊　2. 孢子囊萌发形成泄管及泄胞
3. 游动孢子　4. 雄器及藏卵器

表 2-2　真菌亚门特点

真菌亚门	菌丝体	无性孢子	有性孢子
鞭毛菌亚门	无隔	游动孢子	卵孢子
接合菌亚门	无隔	孢囊孢子	接合孢子
子囊菌亚门	有隔	分生孢子	子囊孢子
担子菌亚门	有隔	大多无	担孢子
半知菌亚门	有隔	分生孢子	少或无

②疫霉属。孢囊梗开始分化而与菌丝不同,不分枝或假轴式分枝,并于分枝顶端陆续产生孢子囊。孢子囊梨形、卵形,成熟后脱落,萌发时产生游动孢子(图2-14)。导致主要病害有柑橘褐腐病、黄瓜晚疫病、番茄晚疫病、茄子绵疫病。

③霜霉属。孢子梗单生或丛生,主轴较粗壮,顶部呈二叉状锐角分枝,末端尖锐,孢子囊近卵形,成熟时易脱落,萌发时直接产生芽管(图2-15)。能引起大白菜、葱、菠菜霜霉病、葡萄霜霉病。假霜霉属引起黄瓜霜霉病。

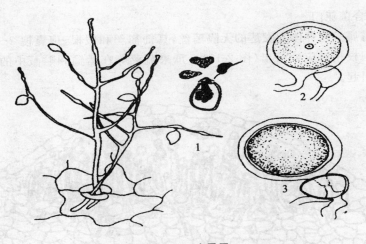

图 2-14　疫霉属
1. 孢囊梗、孢子囊和游动孢子　2. 雄器侧生　3. 雄器包围在藏卵器基部

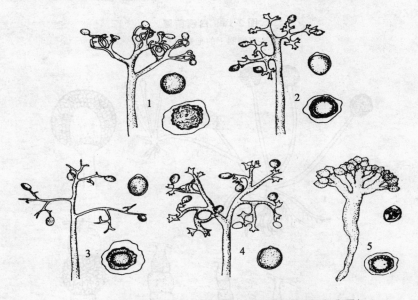

图 2-15　霜霉菌主要属的形态(孢子梗、孢子囊和卵孢子)
1. 霜霉属　2. 单轴霉属　3. 假霜霉属　4. 盘梗霉属　5. 指梗霉属

　　④白锈菌属。孢囊梗棍棒状,粗短,不分枝,其上着生孢子囊,自上而下地陆续成熟。常导致十字花科白锈病(图 2-16)。

（2）接合菌亚门

①根霉属。营养体为发达的无隔菌丝，具匍匐丝和假根，孢囊梗2～3根从匍匐丝上与假根相对应处长出（图2-17）。瓜果蔬菜等在运输和贮藏中的软腐病多由根霉菌引起。

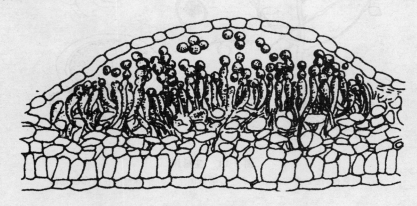

图2-16 白锈菌属

寄生表皮细胞下的孢囊梗和孢子囊

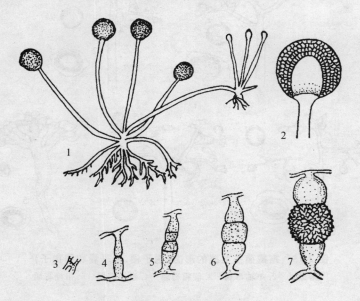

图2-17 根霉属

1.孢囊梗、孢子囊、假根和匍匐丝　2.放大的孢子囊　3～7接合孢子的形成

　　②毛霉属。菌丝发达,无匍匐丝和假根,孢囊梗直接由菌丝产生,分枝或不分枝,顶端着生球形孢子囊。孢囊孢子圆形或椭圆形。为腐生菌,可引起植物种实腐烂。

　　(3)子囊菌亚门　白粉菌根据闭囊果表面的附属菌丝形态、子囊数、子囊中子囊孢子数目等特征,分别为六个属(图 2-18),分别为白粉菌属、钩丝壳属、球针壳属、叉丝单壳属、单丝壳属、叉丝壳属。但主要是单丝壳属(瓜类白粉病)、白粉菌属(豌豆白粉病)。

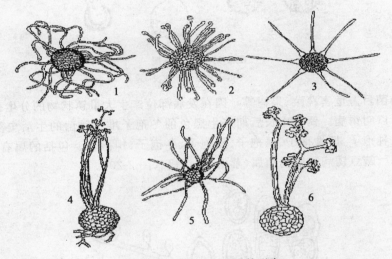

图 2-18　白粉菌主要属的形态
1.白粉菌属　2.钩丝壳属　3.球针壳属　4.叉丝单壳属　5.单丝壳属　6.叉丝壳属

　　①子囊盘。此类菌引起的病害很多,但因大多数有性阶段少见,所以多归入半知菌中,有性阶段的不多,果病多,菜病少。引起苹果、梨、葡萄、瓜类等白粉病。

　　②子囊盘。有的子囊果呈盘状,子囊排列在盘状结构的上层,叫做子囊盘,其子囊孢子多数通过气流传播,如核盘菌属(十字花科菌核病)。

　　(4)担子菌亚门　担子菌中的主要种类,腐生的多,如各种食用菌(蘑菇、木耳、银耳、猴头、灵芝等);寄生的少,它们的特点是产生担子果。担子菌中的低等种类,不产生担子果。有两类最为重要病原菌(黑粉菌和锈菌),引起各种黑粉病(黑穗病和锈病)。

　　①黑粉菌目。主要危害禾本科作物,产生黑粉状的冬孢子(厚垣孢子),故叫黑粉病。厚垣孢子萌发前产生担子,上长担孢子,黑粉菌不产生无性孢子(图 2-19),引起茭白黑粉病。

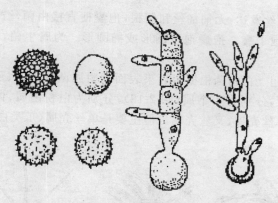

图 2-19　黑粉菌属
冬孢子和冬孢子萌发

②锈菌目。危害蔬菜、果树等。因在发病部位产生大量锈状物的分生孢子（夏孢子），所以叫锈病。锈病生长后期产生黑色的冬孢子堆。锈菌的生活史复杂，一年中有五种孢子，即性孢子、锈孢子、夏孢子、冬孢子、担孢子。包括的属有单胞锈菌属（菜豆、豌豆锈病）、胶锈菌属（苹果、梨锈病）（图 2-20）。

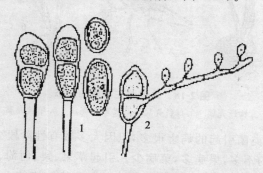

图 2-20　胶锈菌属
1. 锈孢子和夏孢子　2. 冬孢子萌发

(5)半知菌亚门　半知菌根据子实体类型、形状、分生孢子梗、分生孢子形状分为四类菌：丛梗孢菌（梗束）（图 2-21）、球壳孢菌（图 2-22）、黑盘菌属（图 2-23）、无孢菌（无孢子）（图 2-24）。

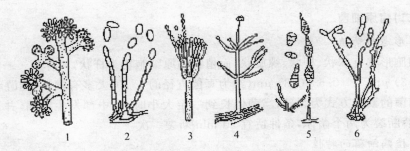

图 2-21 丛梗孢菌

1.葡萄孢属 2.粉孢属 3.青霉属 4.轮枝孢属 5.链格孢属 6.褐孢霉属

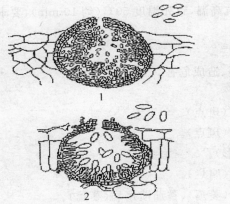

图 2-22 球壳孢菌

1.茎点霉属 2.大茎点霉属

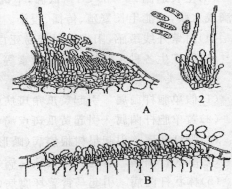

图 2-23 黑盘菌属

A.炭疽菌属:1.分生孢子盘断面有刚毛

2.刚毛、分生孢子梗和分生孢子 B.盘二孢属

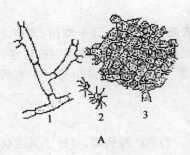

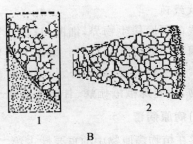

图 2-24 无孢菌

A.丝核菌属:1.具缢缩、直角分枝的菌丝 2.菌丝纠结的菌组织

3.菌核 B.小菌核属:1.菌核 2.菌核剖面

47

(二)病原细菌

1.形态与繁殖

细胞形状有球状、杆状、螺旋状,而植物病原细胞均为杆状,叫杆菌。一般大小为$(1～3)\ \mu m \times (0.5～0.8)\ \mu m$(约为真菌直径的1/10)大多有鞭毛,能游动。

细菌的繁殖方式为裂殖,当菌体长到一定大小时,其中部发生缢缩,并形成新壁,最后断裂为两个菌体,条件适宜20 min断裂一次。

2.植病细菌的特性

(1)全为兼性寄生,均可人工培养。

(2)大多好气性,少数嫌气性。

(3)生长适温20～30℃,耐低温,不抗高温,致死温度50℃(约10 min),要求有水滴或水膜,才能生长繁殖、传播、侵染。

(4)对紫外线敏感,阳光直射容易死亡。

(5)能产生各种水解酶、毒素、激素等、造成危害。

3.主要类群

(1)假单胞杆菌属　引起黄瓜角斑病(斑点)。

(2)黄单胞杆菌属　引起黄瓜斑点病(斑点)。

(3)野杆菌属　引起果树根癌病(畸形)。

(4)欧氏杆菌病　引起大白菜软腐病(腐烂)。

(5)棒状杆菌病　引起马铃薯坏腐病(萎蔫)、番茄溃疡病(萎蔫)。

4.细菌性病害症状

病状:斑点、腐烂、萎蔫、肿瘤等。

病征:溢脓。

5.放线菌

放线菌属原核生物界,细菌门,是一类较低级的细菌(介于细菌、真菌之间),因培养时菌落是放射状而得名。菌体大多数是腐生的。有的能产生抗生素,所以是抗生菌素的主要种类,如四环素、多抗霉素、新植霉素、农抗120等。仅有两种是植病病原物,引起辣椒疮痂病、甘薯疮痂病。

(三)病原病毒

病毒在植物病原物中的重要性占第二位。约300种病毒,仅次于真菌病害。尤其是蔬菜上病毒病较多,发生病毒病的植物如茄科、葫芦科、豆科、禾本科、蔷薇科。

1.病毒形态和组成

病毒为非细胞形态的、极小的微生物,形态有球状、杆状、线状等。只有电子显微镜下可见，光镜下不可见。

　　病毒的成分是核蛋白，外壳为蛋白质、里面是核酸（RNA—植物病毒），其个体叫粒体或颗粒。

　　2.病毒的特征

　　(1)寄生性　病毒的寄生性极强，离开寄主活体就不能生长。病毒不能人工培养，病毒的寄主范围广，一种病毒能寄生多种植物。

　　(2)增殖　病毒以复制的方式繁殖，叫增殖。

　　(3)传染性　把病株的体液注射到健株上，可使健壮植株发病。

　　(4)遗传性和变异性　由复制而增殖的新的病毒，能保持其原有的一切特征。又因增殖力强，速度快，所以容易发生变异。

　　(5)稳定性　对外界环境的抵抗力，比其他微生物强。鉴定一种病毒的稳定性可以从以下几个方面进行(标准)：

　　体外保毒期：在室温下(20℃)，带毒汁液能保持其传染性的时间长短。

　　稀释浓度：带毒汁液加水稀释到能保持侵染力的最大稀释倍数。一般为 1 000～10 000 倍。

　　失毒温度：带毒汁液加热 10 min，使病毒失去致病力的最低温度。一般为 60℃。

　　3.病毒性病害症状

　　只有病状，没有病症。

　　(1)变色　花叶，黄化，着色明脉等。

　　(2)畸形　皱缩、从枝、矮化、卷叶、蕨叶、肿瘤病。

　　(3)坏死　坏死斑、坏死条纹(茎、叶、果都有)。

(四)病原线虫

　　线虫属线形动物门，线虫纲，种类多，分布广，大多腐生，有的危害动、植物。如茄果类、瓜类等都有线虫病。线虫有卵、幼虫、成虫。少数种类雌虫成虫球形。大小为 1～2 mm。一年多代。线虫危害地下部分为主，使寄主生长衰弱，似缺肥状，有的根部长瘤。如蔬菜根部由线虫造成失绿、矮化、早衰现象。

(五)寄生性种子植物

　　有寄生能力的高等植物(双子叶)有上千种，重要的有菟丝子、列当、桑寄生等。分为全寄生和半寄生。

　　(1)菟丝子　危害豆科、茄科作物。全寄生。叶呈鳞片状，黄色，茎丝状，种子卵圆形，小，略扁，表面粗糙，褐色，种子落土后混入作物种子中。

49

（2）列当　寄生在根部，危害瓜、向日葵、豆、茄科等植物。

（3）桑寄生　半寄生、茎寄生，危害林果，南方山区有。

二、非生物性病原

非侵染性病害是由不适宜的环境因素引起，常见的病因及造成的病害有：

（一）缺素症

（1）缺氮　缺氮生长不良，植株矮小，分枝较少，结果少且小。在严重缺氮的情况下，最终植株死亡。

（2）缺磷　植物缺磷时，生长受抑制，植株矮小，叶片变成深绿色，灰暗无光泽，具有紫色素，然后枯死脱落。

（3）缺钾　植物缺钾时，叶片往往出现棕色斑点，发生不正常的皱纹，叶缘卷曲，最后焦枯似火烧。红壤土中一般含钾较少，通常易发生缺钾症。

（4）缺钙　种子在萌发时缺钙，植株柔弱，幼叶尖端多呈现钩状，新生的叶片很快枯死。

（5）缺镁　植物缺镁时，主要引起缺绿病或称黄化病、白化病。缺镁的植物常从植株下部叶片开始褪绿，出现黄化，逐渐向上部叶片蔓延。最初叶脉保持绿色，仅叶肉变黄色，不久下部叶片变褐枯死，最终脱落。枝条细长且脆弱，根系长，但须根稀少，开花受到抑制，花色较苍白。

（6）缺铁　缺铁时首先是枝条上部的嫩叶受害，下部老叶仍保持绿色。缺铁轻微的，叶肉组织淡绿色，叶脉保持绿色；严重时，嫩叶全部呈黄白色，并出现枯斑，逐渐焦枯脱落，称为黄叶病。在我国北方偏碱性土壤中缺铁症较为普遍。

（7）缺锰　植物缺锰时，叶片先变苍白而略带灰色，后在叶尖处发生褐色斑点，逐渐散布到叶片的其他部分，最后叶片迅速凋萎，植株生长变弱，花也不能形成。缺锰症一般发生在碱性土壤中。

（8）缺锌　植物缺锌时，体内生长素将受到破坏，植株生长抑制，并产生病害。苹果树、桃树缺锌时，其典型症状为新枝节间缩短，叶片小，簇生，结果量小，根系发育不良.称为小叶病。

（9）缺硫　缺硫时叶脉发黄，叶肉仍然保持绿色，从叶片基部开始出现红色枯斑。通常植株顶端幼叶受害较早，叶较厚，枝细长，呈木质化。

除上述元素外，铜、硼、硒、铂等元素也对植物的生长发育有影响。果蔬植物除在缺少某些营养元素表现出缺素症外，当某些元素过多时，同样也会对其生长和发育带来伤害和影响。

(二)土壤水分失调

水是植物生长不可缺少的条件,植物正常的生理活动,都需要在体内水分饱和状态下进行。水是原生质的组成成分,占鲜重的 $80\% \sim 90\%$。因此,土壤中水分不足或过多,都会对植物产生不良影响。

在土壤干旱缺水的条件下,植物蒸腾作用消耗的水分多于根系吸收的水分时,一切代谢作用衰弱,产生脱水现象,即出现萎蔫。土壤水分过多,土壤空隙中氧气减少,使植物呼吸受到阻碍,导致腐烂。

(三)温度不适

植物必须在适宜的温度范围内才能正常生长发育。温度过高或过低,植物的代谢过程将受到阻碍,组织将受到伤害,严重时还会引起死亡。

高温常使果蔬的茎、叶、果受到伤害,通常称为灼伤。如树皮的溃疡和皮焦,叶片上产生白斑、灼环等。

低温同样会使植物受到伤害、结冰,会引起细胞间隙脱水,或使细胞原生质受到破坏。通常温度下降温愈快,结冰愈迅速,对植物产生的危害愈严重。

(四)有毒物质的污染

自然界中存在的有毒气体、尘埃、农药等污染物对植物产生不良影响,严重时便引起植物死亡。大气污染物种类很多,主要有硫化物、氟化物、氯化物、氮氧化合物、臭氧、粉尘及带有各种金属元素的气体。大气污染物往往延迟植物抽芽、发叶,结实少而小,叶片失绿变白或有坏死斑,严重时大量落叶、落果,甚至使植物死亡。

氟化物危害的典型症状是受害植物叶片顶端和叶缘处出现灼烧现象。这种伤害的颜色因植物种类而异。在叶的受害组织与健康组织之间有一条明显的红棕色色带。

硫化物:二氧化硫危害时,叶脉间出现不规则形失绿的坏死斑,但有时也呈红棕色或深褐色。二氧化硫的伤害一般是局部性的,多发生在叶缘、叶尖等部位的叶脉间,伤区周围的绿色组织仍可保持正常功能,若受害严重时,全叶亦枯死。

臭氧对植物的危害普遍表现为植株褪绿。植物栅栏组织层是臭氧危害最多的部位。臭氧的危害使叶片出现坏死和褪绿斑。

氯化物(氯化氢)对植物细胞杀伤力很强,能很快破坏叶绿素,使叶片产生褪色斑,严重时全叶漂白,枯卷,甚至脱落。病斑多分布于叶脉间,但受害组织与正常组织间无明显界限。各种植物对氯化物的敏感性有差异。

51

除了大气污染,土壤中的水污染及土壤残留物的污染也引起植物的非侵染性病害。如土壤中残留的一些农药、石油、有机酸、酚、氰化物及重金属(汞、铬、镉、铝、铜)等,这些污染物往往使植物根系生长受到抑制,影响水分吸收,同时,叶片往往褪绿,影响生理代谢,植物即死亡。由于大气中二氧化硫等因素,造成雨水中的pH值偏低,即酸雨,对植物也会产生严重的危害。

施用和喷洒杀菌剂、杀虫剂或除草剂,浓度过高,可直接对植物叶、花、果产生药害,形成各种枯斑或全叶受害。农药在土壤中积累到一定浓度,可使植物根系受到毒害,影响生长,甚至死亡。

[作业单2]

(一)填空题

1.真菌病害分( )、( )、( )、( )、( )五个亚门。

2.导致病害的病原物有( )、( )、( )、( )、( )。

3.无性孢子有( )、( )、( )、( )、( )。

4.有性孢子有( )、( )、( )、( )。

5.植物病原细菌繁殖方式为( )。

6.植物病原病毒粒体微小,用( )显微镜才可看到,病毒的繁殖方式为( )。

7.植物侵染性病害中,有80%的病害是由( )引起的。

8.鞭毛菌亚门中与果蔬病害有关属有( )、( )、( )、( )。

9.葡萄霜霉病是由( )亚门,( )属真菌引起病害。

10.番茄疫病是由( )亚门,( )属真菌引起病害。

11.白菜白锈病是由( )亚门,( )属真菌引起病害。

12.猝倒病是由( )亚门,( )属真菌引起病害。

13.瓜类白粉病由( )亚门,( )属真菌引起病害。

14.梨锈病由( )亚门,( )属真菌引起病害。

15.黄瓜枯萎病由( )亚门,( )属真菌引起病害。

16.青椒灰霉病由( )亚门,( )属真菌引起病害。

17.桃根癌病是由( )菌,( )属引起的病害。

18.枣疯病是由( )引起的病害。

19.白菜软腐病是由（   ）菌,（   ）属引起的病害。

20.黄瓜细菌性角斑病是由（   ）菌,（   ）属引起的病害。

21.苹果花叶病是由（   ）病原引起的病害。

22.寄生性植物按寄生方式分（   ）、（   ）。

23.全寄生性植物分为（   ）、（   ）,半寄生性植物分为（   ）、

（   ）。

24.非生物病原分为（   ）、（   ）、（   ）、（   ）。

25.叶片小而色淡,稀疏易落,生长不良,植株矮小,分枝较少,结果少且小是缺

（   ）素。

26.生长受抑制,植株矮小,叶片变成深绿色,灰暗无光泽,具有紫色素是缺

（   ）素。

27.叶片往往出现棕色斑点,发生不正常的皱纹,叶缘卷曲,最后焦枯似火烧是

缺（   ）素。

28.幼叶尖端多呈现钩状,新生的叶片很快枯死缺（   ）素。

29.新枝节间缩短,叶片小,簇生,结果量小,根系发育不良是缺（   ）素。

(二)简答题

1.举例说明昆虫繁殖方式有哪几种?

2.什么是昆虫性二型?举例说明。

3.在防治幼虫时为什么在 3 龄前进行防治?

4.如何利用昆虫主要生活习性进行防治?

[技能单 2] 果蔬病害病原诊断技术

1.目的要求

观察识别各亚门真菌与植物病害有关的重要属的主要形态特征及其所致病害的症状特点,为鉴定病害奠定基础。

2.材料工具

材料:蔬菜幼苗猝倒病、番茄晚疫病、葡萄霜霉病、十字花科蔬菜霜霉病、黄瓜霜霉病、十字花科蔬菜白锈病、甘薯软腐病、桃缩叶病、瓜类白粉病、核桃白粉病、苹果白粉病、山楂白粉病、梨白粉病、葡萄白粉病、苹果炭疽病、菜豆炭疽病、苹果树腐烂病、葡萄房枯病、苹果黑星病、梨黑星病、油菜菌核病、菜豆锈病、苹果锈病、梨锈病、瓜类白粉病、柑橘青霉病、番茄灰霉病、黄瓜黑星病、番茄叶霉病、黄瓜枯萎病、苹果炭疽病、茄褐纹病、苹果树腐烂病、番茄斑枯病、芹菜叶斑病等病害的新鲜材料或标本、病原菌玻片标本、照片、挂图、光盘及多媒体课件等。

用具：光学或电子显微镜、扩大镜、解剖刀、刀片、镊子、挑针、载玻片、盖玻片、蒸馏水、纱布、投影仪和病原照片、挂图、光盘、多媒体教学设备等。

3. 操作步骤

载玻片滴一滴水 → 用挑针挑取病菌 → 盖上盖玻片上 → 用吸水纸吸多余水 → 放在显微镜下观察 → 进行病原诊断

4. 完成技能单（表2-3）

表2-3　病害病原观察技能单

编号	病害名称	病原	备注

［资料单 3］ 果蔬病害发生与流行

一、病原物与寄主植物

（一）病原物的寄生性

生物的营养方式可分为自养和异养两大类。绿色植物是典型的自养生物。它们能利用光能将无机物合成自身需要的有机物。绝大多数的微生物、少数种子植物及整个动物界都属于异养生物，它们自身不能合成所需要的养料，必须从其他生物体上获得有机化合物作为养分。病原物依赖于寄主植物获得营养物质而生存的能力，称为寄生性。被获取养分的植物，叫做该病原物的寄主。不同病原物的寄生性有很大的差异，可区分为三大类。

1. 专性寄生物

专性寄生物又叫严格寄生物、纯寄生物。这类病原物只能在活的寄主体上生活，不能在人工培养基上生长。如病毒、霜霉菌、白粉菌、锈菌等。

2. 非专性寄生物

这类病原物既能在寄主活组织上寄生，又能在死亡的病组织和人工培养基上生长，依据寄生能力的强弱，又分为两种情况：

（1）兼性寄生物　一般以寄生生活为主、但在某一个发育时期，或在寄主死后，可在寄主残体上或在土壤中继续腐生,多数病原物属于这一类。如苹果褐斑病菌、青枯病菌等。

(2)兼性腐生物 一般以腐生方式生活,在一定条件下也可进行寄生生活,但寄生性很弱。如腐烂病菌、白绢病菌、丝核菌、镰刀病菌等,只有在不良条件下寄主受到一定损害后,才能发病,否则无能为力。

3.专性腐生物

这类病原物以各种无生命的有机质作为营养来源,称为专性腐生物。专性腐生物一般不能引起植物病害,但可造成腐朽。如木腐菌等。

(二)病原物的致病性

病原物在寄生过程中,对受害植物的破坏能力称为致病性。

它表现在对寄主体内养分和水分的大量掠夺与消耗,同时分泌各种酶、毒素、有机酸和生长刺激素。直接或间接地破坏植物细胞和组织,使寄主植物发生病变。

(三)植物的抗病性

1.植物的抗病性类型

(1)免疫 寄主把病原物排除在外,使病原物和寄主不能建立寄生关系,或已建立了寄生关系,由于寄主的抵抗作用,使侵入的病原物不能扩展,病原物或者死亡,在寄主上不表现任何症状,叫做免疫。

(2)抗病 病原物能侵染寄主,并能建立寄生关系。由于寄主的抗逆反应,病原被局限在很小的范围内,使寄主仅表现轻微症状。在这种情况下,病原繁殖受到抑制,对寄主的危害不大。叫做抗病。抗病有高抗、中抗之分。

(3)耐病 寄主植物遭受病原物侵染后,虽能发生较重的症状,但由于寄主自身的补偿作用、对其生长发育,特别是对植物的产量和品质影响较小,叫做耐病。

(4)感病 寄主植物发病严重,对其生长发育、产量、品质影响很大,甚至引起局部或全株死亡。表现了病原物的极大破坏作用,叫做感病。感病也有中感、高感之分。

2.植物抗病性的机制

(1)抗接触 指植物感病期与病原物萌发期不一致的状况。实际上是植物避开病原物接触的机会,而不是真正的抗病。

(2)抗侵入 病原物能与寄主植物接触,但由于植物外部组织结构和性能上的机械特性,或是由于植物外渗物质的影响,使病原物不能完成侵入过程,叫做抗侵入。

(3)抗扩展 病原物侵入植物后,植物抵抗病原物繁殖,阻止病原物进一步扩展的特性叫做抗扩展。

植物抗病性表现为垂直抗病性和水平抗病性：

（1）垂直抗病性　指寄主的某个品种能高度抵抗病原物的某个或某几个生理小种的情况，这种抗病性的机制对生理小种是专化的。

（2）水平抗病性　指寄主的某个品种能抵抗病原物的多数生理小种，一般表现为中度抗病。

二、植物侵染性病害的侵染过程

病原物与植物接触之后，引起病害发生的全部过程，叫做侵染程序，简称病程。病程可以划分为接触期、侵入期、潜育期及发病期四个时期。

（一）接触期

从病原物与植物接触，到病原物开始萌动为止，这是接触期。接触期能否顺利完成，受外界各种复杂因素的影响，如大气温度、湿度、光照、叶面温湿度及渗出物等。

病毒、类病毒、类菌质体、类立克次氏体的接触和入侵是同时完成的。细菌从接触到入侵几乎是同时完成。真菌接触期的长短不一，一般情况是从孢子接触到萌发侵入，在适宜的环境条件下，几小时就可以完成。

（二）侵入期

指病原物从开始萌发侵入寄主，到初步建立寄生关系。

病原物入侵植物的途径有三种。

1.伤口侵入

包括病虫伤口、机械伤口和自然伤口等。

2.自然孔口侵入

包括气孔、皮孔、水孔、蜜腺等。

3.直接侵入

病原物靠生长的机械压力或外生酶的分解能力而直接穿过植物的表皮或皮层组织。不同病原物入侵途径不同，如病毒只能通过新鲜的微细伤口入侵；细菌可通过伤口和自然孔口入侵；真菌三种途径都可入侵。

（三）潜育期

指病原物和寄主初步建立寄生关系到寄主症状表现，叫潜育期。不同病害潜育期长短不同。常见的叶斑病潜育期一般为7～15 d。枝干病害十多天至数十天。系统侵染的病害，特别是丛枝病类等，潜育期要长些。木腐病有时长达10年或数十年。

（四）发病期

指症状出现以后的时期，叫发病期。它标志着病原物生长发育达到了一定的阶段，并在植物受害部位上产生新的繁殖体，表明一个侵染过程完成，或下一个侵染过程再度开始。

三、侵染性病害的侵染循环

由前一个生长季节开始发病，到下一个相同季节再度发病的过程，叫做侵染循环。它包括越冬或越夏、病原物的传播、初侵染和再侵染三个环节。

侵染循环是研究植物病害发生发展规律的基础、也是研究病害防治的中心问题。

（一）病原物的越冬和越夏

病原物越冬越夏的场所主要有以下 5 种。

1. 田间病株

二年生或多年生的病株不仅是当年的病原物来源，往往也是病原物休眠越冬的场所。如温室蔬菜病害，常是次年露地栽培蔬菜的重要侵染来源，如病毒病、白粉病等。此外，病原物还可在野生寄主和转主寄主上越冬越夏，成为寄主中断期的来源。所以处理病株，清除野生寄主等都是消灭病原物来源、防止发病的重要措施之一。

2. 种苗及其他繁殖材料

真菌和细菌可附着在种子表面或潜伏在内部，成为苗期病害的来源。病毒和类菌质体可在苗木、块根、鳞茎、球茎、插条、接穗和砧木上越冬。所以，播种前处理种子、苗木和其他繁殖材料，常是防止病害发生和病区扩大的重要措施。

3. 病株残体

植物的病株残体都可成为次年初侵染来源。绝大部分非专性寄生的真菌和细菌都能在病株残体上存活或以腐生方式生活一定时期，如黄瓜枯萎病等。

4. 土壤、肥料

真菌的冬孢子、卵孢子、厚膜孢子和菌核，线虫的孢囊的种子等，都可在土壤中存活多年。

5. 传病介体

病毒的越冬越夏涉及传毒介体。根据病毒在蚜虫和其他刺吸式口器昆虫介体上存在的部位及病毒的传染机制分三种类型。

57

（1）口针型病毒相当于非持久性病毒　这类病毒只存在于昆虫口针的前端,当蚜虫在寄主植物上刺探时就可能传毒。传毒的蚜虫蜕化后,或其口针前端经紫外线或福尔马林液处理后,就丧失传毒能力。

（2）循回型病毒相当于半持久性和部分持久性病毒　用福尔马林溶液处理,或传毒介体蜕化后,都不会丧失传毒能力。多数循回型病毒能在昆虫体内保存。如蚜虫、叶蝉、飞虱口针。

（3）增殖病毒相当于部分持久性病毒　如类菌原体等,既能在介体内长期存活,又能在介体内增殖,使介体成为病原的初侵染来源。如叶蝉、飞虱等。

（二）病原物传播

1. 主动传播

主动传播是病原物自身活动引起的传播。如真菌游动孢子和有鞭毛的细菌可在水中游动传播;有些真菌孢子可自动放射传播;真菌菌丝、菌索能在土壤中或寄主蔓延;线虫在土壤和寄主上的蠕动传播;菟丝子通过茎蔓的生长而扩展传播等;这种传播距离和范围很有限,仅对病原物的传播危害起一定的辅助作用。

2. 被动传播

被动传播是通过媒介将病原从越冬和越夏场所传播到田间,又将病株上的病原扩大传播蔓延,造成病害的发生和流行,这是最重要的传播方式。主要有:

（1）气流、风力传播　这是病原真菌传播的主要方式。真菌孢子数大,体积小,重量轻,容易随气流传播。风的传播速度很快,传播的距离很远、波及的面积很广,几乎所有真菌孢子都由风作远距离传播,常引起病害流行。如梨-桧锈病孢子传播的有效距离是 5 km 左右。

（2）雨水传播　雨水传播是普遍存在的,但一般的传播距离较近。植物病原细菌和部分具有胶性孢子的真菌必须经过雨水溶解后,才能散出或随水滴的飞溅而传播。所以,雨露是这类病原物传播必不可少的条件。特别是暴风雨更使病原物在大范围传播。

（3）昆虫及其他动物的传播　昆虫是传播病毒病的主要媒介,与细菌的传播也有一定的关系。昆虫不仅造成寄主有伤口,还携带病原物。这些媒介昆虫吸食病株汁液时,将病毒吸入体内,有的病毒还能在虫体内生活一段时期,甚至繁殖,再随昆虫传播到其他植株上去。有些线虫、真菌和菟丝子也能传播病毒。

3. 人为传播

人为传播是通过农事操作和种苗、接穗及其他繁殖材料的交换调拨等方式。

此外,施肥、灌溉、播种、移栽、修剪、嫁接、整枝等日常农事操作均能传播病害。

(三)初侵染和再侵染

不同病害的侵染循环是不同的。有的一年只有一次侵染,如桃缩叶病、梨-桧锈病等;有的一年发生多次侵染,如各种瓜类白粉病、芹菜斑枯病等。植物生长季节,由越冬病原物进行的侵染叫做初侵染,由初侵染产生的病原物引起以后各次侵染叫做再侵染。再侵染的次数与潜育期的长短紧密相关。因此,一个生长季节有多次再侵染。如果只有初侵染,在防治上应强调消灭越冬(或越夏)的病原物。对于有再侵染的病害,除了消灭越冬(或越夏)的病原物外,还要根据再侵染的次数多少,相应地增加防治次数,才能达到防治的目的。

四、病害的流行

植物病害在一定地区一定时间内普遍发生而严重危害的现象称为病害流行。植物病害流行的条件包括以下 3 个方面。

(一)病原物

要有大量侵染力强的病原物,才能造成广泛地侵染。感病植物长年连作、转主寄主的存在、菌株及病株残体的处理不当,都有利于病原物的逐年积累。对于那些只有初侵染而无再侵染的病害,每年病害流行程度主要决定于病原物群体的最初数量。借气流传播的病原物比较容易造成病害的流行。从外地传入的新的病原物,由于栽培地区的寄主植物对它缺乏适应能力,从而表现出极强的侵染力,往往造成病害的流行。

(二)寄主植物

病害流行必须有大量的感病寄主存在。感病品种大面积连年种植可造成病害流行。如品种搭配不当,容易引起病害的大发生。

(三)环境条件

环境条件同时作用于寄主植物和病原物。当环境条件有利于病原物而不利于寄主植物的生长时,可导致病害的流行。在环境条件方面,最为重要的是气象因素,如温度、湿度、降水、光照等。这些因素不仅对病原物的繁殖、侵入、扩展造成直接的影响,而且也影响到寄主植物的抗病性。此外,栽培条件,如轮作或连作、种植制度、水肥管理等,土壤的理化性和土壤的微生物群落等,与局部地区病害的流行也有密切关系。

[作业单3]

(一)填空题

1.按照抗病能力的大小,抗病性被划分( )、( )、( )、( )、( )五种类型。

2.病原物的侵染过程分为( )、( )、( )、( )四个时期。

3.病原物的寄生性可分为( )、( )、( )三大类。

4.病原物侵入途径为( )、( )、( )。

5.病原物的传播途径( )、( )、( )。

6.植物病害流行的基本因素( )、( )、( )。

7.垂直抗病性是指寄主的某个品种能( )病原物的某个或某几个生理小种的情况,这种抗病性的机制对( )是专化的。

8.水平抗病性是指寄主的某个品种能抵抗病原物的( )生理小种,一般表现为( )抗病。

9.病原物依赖于( )获得营养物质而生存的( ),称为寄生性。

10.病原物在寄生过程中,对受害植物的破坏能力称为( )。

(二)简答题

1.你知道病原物的越冬和越夏的场所吗?

2.你说出病原物传播方式有哪些?

3.把你知道的病原物侵入植物的途径写出来。

4.病原物的寄生性与致病性关系?

[资料单4] 果蔬病害诊断方法

一、病害的诊断步骤

诊断是防治的前提,诊断正确,防治才能有的放矢。诊断步骤分为田间观察、室内鉴定和人工诱发三步。

(一)田间观察

取样要有代表性。先确定是哪类病害,生理性或是侵染性。症状观察应联系栽培、环境等条件来分析。生理病害要了解田间管理(土、水、肥等)情况,可通过访问了解。

(二)室内鉴定(镜检病原)

一般做切片在镜下观察。若无病症时,可保温、保湿培养,病组织要清洗后保温(20～28℃)1～2 d。然后在镜下观察。

(三)人工诱发(在不能确认时采用)

人工诱发采用柯赫法则,分为分离、培养和接种。

(1)分离　把病原菌从病组织中分离出来(组织分离法、稀释分离法)。

(2)培养　将病原菌在培养基上繁殖(细菌和大部分真菌)。

(3)接种　将培养出来的病原菌接种到寄主体上,诱发病害。

二、各类病害的一般诊断

(一)真菌病害

(1)有病征的,根据病征特点即可断定,如锈病、白粉、霜霉等。

(2)表面有繁殖体的,做挑片(或先保湿培养)再镜检。

(3)繁殖体(表面看到的)挑不下来的,做切片镜检。

(4)病部无明显病征的,采用柯赫原则来诊断。

(二)细菌病害

(1)大多数病部产生大量细菌,故湿度大时在病部有溢脓(气孔、水孔、伤口等处)。

(2)产生局部坏死斑的,初期多是水浸状病斑,引起腐烂病的细菌,病部有黏滑感。

(3)切小块病组织(新鲜、无污染)在镜下观察可见菌脓(大量细菌)从切口处溢出,做涂片,染色后镜检。

(4)必要时采用柯赫原则来诊断。

(三)病毒病害

(1)主要做症状观察。注意与生理病害的区别。

(2)做接种实验(汁液摩擦或嫁接)。

(四)线虫病

采用病部解剖或清水浸泡法,镜检线虫。

61

[作业单4]

(一)填空题

1.果蔬病害诊断步骤分为( )、( )和( )三步。

2.病害室内鉴定,若无病症时,可保温、保湿培养,培养温度范围为( ),需要培养( )天,然后在镜下观察。

3.人工诱发鉴定病害采用( )法则,按照( )、( )、( )步骤进行。

(二)简答题

(1)简述真菌病害诊断方法。

(2)简述细菌病害诊断方法。

(3)简述病毒病害诊断方法。

(4)简述线虫诊断方法。

(5)简述真菌病害和细菌怎样区别?

[技能单3] 果蔬病害症状诊断技术

(一)目的要求

通过观察,了解植物病害的主要症状(病状和病征)类型及其特点,为田间植物病害诊断奠定基础。

(二)材料与用具

(1)材料 当地植物不同症状类型的新鲜、干制或浸渍病害标本。

侵染性病害标本:花叶病、霜霉病、疫病、白粉病、锈病、炭疽病、菌核病、灰霉病、角斑病、腐烂病、溃疡病、猝倒病、立枯病、枯萎病、青枯病、根癌病、丛枝病、软腐病、菟丝子和线虫病等。

非侵染性病害标本:日灼、缺素、药害、肥害和污染等病害。

(2)用具 体视显微镜、放大镜、投影仪、镊子、挑针、培养皿以及以上具有病害典型症状的照片、挂图、光盘、多媒体课件等。

3. 操作步骤

4. 完成技能单（表 2-4）

表 2-4　果蔬病害症状识别记录

编号	病害名称	寄主名称	发病部位	病状	病症	症状描述
1						
2						
3						
4						
5						

计划实施 2

（一）工作过程的组织

5～6 个学生分为一组，每组选出一名组长。

（二）材料与用具

每组提供 60 种以上主要病害标本或图片；放大镜、体视显微镜。

（三）实施过程

5～6 个学生分为一组针对提供 60 种以上病害标本。进行病害症状识别、病原鉴定。从 60 种病害标本中随机抽取 20 种标本组成三组，对照 20 种标本能够正确写出每一种病害名称得 2 分；对照标本能够正确描述病害症状得 3 分；测试方法为每 3 人一组，选题按抽签方法。考核时限每人 15 min（表 2-5）。

表 2-5　病害识别项目考核

组号：　　　　姓名：　　　　班级：　　　　　学号：

标签号	病害名称	标准分	实际得分	病害症状描述	标准分	实际得分
1		2			3	
2		2			3	
3		2			3	
4		2			3	

续表 2-5

标签号	病害名称	标准分	实际得分	病害症状描述	标准分	实际得分
5		2			3	
6		2			3	
7		2			3	
8		2			3	
9		2			3	
10		2			3	
11		2			3	
12		2			3	
13		2			3	
14		2			3	
15		2			3	
16		2			3	
17		2			3	
18		2			3	
19		2			3	
20		2			3	

总分：_____   主考教师签名_____

评价与反馈 2

完成果蔬病害诊断工作任务后，要进行自我评价、小组评价、教师评价。考核指标权重：自我评价占 20％，小组互评占 40％，教师评价占 40％。

（一）自我评价

根据自己的学习态度、完成果蔬植物病害识别的成绩实事求是地进行评价。

（二）小组评价

组长根据组员完成任务情况对组员进行评价。主要从小组成员配合能力、完成识别工作成绩给组员进行评价。

（三）教师评价

教师评价是根据学生学习态度、完成果蔬昆虫识别成绩、作业单与技能单完成情况、出勤率四个方面进行评价。

（四）综合评价

综合评价是把个人评价，小组评价，教师评价成绩进行综合，得出每个学生完成一个工作任务的综合成绩。

(五)信息反馈

每个学生对教师进行评议,对本工作任务完成提出建议。

工作任务3 果蔬病虫害标本采集、制作、保存

工作任务描述

学习采集、制作和保存果蔬植物病（虫）标本的方法，并通过标本采集及鉴定，熟悉当地主要病虫害种类、病害症状特点、昆虫形态特征等。

目标要求

完成本学习任务后，你应当能：(1)知道昆虫采集用具种类；(2)学会昆虫用具的使用方法；(3)知道昆虫标本制作的用具及使用方法；(4)明确昆虫针插位置；(5)学会昆虫干制标本及浸渍标本制作方法；(6)知道病害采集用具及方法；(7)病害标本制作与保存方法。

内容结构

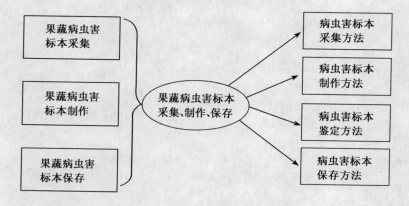

相关资料

(1)果蔬昆虫标本采集、制作、保存；(2)果蔬病害标本采集、制作、保存。

［资料单 1］　果蔬昆虫标本采集、制作、保存

（一）昆虫标本的采集

1. 采集用具

（1）捕虫网　常用的捕虫网有空网、扫网和水网三种。空网主要用于采集善飞的昆虫。网圈为粗铁丝弯成，直径 33 cm，网柄长 1.33 m，为木棍制成（图 3-1）。

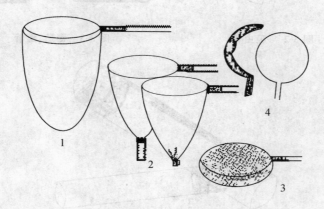

图 3-1　捕虫网类型
1.空网　2.扫网　3.水网　4.可折叠网

（2）吸虫管　用于采集蚜虫、蓟马、红蜘蛛等微小昆虫。主要利用吸气时形成的气流将虫体带入容器（图 3-2）。

（3）毒瓶和毒管　专用于毒杀昆虫。一般由严密封盖的磨口广口瓶或指形管制成。瓶（管）内最下层放毒剂氰化钾（KCN）或氰化钠（NaCN），压实；上平铺一层细木屑，压实，这两层各 5～10 cm；最上层是一薄层熟石膏粉，压平实后，用滴管均匀地滴入水，使之结成硬块即可（图 3-3）。

（4）指形管　用于暂时存放虫体较小的昆虫。管底一般是平的，形状如手指（图 3-4），大小规格很多，管口直径一般在 10～20 mm，管长 50～100 mm。

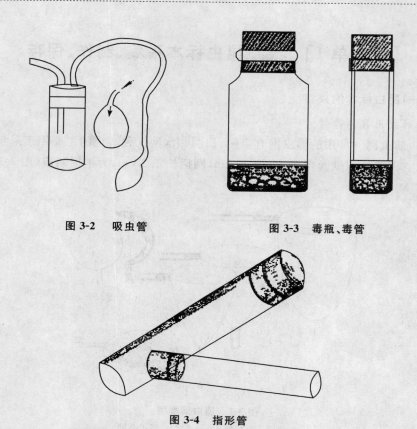

图 3-2　吸虫管

图 3-3　毒瓶、毒管

图 3-4　指形管

（5）采集箱和采集袋　防压的标本和需要及时针插的标本及三角纸包装的标本，可放在木制的采集箱内。外出采集的玻璃用具（如指形管、毒瓶等）和工具（如剪刀、镊子、放大镜、橡皮筋等）、记录本、采集箱等可放于一个有不同规格的分格的采集袋内。其大小可自行设计。

（6）采集盒　通常用于暂时存放活虫。用铁皮制成，盖上有一块透气的铜纱和一个带活盖的孔，大小不同可做成一套，依次套起来，携带方便（图 3-5）。

（7）诱虫灯　专门用于采集夜间活动的昆虫。可在市场上购买成品，或自行设计制作。诱虫灯下可设一漏斗并连一毒瓶，以便及时毒杀诱来的昆虫。

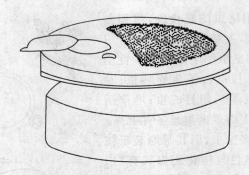

图 3-5　活虫采集盒

（8）三角纸袋　常用来暂时存放蝶、蛾类昆虫的标本。一般用坚韧的光面纸，裁成长宽比为 3∶2 的方形纸片，大小可多备几种，常用的大小有三种：140 mm×140 mm、10 mm×10 mm、7 mm×7 mm，采集时可根据蝶、蛾的大小选择合适的纸袋（图 3-6）。

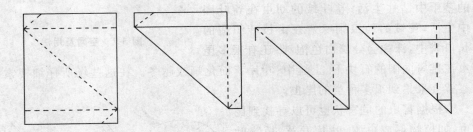

图 3-6　昆虫三角纸袋的折叠方法

2. 采集方法

（1）网捕　用来捕捉能飞、善跳的昆虫。对于飞行迅速的种类，应迎头捕捉，并立即挥动网柄，将网袋下部连虫一并甩到网圈上来（图 3-7）。栖息于草丛中的昆虫应用扫网进行捕捉。采集者应边走边扫，若在扫网底部开口外连一个塑料管，可使虫体直接集中于管底，可减少取虫的麻烦，提高效率（图 3-8）。

（2）诱集　诱集是利用昆虫的趋性和生活习性设计的招引方法，常用的有灯光诱集和食物诱集等。

灯光诱集常用于蛾类、金龟子、蝼蛄等有趋光性的昆虫。黑光灯的诱集效果最好，诱集的昆虫种类较多，也可用普通白炽灯。在闷热、无风、无月的夜晚，诱集效果最好。

食物诱集是利用昆虫的趋化性,嗅到食物的气味而飞来取食,夜蛾类、蝇类昆虫常用此类方法。也可利用昆虫的生活习性设置诱集场所,如利用杨树枝把可诱集棉铃虫、黏虫、豆天蛾、斜纹夜蛾等鳞翅目成虫;堆草诱集地老虎幼虫,果树上缚草诱集越冬害虫等。

（3）振落　有许多昆虫,因其常隐蔽于枝丛内,或由于体形、体色与植物相似具有"拟态",不易发现,此时应轻轻振动树干,昆虫受惊后起飞,有假死性的昆虫则会坠落或吐丝下垂而暴露目标,再行捕捉。

（4）搜索和观察　许多昆虫营隐蔽生活,如蝼蛄、金针虫和地老虎的幼虫在土壤中生活;天牛、吉丁虫、茎蜂和螟蛾的幼虫在植物的茎干中钻蛀生活;卷叶蛾的幼虫在卷叶团中生活;蓑蛾的幼虫则躲避在由枝叶织造的长口袋中,沫蝉会分泌白色泡沫;还有很多昆

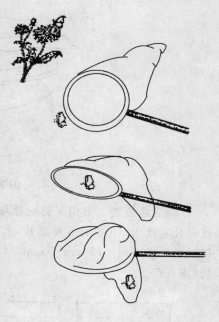

图3-7　空网及用法

虫在避风向阳的石块下、土缝中、叶片背面化蛹或越冬。在这些场所仔细搜索、观察就会采集到很多种类的昆虫。

根据害虫的危害状也可以寻找到昆虫,如植物形成虫瘿、叶片发黄、植物叶片上形成白点等,就可能找到蚜虫、木虱、蓟马、叶螨等刺吸式口器的害虫;在叶片上发现白色弯曲虫道或在植株和枝干下找到新鲜虫粪,可能找到潜叶蝇、鳞翅目和叶蜂等咀嚼式口器的害虫。

3.采集时间及地点

应掌握在各地区昆虫的大量发生期适时采集,如天幕毛虫的幼虫,应在每年

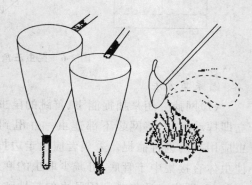

图3-8　扫网及用法

的4～6月进行采集;而蛹在6月应大量采集,并及时处理后保存;若要得到成虫,可将蛹采集后置于养虫笼内,待成虫羽化后及时毒杀并制成标本;由于天幕毛虫1年1代,7、8月卵块陆续出现后便不再孵化,随时采集即可。

另外,采集昆虫还应掌握昆虫的生活习性。有些昆虫是日出性昆虫,应在白天

采集;而夜出性昆虫应在黄昏或夜间采集。如铜绿丽金龟在闷热的晴天晚间大量活动,而黑绒金龟则在温暖无风的晴天下午大量出土,并聚集在绿色植物上,极易捕捉。

采集环境有时也很重要,经常翻耕的田块地下害虫数量少,而果园、荒地虫量相对大,昆虫种类也相对丰富。

4.采集标本时应注意的问题

一件好的昆虫标本个体应完好无损,在鉴定昆虫种类时才能做到准确无误。因此,在采集时应耐心细致,特别小型昆虫和易损坏的蝶、蛾类昆虫更应如此。

此外,昆虫的各个虫态及危害状都要采到,这样才能对昆虫的形态特征和危害情况在整体上进行认识,特别是制作昆虫的生活史标本,不能缺少任何一个虫态或危害状,同时还应采集一定的数量,以便保证昆虫标本后期制作的质量和数量。

在采集昆虫时还应作简单的记载,如寄主植物的种类、被害状、采集时间、采集地点等,必要时可编号,以保证制作标本时标签内容的准确和完整。

(二)昆虫标本的制作

昆虫标本在采集后,不可长时间随意搁置,以免丢失或损坏,应用适当的方法加以处理,制成各种不同的标本,以便长期观察和研究。

1.干制标本的制作

(1)制作用具

①昆虫针。昆虫针是制作昆虫标本时必不可少的工具,可以在制作标本前用来固定昆虫的位置,制作针插标本。昆虫针一般用不锈钢制成,型号共七种:00,0,1,2,3,4,5。0~5号针的长度为 38.45 mm,0 号针直径 0.3 mm,每增加一号,直径相应地增加 0.1 mm,所以 5 号针直径 0.8 mm。00 号(微针)与 0 号粗细相同,但仅为其长度的 1/3,用于微型昆虫的固定(图3-9)。

②展翅板。常用来展开蝶、蛾类、蜻蜓等昆虫的翅。用硬泡沫塑料板制成的展翅板造价低廉,制作方便。展翅板一般长为 33 cm,宽 8~16 cm,厚 4 cm,在展翅板的中央可挖一条纵向的凹槽,也可用烧热的粗铁丝烫出凹槽,凹槽的宽深各为 5~15 mm(图3-10)。

③还(回)软器。对于已干燥的标本进行软化的玻璃器皿(图3-11)。一般使

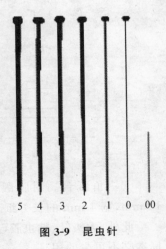

5　4　3　2　1　0　00

图3-9　昆虫针

71

用干燥器改装而成。使用时在干燥器底部铺一层湿沙,加少量苯酚以防止霉变。在瓷隔板上放置要还软的标本,加盖密封,一般用凡士林作为密封剂。几天后干燥的标本即可还软。此时可取出整姿、展翅。切勿将标本直接放在湿沙上,以免标本被苯酚腐蚀。

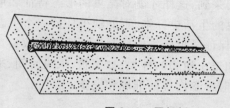

图 3-10　展翅板

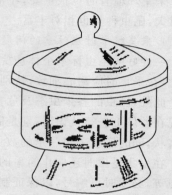

图 3-11　还(回)软器

④三级台。由整块木板制成,长 7.5 cm,宽 3 cm,高 2.4 cm,分为三级,每级高皆是 8 mm,中间钻有小孔(图 3-12)。将昆虫针插入孔内,使昆虫、标签在针上有一定的位置。

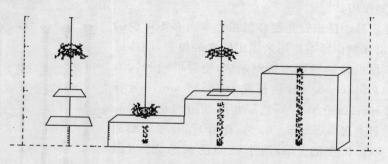

图 3-12　三级台

⑤三角纸台。用胶版印刷纸剪成底宽 3 mm,高 12 mm 的小三角,或长 12 mm,宽 4 mm 的长方纸片,用来粘放小型昆虫。

此外,大头针、粘虫胶(用 95% 酒精溶解虫胶制成)或乳白胶等也是制作昆虫标本必不可少的用具。

(2)干制标本的制作方法

①针插昆虫标本。除幼虫、蛹及个体微小的昆虫以外,皆可用昆虫针插制作后

后装盒保存。插针时，应按照昆虫标本体型大小选择号型合适的昆虫针。对于体型较大的夜蛾类成虫，一般选用3号针，天蛾类成虫，多用4号或5号针；体型较小的蟪、叶蝉、小型蝶、蛾类则用1号或2号针。

一般插针位置在虫体上是相对固定的。蝶、蛾、蜂、蜻蜓、蝉、叶蝉等从中胸背面正中央插入，穿透中足中央；蚊、蝇从中胸中央偏右的位置插针；蝗虫、蟋蟀、蝼蛄的虫针插在前胸背板偏右的位置；甲虫类虫针插在右鞘翅的基部；蜂类插于中胸小盾片的中央(图3-13)。这种插针位置的规定，一方面是为插针的牢固，另一方面是为避免破坏虫体的鉴定特征。

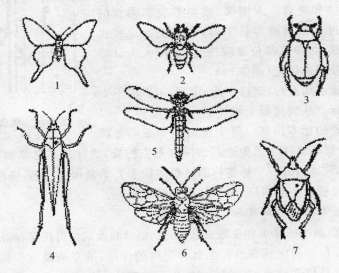

图 3-13　昆虫插针位置
1.鳞翅目　2.双翅目　3.鞘翅目　4.直翅目　5.蜻蜓目　6.膜翅目　7.半翅目

昆虫虫体在昆虫针上的高度是一定的，在制作时可将带虫的虫针倒置，放入三级台的第一级小孔，使虫体背部紧贴于台面上，其上部的留针位置即为8 mm。

对跳甲、木虱、蓟马等体型微小的昆虫，选用0号或00号昆虫针，针从昆虫的腹面插入后，再将昆虫针插在软木片上，再按照一般昆虫的插法，将软木片插在2号虫针上。也可用虫胶将小昆虫粘在三角纸台的尖端，三角纸台的纸尖应粘在虫体的前足与中足之间，然后将三角纸台的底边插在昆虫针上。插制后三角纸台的尖端向左，虫体的前端向前。

②展翅。蝶、蛾和蜻蜓等昆虫，在插针后还需要展翅。将新鲜标本或还软的标本，选择号型合适的昆虫针，按三级台的特定高度插定，先整理蝶、蛾的6足，使其紧贴身体的腹面，不要伸展或折断；其次触角向前、腹部平直向后，然后转移至大小

合适的展翅板上,虫体的背面应与两侧面的展翅板水平。

用 2 枚细昆虫针分别插于前翅前缘中部、第一条翅脉的后面,两手同时拉动一对前翅使两翅的后缘在同一直线上,并与身体的纵轴成直角,暂时用昆虫针将前翅插在展翅板上固定。再取 2 枚细昆虫针拨后翅向前,将后翅的前缘压到前翅下面,臀区充分张开,左右对称,充分展平。然后用玻璃纸条压住,以大头针沿前后翅的边缘进行固定,插针时大头针应略向外倾斜。

标本插针后应将四翅上的昆虫针拨去,大头针也不可插在翅面上,否则标本干燥后会留下针孔,破坏标本的完整和美观。大型蝶、蛾类等腹部柔软的昆虫在干燥过程中腹部容易下垂,须用硬纸片或虫针支撑在腹部,触角等部位也应拨正,可用大头针插在旁边板上使姿态固定(图 3-14)。

标本放置 1 周左右,就已干燥、定型,可以取下安插标签。将标本从展翅板上取下时,动作应轻柔,以免将质地脆硬的标本损坏。每个昆虫标本必须有两

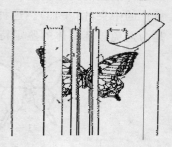

图 3-14　昆虫展翅方法

个标签,一个标签要注明采集地点、时间、寄主种类,虫针插在标签的正中央,高度在三级台的第二级;另一个标签标明昆虫的拉丁文学名和中文名,插在第一级。昆虫标本制作过程中如有损坏,可用粘虫胶贴着修补。

2. 浸渍标本的制作和保存

身体柔软,微小的昆虫和少数虫态(幼虫、蛹、卵)及螨类可用保存液浸泡保存。

昆虫标本保存液应具有杀死昆虫和防腐的作用,并尽可能保存昆虫原有的体形和色泽。活幼虫在浸泡前应饥饿 1~2 d,待其体内的食物残渣排净后用开水煮杀、表皮伸展后投入保存液内。注意绿色幼虫不宜煮杀,否则体色会迅速改变。常用的保存液配方如下:

(1)酒精液　常用浓度为 75%。小型和体壁较软的虫体可先在低浓度酒精中浸泡后,再用 75% 酒精液保存以免虫体变硬。也可在 75% 酒精液中加入 0.5%~1% 的甘油,可使虫体体壁长时间保持柔软。

酒精液在浸渍大量标本后半个月应更换一次,以防止虫体变黑或肿胀变形,以后酌情再更换 1~2 次,便可长期保存。

(2)福尔马林液　福尔马林(含甲醛 40%)10 mL,溶于 170~190 mL 水中。此液保存昆虫标本效果较好,但会使标本略膨胀,并有刺激性的气味。

(3)绿色幼虫标本保存液

①硫酸铜 10 g,溶于 100 mL 水中。将硫酸铜溶液煮沸后停火,并立即投入绿

色幼虫,刚投入时有褪色现象,待一段时间绿色恢复后可取出,用清水洗净,浸于5%福尔马林液中保存。

②冰醋酸 2.5 mL,甘油 2.5 mL,氯化铜 3 g,溶于 90 mL,95%酒精溶液。先将绿色幼虫饥饿几天,用注射器将混合液由幼虫肛门注入,放置 10 h,然后浸于冰醋酸、福尔马林、白糖混合液中,20 d 后更换一次浸渍液。

(4)红色幼虫浸渍液　用硼砂 2 g,50%酒精 100 mL 混合后浸渍红色饥饿幼虫。或者用甘油 20 mL,冰醋酸 4 mL,福尔马林 4 mL,蒸馏水 100 mL,效果也很好。

(5)黄色幼虫浸渍液　用无水酒精 6 mL,氯仿 3 mL,冰醋酸 1 mL。先将黄色昆虫在此混合液中浸渍 24 h,然后移入 70%酒精中保存。或用苦味酸饱和溶液75 mL,福尔马林 25 mL,冰醋酸 5 mL 混合液从肛门注入饥饿幼虫的虫体,然后浸渍于冰醋酸、福尔马林、白糖混合液中。

3.昆虫生活史标本的制作

将前面用各种方法制成的标本,按照昆虫的发育顺序,即卵、幼虫(若虫)的各龄、蛹、成虫的雌虫和雄虫及成虫和幼虫(若虫)的危害状,安放在一个标本盒内,在标本盒的左下角放置标签即可(图 3-15)。

图 3-15　昆虫生活史标本盒

(三)昆虫标本的保存

昆虫标本是认识昆虫防治害虫的参考资料,必须妥善保存。保存标本,主要的工作是防蛀、防鼠、避光、防尘、防潮和防霉。

1.针插标本的保存

针插的昆虫标本,必须放在有盖的标本盒内。盒有木质和纸质的两种,规格也多样,盒底铺有软木板或泡沫塑料板,适于插针;盒盖与盒底可以分开,用于展示的标本盒盖可以嵌玻璃,长期保存的标本盒盖最好不要透光,以免标本出现褪色现象。

标本在标本盒中应分类排列,如天蛾、粉蝶、叶甲等。鉴定过的标本应插好学名标签,在盒内的四角还要放置樟脑球以防虫蛀,樟脑球用大头针固定。然后将标本盒放入关闭严密的标本橱内,定期检查,发现蛀虫及时用敌敌畏进行熏杀。

2.浸渍标本的保存

盛装浸渍标本的器皿,盖和塞一定要封严,以防保存液蒸发。或者用石蜡封口,在浸渍液表面加一薄层液体石蜡,也可起到密封的作用。将浸渍标本放入专用的标本橱内。

[作业单1]

(一)填空题

1.捕虫网有(　　　)、(　　　)和(　　　)三种。

2.吸虫管是用于采集(　　　)、(　　　)和(　　　)等微小昆虫。

3.毒瓶(管)内最下层放毒剂(　　　)或氰化钠(NaCN),压实;上平铺一层细木屑,压实,这两层各5～10 cm;最上层是一薄层(　　　)粉,压平实后,用滴管均匀地滴入水,使之结成硬块即可。

4.三角纸袋是用来暂时存放(　　　)蛾类昆虫的标本。

5.蝶、蛾、蜂、蜻蜓、蝉、叶蝉等插针位置是从(　　　)背面正中央插入,穿透中足中央。

6.蚊、蝇等插针位置从中胸中央(　　　)插入的。

7.蝗虫、蟋蟀、蝼蛄等插针位置为(　　　)偏右的位置。

8.甲虫类虫针插位置在右(　　　)的基部。

9.蝽类针插位置在中胸(　　　)的中央。

10.昆虫保存时用酒精液常用浓度为(　　　)。

11.昆虫保存时常用保存液有(　　　)、(　　　)两种。

12.绿色幼虫标本常用保存液有(　　　)、(　　　)两种。

13.昆虫标本常用的保存方法有(　　　)、(　　　)。

(二)简答题

1.根据昆虫不同如何正确选用昆虫采集用具?

2.昆虫不同针插位置有什么不同?

3.昆虫不同保存方法有什么不同?

4.红色幼虫浸渍液主要由什么成分混合而成的,比例如何?

5.黄色幼虫浸渍液主要由什么成分混合而成的,比例如何?

6.列举制作昆虫标本用具。

[技能单1]　昆虫标本采集、制作、保存

1.目的要求

学习采集、制作和保存植物病（虫）标本的方法，并通过标本采集及鉴定，熟悉当地主要虫害种类及形态特征等。

2.材料与用具

昆虫标本；剪刀、小刀、镊子、放大镜、挑针、标本瓶、大烧杯、福尔马林、酒精、捕虫网、吸虫管、毒瓶、纸袋、采集箱、诱虫灯、昆虫针、展翅板、三级台等。

3.操作步骤

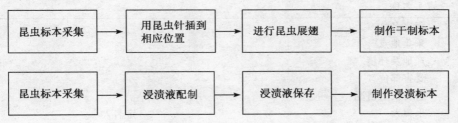

[资料单 2]　**果蔬病害标本采集、制作、保存**

(一)病害标本采集用具及用途

(1)标本夹　用以夹压各种含水分不多的枝叶病害标本，多为木制的栅状板。

(2)标本纸　应选用吸水力强的纸张，可较快吸除枝叶标本内的水分。

(3)采集箱　采集较大或易损坏的组织如果实、木质根茎，或在田间来不及压制的标本时用。

(4)其他　剪枝剪、小刀、小锯及放大镜、纸袋、塑料袋、记录本和标签等。

(二)采集标本应注意的问题

(1)症状典型　要采集发病部位的典型症状，并尽可能采集到不同时期不同部位的症状。

(2)病征完全　采集病害标本时，对于真菌和细菌性病害一定要采集有病征的标本，真菌病害则病部有子实体为好，以便作进一步鉴定；对子实体不很显著的发病叶片，可带回保湿，待其子实体长出后再进行鉴定和标本制作。对真菌性病害的标本如白粉病，因其子实体分有性和无性两个阶段，应尽量在不同的适当时期分别

采集,还有许多真菌的有性子实体常在地面的病残体上产生,采集时要注意观察。

(3)避免混杂 采集时对容易混淆污染的标本(如黑粉病和锈病)要分别用纸夹(包)好,以免鉴定时发生差错;对于容易干燥蜷缩的标本,如禾本科植物病害,应随采随压,或用湿布包好,防止变形;因发病而败坏的果实,可先用纸分别包好,然后放在标本箱中,以免损坏和玷污;其他不易损坏的标本如木质化的枝条、枝干等,可以暂时放在标本箱中,带回室内进行压制和整理。

(4)采集记载 所有病害标本都应有记载,没有记载的标本会使鉴定和制作工作的难度加大。标本记载内容如表3-1所示。

表3-1 植物病害标本采集记录 　　年　　月　　日

寄主名称	
病害名称	
采集地点	
产地及环境	
受害部位	
病害发生情况	
采集人	定名人
采集编号	标本编号

(三)标本的制作与保存

1.干燥标本的制作与保存

(1)标本压制 对于含水量少的标本,如禾本科和豆科植物的病叶、茎标本,应随采随压,以保持标本的原形;含水量多的标本,如甘蓝、白菜、番茄等植物的叶片标本,应自然散失一些水分后,再进行压制;有些标本制作时可适当加工,如标本的茎或枝条过粗或叶片过多,应先将枝条劈去一半或去掉一部分叶再压,以防标本因受压不匀,或叶片重叠过多而变形。有些需全株采集的植物标本,一般是将标本的茎折成"N"字形后压制。压制标本时应附有临时标签,临时标签上只需记载寄主和编号即可。

(2)标本干燥 为了避免病叶类标本变形,并使植物组织上的水分易被标本纸吸收,一般每层标本放一层(3～4张)标本纸,每个标本夹的总厚度以10 cm为宜。标本夹好后,要用细绳将标本夹扎紧,放到干燥通风处,使其尽快干燥,避免发霉变质。同时要注意勤换标本纸,一般是前3～4 d每天换纸2次,以后每2～3 d换1次,直到标本完全干燥为止。在第1次换纸时,由于标本经过初步干燥,已变软而容易铺展,可以对标本进行整理。

不准备做分离用的标本也可在烘箱或微波炉中迅速烘干。标本干燥愈快,就愈能保存原有色泽。干燥后的标本移动时应十分小心,以防破碎;对于果穗、枝干等粗大标本,可在通风处自然干燥即可,注意不要使其受挤压而变形。

(3)标本保存　标本经选择整理和登记后,应连同采集记录一并放入胶版印刷纸袋、牛皮纸袋或玻面标本盒中,贴好标签,然后按寄主种类或病原类别分类存放。

①玻面标本盒保存。除浸渍标本外,教学及示范用病害标本,用玻面标本盒保存比较方便。玻面标本盒的规格不一,一般比较适宜的大小是长×宽×高=28 cm×20 cm×3 cm,通常一个标本室内的标本盒应统一规格,美观且便于整理。

在标本盒底一般铺一层胶版印刷纸,将标本和标签用乳白胶粘于胶版印刷纸上。在标本盒的侧面还应注明病害的种类和编号,以便于存放和查找。盒装标本一般按寄主种类进行排列较为适宜。

②蜡叶标本纸袋保存。用胶版印刷纸折成纸袋,纸袋的规格可根据标本的大小决定。将标本和采集记录装在纸袋中,并把鉴定标签贴在纸袋的右上角(图3-16)。

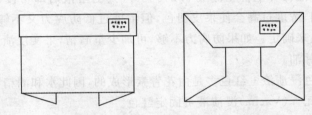

图 3-16　病害蜡叶标本纸袋的折叠方法

袋装标本一般按分类系统排列,要有两套索引系统,一套是寄主索引,一套是病原索引,以便于标本的查找和资料的整理。

标本室和标本柜要保持干燥以防生霉,同时还要注意清洁以防虫蛀。可用樟脑放于标本袋和盒中,并定期更换,定期排湿。

2.浸渍标本的制作与保存

果实病害为保持原有色泽和症状特征,可制成浸渍标本进行保存。果实因其种类和成熟度不同,颜色差别很大。应根据果实的颜色选择浸渍液的种类。

(1)保存绿色浸渍液　保存植物组织绿色的方法很多,可根据不同的材料,选用适当的方法。

①醋酸铜浸渍液。将醋酸铜结晶逐渐加到 50% 的醋酸溶液中至不再溶解为止(每 1 000 mL 约加 15 g),然后将原液加水 3~4 倍后使用。溶液稀释浓度因标

79

本的颜色深浅而不同,浅色的标本用较稀的稀释液,深色标本用较浓的稀释液。用醋酸浸渍液浸渍标本用冷处理方法比较好,具体做法是:将植物叶片或果实用 2～3 倍的稀释液冷浸 3 d 以上,取出用清水洗净,保存于 5％的福尔马林液中。

②醋酸铜浸渍液保存绿色的原理是铜离子与叶绿素中镁离子的置换作用,重复使用时需补加适量的醋酸铜。另外,用此法保存标本的颜色稍带蓝色,与植物的绿色略有不同。

③硫酸铜亚硫酸浸渍液。先将标本洗净,在 5％的硫酸铜浸渍液中浸 6～24 h,用清水漂洗 3～4 h,保存于亚硫酸液中。亚硫酸液的配法有两种:一种是用含 5％～6％ SO_2 的亚硫酸溶液 45 mL 加水 1 000 mL;另一种是将浓硫酸 20 mL 稀释于 1 000 mL 水中,然后加 16 g 亚硫酸钠。但此法要注意密封瓶口,并且每年更换一次浸渍液。

(2)保存黄色和橘红色浸渍液　含有叶黄素和胡萝卜素的果实,如梨、黄色苹果、杏、柿、柑橘及红色的辣椒等,用亚硫酸溶液保存比较适宜。方法是将含亚硫酸 5％～6％的水溶液稀释至含亚硫酸 0.2％～0.5％的溶液后即可浸渍标本。但亚硫酸有漂白作用,浓度过高会使果皮褪色,但浓度过低防腐力又不够,因此浓度的选择应反复实践来确定。如果防腐力不够,可加少量酒精,果实浸渍后如果发生崩裂,可加入少量甘油。

(3)保存红色浸渍液　红色多是由花青素形成的,因此水和酒精都能使红色褪去,较难保存。瓦查(Vacha)浸渍液可固定红色。

硝酸亚钴 15 g ＋ 福尔马林 25 g ＋ 氯化锡 10 g ＋ 水 2 000 mL

将标本洗净,完全浸没于浸渍液中两周,取出保存于以下溶液中:

福尔马林 10 mL ＋ 95％酒精 10 mL ＋ 亚硫酸饱和溶液 30～50 mL ＋ 水 1 000 mL

(4)浸渍标本的保存　制成的标本应存放于标本瓶中,贴好标签。因为浸渍液所用的药品多数具有挥发性或者容易氧化,标本瓶的瓶口应很好的封闭。封口的方法如下:

①临时封口法。用蜂蜡和松香各 1 份,分别熔化后混合,加少量凡士林油调成胶状,涂于瓶盖边缘,将瓶盖压紧封口;或用明胶 4 份在水中浸 3～4 h,滤去多余水分后加热熔化,加石蜡 1 份,继续熔化后即成为胶状物,趁热封闭瓶口。

②永久封口法。将酪胶和熟石灰各 1 份混合,加水调成糊状物后即可封口。干燥后,因酪酸钙硬化而密封;也可将明胶 28 g 在水中浸 3～4 h,滤去水分后加热熔化,再加重铬酸钾 0.324 g 和适量的熟石膏调成糊状即可封口。

[**作业单2**]

(一)填空题

1.采集病害标本主要用具有（ ）、（ ）、（ ）。

2.标本室和标本柜要保持干燥以防生霉,同时还要注意清洁以防虫蛀。可用（ ）放于标本袋和盒中,并定期（ ）,定期排湿。

3.果实病害为保持原有色泽和症状特征,可制成（ ）标本进行保存。

4.保存绿色浸渍液主要有（ ）、（ ）。

5.浸渍标本的保存方法有（ ）、（ ）。

(二)简答题

1.采集植物病害标本应记录哪些内容?

2.你要采集果树类病害标本应准备哪些用具?

3.果实类病害为了保存原有颜色应怎样制作?

4.列举出永久封口的几种方法。

5.采集标本应注意的问题有哪些?

[**技能单2**] 病害标本采集、制作、保存

1.目的要求

学习采集、制作和保存植物病害标本的方法,并通过标本采集及鉴定,熟悉当地主要病害种类及症状等。

2.材料与用具

标本夹、标本纸、采集箱、剪枝剪、小锯、放大镜、镊子、塑料袋、记录本、标签等。

3.操作步骤

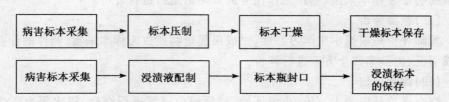

计划实施 3

（一）工作过程的组织

5～6个学生分为一组，每组选出一名组长。

（二）材料与用具

昆虫标本：剪刀、小刀、镊子、放大镜、挑针、标本瓶、大烧杯、福尔马林、酒精、捕虫网、吸虫管、毒瓶、纸袋、采集箱、诱虫灯、昆虫针、展翅板、三级台等。

病害标本：标本夹、标本纸、采集箱、剪枝剪、小锯、放大镜、镊子、塑料袋、记录本、标签等。

（三）实施过程

病虫害标本采集按组进行，每5～6个学生分为一组，每组采集病虫害标本60种以上。然后把采集病叶、果实、枝条及昆虫进行分类、整理制作成标本。每组制作病虫害干制标本10盒，浸渍标本10瓶。

评价与反馈 3

完成病虫害采集、制作、保存工作任务后，要进行自我评价、小组评价、教师评价。考核指标权重：自我评价占20％，小组互评占40％，教师评价占40％。

（一）自我评价

根据自己的工作态度、完成果蔬植物病虫害标本采集、制作任务的效果实事求是地进行评价。

（二）小组评价

组长根据组员完成任务情况对组员进行评价。主要从小组成员配合能力、果蔬植物病虫害标本采集、制作工作任务的效果给组员进行评价。

（三）教师评价

教师评价是根据学生学习态度、完成果蔬植物病虫害标本采集、制作的作业单完成情况、出勤率四个方面进行评价。

（四）综合评价

综合评价是把个人评价，小组评价，教师评价成绩进行综合，得出每个学生完成一个工作任务的综合成绩。

（五）信息反馈

每个学生对教师进行评议，提出对工作任务建议。

工作任务 4 果蔬田间病虫害调查

工作任务描述

  学会果蔬病虫害调查取样方法;做到对果蔬病虫害调查指标记载与计算;达到独立完成果蔬病虫害调查报告撰写。

目标要求

  完成本学习任务后,你应当能:(1)学会果蔬病虫害取样方法;(2)学会果蔬病虫害诊断方法;(3)明确果蔬被害率、虫口密度、病株率、病情指数的含义;(4)进行调查记载数据并根据调查结果计算被害率、虫口密度、病株率、病情指数;(5)独立对上述结果进行分析;(6)通过分析提出自己的建议;(7)写出果蔬病虫害调查报告。

内容结构

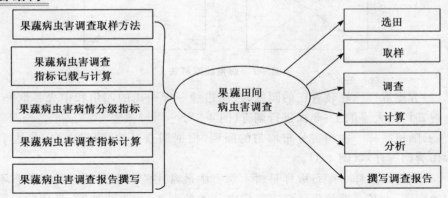

相关资料

  (1)果蔬病虫害调查取样方法;(2)果蔬病虫害调查指标记载与计算;(3)果蔬病虫害病情分级指标;(4)果蔬病虫害调查指标计算;(5)果蔬病虫害调查报告撰写。

[资料单1] 果蔬病虫害调查取样方法

　　根据当地果蔬种植情况,选择病虫害发生较重的一种作物,在不同时期,以目测普查方式进行踏查和抽样调查,并用网捕、手采、诱集法,采集病虫害标本及危害状标本,带回室内查阅病虫害有关资料等鉴定其种类,并按轻(＋)、中(＋＋)、重(＋＋＋)等级列表记录其发生程度。

(一)果蔬病虫害取样方法

　　病虫害调查时,取样方法很重要,它直接关系到调查结果的准确性。进行病虫害调查时,首先要巡视调查地点基本情况,如面积大小、地形、地势、品种分布及栽培条件等因素和病虫害的发生传播等特点决定选点抽样方法。一般按以下方法抽样。

　　(1)对角线式取样　适合于密集的或成行的植物及随机分布的病虫调查,又分为单对角线和双对角线两种。调查时在双对角线上或单对角线上取 5～9 点进行调查,点的数量根据人力而进行增减。一般点内抽查株数应不低于全园总株数的5％(图 4-1)。

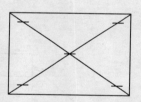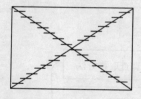

图 4-1　对角线取样法

　　(2)五点取样　在较方正的园圃内,离边缘一定距离的四角和中央各取一点,每点视其树龄大小取 1～3 株进行调查(图 4-2)。

　　(3)随机取样　在病害分布均匀的园圃,根据调查目的,随机选取 5％左右的样本作为调查样本(图 4-3)。

　　(4)顺行式取样　顺行取样是树木病害中最常用的调查方法。对于分布不很均匀的病害,尤其是对检疫性病害和病害种类的调查,为防止遗漏,可用顺行取样法(图 4-4)。

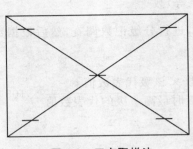

图4-2 五点取样法

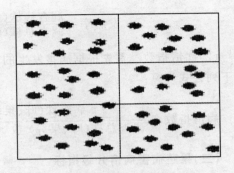

图4-3 随机取样法

（5）棋盘式取样 适合于密集的或成行的植物及随机分布型及核心分布型的病虫、面积不大的地块和试验地（图4-5）。

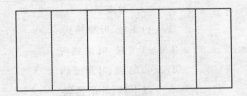

图4-4 顺行取样法

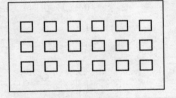

图4-5 棋盘式取样法

（6）"Z"形取样 对于地形较为狭长而地形地势较为复杂的梯田式果园，可按"Z"字形排列或螺旋式取样法进行调查（图4-6）。

(二)果蔬病虫害调查指标记载与计算

1.虫害调查

（1）单位面积虫口密度（头/m²）＝调查总活虫数/调查总面积。

（2）每株虫口密度（头/m²）＝调查总活虫数/总株数。

（3）受害率＝有虫株数/调查总株数×100%。

2.病害调查

（1）发病率 指调查的病株数（或病叶数、病果数等）占调查总数的百分比。

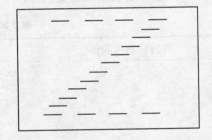

图4-6 "Z"形取样法

85

$$发病率 = \frac{调查病株(叶、果等)数}{调查总株(叶、果等)数} \times 100\%$$

（2）病情指数　首先根据病害发生的轻重，进行分级记数调查，然后根据数值按下列公式计算：

$$病情指数 = \frac{\sum[病级株(叶、果等)数 \times 该级代表数值]}{调查总株(叶、果等)数 \times 分级时最高一级的代表数值} \times 100$$

（三）果蔬病害病情分级指标

1. 枝、叶、果病害分级标准（表4-1）

表4-1　枝、叶、果病害分级标准

发病级别代表值	分级标准
0	健康
1	1/4以下枝、叶果感病
2	1/4～1/2枝、叶果感病
3	1/2～3/4枝、叶果感病
4	3/4以上枝、叶果感病

2. 干部病害分级标准（表4-2）

表4-2　干部病害分级标准

发病级别代表值	分级标准
0	健康
1	病斑的横向长度占树干周长的1/5以下
2	病斑的横向长度占树干周长的1/5～3/5
3	病斑的横向长度占树干周长的1/5～4/5
4	全部感病或死亡

计划实施4

（一）工作过程的组织
5～6个学生分为一组，每组选出一名组长。

（二）材料与用具
果蔬常见昆虫检索表、镊子、挑针、培养皿、指形管、标本采集桶、标本夹、塑料袋、剪枝剪、放大镜、体视显微镜等。

(三)实施步骤

[案例1] **苹果褐斑病调查**

(一)目的

了解当地苹果褐斑病田间发生及危害情况,熟悉果品病害的调查与统计方法。

(二)材料与用具

标本采集鉴定用具、记载本、放大镜、计数器等。

(三)取样方法

每株样树的树冠上梢、内堂、外围和下部等部位,及东、南、西、北各方向,根据病害特点各取若干枝条、叶片或果实等进行调查。一般情况下,叶部病害调查每株样树取 300～500 张叶片,果实病害调查每株样树取 100～200 个果实,若采收后或贮藏期,可在果堆中分上、中、下三层共取 500 个果进行调查。枝干病害则应调查样点树的全部枝干发病情况。

(四)调查结果分析与计算

例如:苹果褐斑病调查时取 400 片叶片,有 200 片 0 级、150 片 1 级、40 片 3 级、10 片 4 级。叶片分级标准见 4-3。

表 4-3 苹果褐斑病叶片分级标准

发病级别代表值	分级标准
0	健康
1	1/4 以下枝、叶感病
2	1/4～1/2 枝、叶感病
3	1/2～3/4 枝、叶感病
4	3/4 以上枝、叶感病

$$发病率 = \frac{调查病株(叶、果等)数}{调查总株(叶、果等)数} \times 100\%$$

$$= \frac{150+40+10}{400} \times 100\% = 50\%$$

87

$$病情指数 = \frac{\sum\left[病级株（叶、果等）数 \times 该级代表数值\right]}{调查总株（叶、果等）数 \times 发病最高一级的代表数值} \times 100$$

$$= \frac{\sum\left[200 \times 0 + 150 \times 1 + 40 \times 3 + 10 \times 4\right]}{400 \times 4} \times 100 = 19.38$$

（五）调查结果填入表4-4

表4-4 叶部病害调查

					调查日期	调查人	
调查地点	植物名称	病害名称	总叶数/片	病叶数/片	发病率/%	病情指数	备注
试验田果园	苹果	苹果褐斑病	400	200	50	19.38	

（六）写出调查报告

1. 调查地区概况。
2. 调查结果的综述。
3. 苹果褐斑病综合治理的措施。

［案例2］ 黄瓜霜霉病调查

（一）目的

了解当地黄瓜霜霉病田间发生及危害情况，熟悉蔬菜病害的调查与统计方法。

（二）材料与用具

标本采集鉴定用具、记录本、放大镜、计数器等。

（三）取样方法

选择有代表性的类型田2~3块，每块对角线取5点，每点查10株，共50株。

（四）调查结果分析与计算

例如：黄瓜霜霉病调查时取500片叶片，有300片0级、150片1级、40片2级、10片4级。叶片分级标准见表4-5。

表4-5 黄瓜霜霉病叶片分级标准

发病级别代表值	分级标准
0	健康
1	1/4以下枝、叶感病
2	1/4~1/2枝、叶感病
3	1/2~3/4枝、叶感病
4	3/4以上枝、叶感病

$$发病率 = \frac{调查病株（叶、果等）数}{调查总株（叶、果等）数} \times 100\%$$

$$= \frac{150 + 40 + 10}{500} \times 100\% = 40\%$$

$$病情指数 = \frac{\sum[病级株（叶、果等）数 \times 该级代表数值]}{调查总株（叶、果等）数 \times 发病最高一级的代表数值} \times 100$$

$$= \frac{\sum[300 \times 0 + 150 \times 1 + 40 \times 2 + 10 \times 4]}{500 \times 4} \times 100 = 13.5$$

（五）调查结果填入表 4-6

表 4-6　叶部病害调查

					调查日期		调查人
调查地点	植物名称	病害名称	总叶数/片	病叶数/片	发病率/%	病情指数	备注
试验田	黄瓜	黄瓜霜霉病	500	200	40	13.5	

（六）写出调查报告

1. 调查地区概况。

2. 调查结果的综述。

3. 黄瓜霜霉病综合治理的措施。

评价与反馈 4

完成果蔬植物病虫害调查工作任务后，要进行自我评价、小组评价、教师评价。考核指标权重：自我评价占 20%，小组互评占 40%，教师评价占 40%。

（一）自我评价

根据自己的工作态度、完成果蔬植物病虫害调查任务的完成情况，实事求是地进行自我评价。

（二）小组评价

组长根据组员完成任务情况对组员进行评价。主要从小组成员配合能力、果蔬植物病虫害调查任务的完成情况给组员评价。

（三）教师评价

教师评价是根据学生学习态度、完成果蔬植物病虫害调查任务成绩、作业单和技能单完成情况、出勤率四个方面进行评价。

89

(四)综合评价

综合评价是把个人评价,小组评价,教师评价成绩进行综合,得出每个学生完成一个工作任务的综合成绩。

(五)信息反馈

每个学生对教师进行评议,提出对工作任务建议。

工作任务5 果蔬病虫害预测预报

工作任务描述

根据当地气候特点、病虫害发生情况等资料,制定出具体病虫害预测预报方法;每组能完成一种果蔬病虫发生的情报;根据果蔬病虫害预测预报指导农业生产。

目标要求

完成本学习任务后,你应当能:(1)知道果蔬病虫害发生期预测;(2)学会果蔬病虫害发生量预测方法;(3)根据具体虫害制定出预测预报方法;(4)根据具体病害制定出预测预报方法;(5)根据果蔬病虫害预测预报指导农业生产。

内容结构

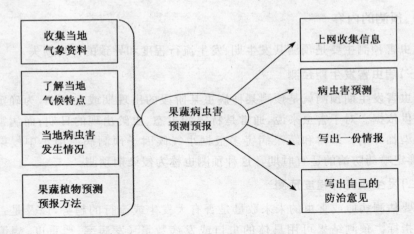

相关资料

(1)当地气象资料;(2)当地气候特点;(3)当地病虫害发生情况;(4)果蔬植物病虫害预测预报方法。

[资料单1] 果蔬植物病虫害预测预报

果蔬植物病虫害的预测预报(forecast and prognosis)是在了解具体有害生物发生规律的基础上,通过实地系统调查与观察,并结合历史资料将所得资料经过统计分析,正确判断、预测有害生物未来的发生动态和趋势,进而将这种预测及时通报有关单位或农户,以便做好准备,及时开展防治工作。该项技术是有害生物综合治理的关键性技术之一。

果蔬植物有害生物的预测预报是有害生物综合治理的重要组成部分,是一项监测有害生物未来发生与危害趋势的重要工作。常年预测预报工作的开展是根据有害生物过去和现在的变动规律、调查取样、作物物候、气象预报等资料,应用数理统计分析和先进的测报方法,来正确估测有害生物未来发生趋势,并向各级政府、植物保护站和生产专业户提供情报信息和咨询服务的一门应用技术。随着我国有机、绿色和无公害农业生产的发展,对减少化学农药使用次数与剂量、适时防治有害生物的工作日趋严格要求。要做到这点,就务必要求有害生物的预测预报工作更趋及时、精确。否则,就会丧失有效的防治时期,导致药剂使用量和次数增多。因此,预测预报是实施有害生物有效综合治理的前提条件,也是生产低农药残留或无残留优质安全农产品的重要技术保障。

一、预测的内容

病虫害预测主要是预测其发生期、发生流行程度和导致的作物损失。

(一)病虫害发生期预测

病虫害发生期预测就是预测某种病虫某阶段的出现期或危害期,为确定防治适期提供依据。对于害虫来说,通常是特定的虫态、虫龄出现的日期;而病害则主要是侵染临界期。果树和蔬菜病害多根据小气候因子预测病原菌集中侵染的时期,以确定喷药防治的适宜时期。这种预测也称为侵染期预测。

(二)发生或流行程度预测

主要估测病原或害虫的未来数量是否有大发生或流行的趋势,以及是否会达到防治指标。预测结果可用具体的虫口或发病数量(发病率、严重度、病情指数等)作定量的表达,也可用发生、流行级别作定性的表达。发生、流行级别多分为大发生(流行)、中度发生(流行)、轻度发生(流行)和不发生(流行),具体分级标准根据病虫害发生数量或作物损失率确定,因病虫害种类而异。

（三）损失预测

损失预测又称为损失估计。危害程度预测与产量损失估计是在发生期、发生量等预测的基础上，研究预测作物对病虫害的最敏感期是否与病虫破坏力、侵入力最强且数量最多的时期相遇，从而推断病虫灾害程度的轻重或造成损失的大小；配合发生量预测进一步划分防治对象田，确定防治次数，选择合适的防治方法，控制或减少危害损失。在病虫害综合防治中，常应用经济损害水平和经济阈值等概念。前者是指造成经济损失的最低有害生物（或发病）数量，后者是指应该采取防治措施时的数量。损失预测结果可以确定有害生物的发生是否已经接近或达到经济阈值，用于指导防治。

二、预测时限与预测类型

按照预测的时限可分为超长期预测、长期预测、中期预测和短期预测。

（一）超长期预测

超长期预测也称为长期病虫害趋势预测，一般时限在一年或数年。主要运用病虫害流行历史资料和长期气象、人类大规模生产活动所造成的副作用等资料进行综合分析，预测结果指出下一年度或将来几年的病虫害发生的大致趋势。超长期预测一般准确率较差。

（二）长期预测

长期预测也称为病虫害趋势预测，指一个季节以上，有的是一年或多年。主要依据病虫害发生流行的周期性和长期气象等资料作出。预测结果指出病害发生的大致趋势，需要随后用中、短期预测加以校正。害虫发生量趋势的长期预测，通常根据越冬后或年初某种害虫的越冬有效虫口基数及气象资料等作出。例如，桃小食心虫根据蛹越冬虫口基数及冬春温度、雨水情况对当地发生数量及灾害程度的趋势作出长期估计；多数地区能根据历年资料用时间序列等方法研制出预测法。长期预测需要根据多年系统资料的积累，方可求得接近实际值的预测值。

（三）中期预测

中期预测的时限一般为一个月至一个季度，但视病虫害种类不同，期限的长短可有很大的差别。如一年一代、一年数代、一年十多代的害虫，采用同一方法预测的期限就不同。中期预测多根据当时的有害生物数量数据，作物生育期的变化以及实测的或预测的天气要素作出预测，准确性比长期预测高。

（四）短期预测

短期预测的期限在 20 d 以内。一般做法是根据害虫前一、二个虫态的发生情

93

况,推算后一、二个虫态的发生时期和数量,或根据天气要素和菌源情况进行预测,以确定未来的防治适期、次数和防治方法。其准确性高,使用范围广。

三、植物病虫害的预测

(一)病害预测

1. 病害预测依据

(1)根据菌量预测　单循环病害侵染概率较为稳定,受环境条件影响较小,可根据越冬菌量预测发病数量。例如,可以检查种子表面带有孢子量,用以预测次年田间发病率。多循环病害有时也利用菌量作预测因子预测田间发病率。

(2)据气象条件预测　多循环病害的流行受气象条件影响很大,而初侵染菌源不是限制因素,对当年发病的影响较小,通常根据气象因素预测。有些单循环病害的流行也取决于初侵染期间的气象条件,可以利用气象因素预测。

(3)根据菌量和气象条件进行预测　综合菌量和气象因素的流行学效应,作为预测的依据,已用于许多病害。有时还把寄主植物在流行前期的发病数量作为菌量因素,用以预测后期的流行程度。

(4)根据菌量、气象条件、栽培条件和寄主植物的生育期和生育状况预测　有些病害的预测除应考虑菌量和气象因素外,还要考虑栽培条件和寄主植物的生育期和生长发育状况。

此外,对于昆虫介体传播的病害,介体昆虫数量和带毒率等也是重要的预测依据。

2. 病害预测方法

(1)综合分析法　是一种经验推理方法,多用于中、长期预测。预测人员调查和收集有关品种、菌量、气象因素和栽培管理诸方面的资料,与历史资料进行比较,经过全面权衡和综合分析后进行预测。近年来,发展了计算机专家系统预测法。计算机专家系统是将专家综合分析预测病害所需的知识、经验、推理、判断方法归纳成一定规格的知识和准则,建立一套由知识库、推理机、数据库、用户接口等部分做成的软件输入计算机,投入应用。

(2)条件类推法　该法包括预测圃法、物候预测法、应用某些环境指标预测法等。

(3)数理统计预测法　是运用统计学方法,利用多年来历史资料,建立数学模型预测病害的方法。

(4)系统分析法　将病害流行作为系统,对系统的结构和功能进行分析、综合,组建模型,模拟系统的变化规律,从而预测病害任何时期的发展水平。

(二)果蔬植物虫害的预测

害虫的预测预报主要任务是及时预测主要害虫的发生期、发生量及其发生趋势，以及生产上及时掌握防治适期、使用适宜方法和必要的准备工作等。预测预报在方法上，除通过田间实地系统调查这一方法外，利用害虫的趋光性、趋化性及其他生物学特性进行诱测，则是另一重要手段。当然，预测预报的数据分析、处理还应与数理统计相结合。条件成熟后应与计算机数据分析技术、网络技术、地理信息系统(GIS)紧密结合。

1. 发生期预测

发生期预测是根据某种害虫防治对策的需要，预测某个关键虫期出现的时期，以确定防治的有利时期。在害虫发生期预测中，常将各虫态的发生时期分为始见期、始盛期、高峰期、盛末期和终见期。预报中常用的是始盛期、高峰期和盛末期。其划分标准分别为出现某虫期总量的 16%、50%、84%。害虫发生期预测常用的方法有以下五种。

(1)形态结构预示法　害虫在生长发育过程中，会发生外部形态和内部结构发生变化历期，就可测报下一虫态的发生期。

(2)发育进度法　根据田间害虫发育进度，参考当时气温预测，加相应的虫态历期，推算以后虫期的发生期。这种方法主要用于短期测报，准确性较高，是常用的一种方法。

①历期法。通过对前一虫期田间发育进度，如化蛹率、羽化率、孵化率等的系统调查，当调查到其百分率达始盛期、高峰期和盛末期时，分别加上当时气温下各虫期的历期，即可推算出后面某一虫期的发生时期。

②分龄分级法。对于各虫态历期较长的害虫，可以选择某虫态发生的关键时期(如常年的始盛期、高峰期等)，作 2~3 次发育进度检查，仔细进行幼虫分龄、蛹分级，并计算各龄、各级占总虫数的百分率。

③期距法。与前述历期预测相类似，主要根据当地多年积累的历史资料，总结出当地各种害虫前后两个世代或若干虫期之间，甚至不同发生率之间"期距"的经验值(平均值与标准差)，作为发生期预测的依据。但其准确性要视历史资料积累的情况而定，愈久愈系统，统计分析得出的期距经验值即愈可靠。

(3)有效积温法　根据有效积温法则，在研究掌握害虫的发育起点温度(C)与有效积温(K)之后，便可结合当地气温(T)运用下列公式(1)计算发育所需天数(N)。如果未来气温多变，则可按下列公式(2)逐日算出发育速率(V)，而后累加至 $\sum V \approx 1$，即为发育完成之日。但是用于发生期预测，还必须掌握田间虫情，在其现有发育进度(如产卵盛期等)的基础上进行预测。

$$N = \frac{K}{T-C} \qquad\qquad (1)$$

$$V = \frac{T-C}{K} \qquad\qquad (2)$$

（4）物候法　物候是指自然界各种生物活动随季节变化而出现的现象。自然界生物，或由于适应生活环境，或由于对气候条件有着相同的要求，形成了彼此间的物候联系。因此，可通过多年的观察记载，找出害虫发生（或危害时期）与寄主或某些生物的发育阶段或活动之间的联系，并以此作为生物指标，来推测害虫的发生和危害时间。

（5）数理统计预测法　运用统计学方法，利用多年来历史资料，建立发生期与环境因子关系的数学模型以预测发生期的方法。

2.发生量预测

发生量预测就是预测害虫的发生程度或发生数量，用以确定是否有防治的必要。害虫的发生程度或危害程度一般分为轻、中偏轻、中、中偏重、大发生和特大发生 6 级。常用预测方法有以下五种。

（1）有效虫口基数预测法　通过对上一代虫口基数的调查，结合该虫的平均生殖力和平均存活率，可预测下一代的发生量。常用下式计算繁殖数量。

$$P_n = P_0 \cdot [\, e \cdot f/(m+f) \cdot (1+M) \cdot (1-d)\,]^n$$

式中：P 为下一代的发生量，P_0 为上一代的发生量；e 为平均产卵量；f 为雌虫数；m 为雄虫数量；M 为各虫期累计死亡率；d 为死亡率；n 为世代数。也可依据前一时期虫口基数，用描述种群增长的逻辑斯蒂方程来预测下一时期虫口基数。

（2）气候图及气候指标预测法　昆虫属于变温动物，其种群数量变动受气候影响很大，有不少种类昆虫的数量变动受气候支配。因此，人们可以利用昆虫与气候的关系对昆虫发生量进行预测。气候图通常以某一时间尺度（日、旬、月、年）的降雨量或湿度为一个轴向，同一时间尺度的气温为另一轴向，二者组成平面直角坐标系。然后将所研究时间范围的温湿度组合点按顺序在坐标系内绘出来，并连成线（点太密时可不连）。由此图形可以分析害虫发生与气候条件的关系，并对害虫发生进行测报。当年气象预报或实际资料绘制成气候图，与历史上的各种模式图比较，就可以作出当年害虫可能发生趋势的估计。

（3）经验指数预测　经验指数是在分析影响害虫发生的主导因子的基础上，进一步根据历年资料统计分析得来的，用以估计害虫来年的数量消长趋势。

①温雨系数或温湿系数。害虫适生范围内的平均相对湿度（或降雨量）与平均温度的比值，称为温湿系数（或温雨系数）。如北京地区根据 7 年资料分析，影响棉

蚜季节性消长的主导因子为月平均气温和相对湿度。温湿系数=5日平均相对湿度/5日平均气温。当温湿系数为2.5～3时,棉蚜将猖獗危害。

②应用天敌指数预测。分析当地多年的天敌及害虫数量变动的资料,并在实验中测试后,用下式求出天敌指数。

$$P=\frac{X}{\sum(y_i{}^n ey_i)}$$

式中:P 为天敌指数;X 为当时每株蚜虫数;y_i 为当时平均每株某种天敌数量;ey_i 为某种天敌每日食蚜量。在华北地区,当 $P\leqslant1.67$ 时,此棉田在 $4～5$ d后棉蚜将受到天敌控制,而不需要防治。

(4)形态指标预测　可根据害虫类型的变化作为指标来预测发生量。如,无翅若蚜多于有翅若蚜,及飞虱短翅型数量上升时,则预示着种群数量即将增加;反之,则预示着种群数量下降。

(5)数理统计预测　数理统计预测是将测报对象多年发生资料运用数理统计方法加以分析研究,画出其发生与环境因素的关系,并把与害虫数量变动有关系的一个或几个因素用数学方程式(回归式)加以表达,即建立预测经验公式。

[作业单]

(一)填空题

1.常年预测预报工作的开展是根据有害生物过去和现在的变动规律、(　　　)、作物物候、(　　　　)等资料,应用数理统计分析和先进的测报方法。

2.病害预测依据(　　　)、(　　　　)、(　　　　)、(　　　　)。

3.病害预测方法包括(　　　)、(　　　　)、(　　　　)、(　　　　)。

4.害虫发生期预测方法有(　　　)、(　　　　)、(　　　　)、(　　　　)、(　　　)。

5.害虫发生量预测方法有(　　　)、(　　　　)、(　　　　)、(　　　　)、(　　　)。

(二)简答题

1.果蔬植物病虫害预测内容包括哪些?

2.按照预测的时限可分为哪几种预测类型?其中哪种类型预测比较准确?

计划实施5

(一)工作过程的组织

5～6个学生分为一组,每组选出一名组长。

（二）材料与用具

果蔬常见昆虫检索表、镊子、挑针、培养皿、指形管、标本采集桶、标本夹、塑料袋、剪枝剪、放大镜、体视显微镜、黑光灯等。

（三）实施步骤

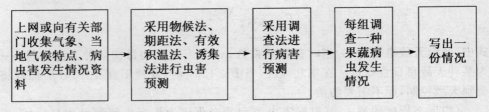

[案例 3]　白菜霜霉病预测预报

（一）目的要求

掌握白菜霜霉病预测预报的主要方法，提高预测预报能力。

（二）材料与用具

标本夹、标本纸、采集箱、放大镜、镊子、塑料袋、记录本、标签等。

（三）预测方法

（1）中心病株调查　选早播、易感病品种菜地 2～3 块，每块地采取五点取样法，每点固定调查 10 株，每块地共调查 50 株，每 5 d 调查一次，在露水未干之前调查，记载中心病株出现日期。当气候条件适合霜霉病的发生，而田间已出现病株时，应发出第一次预报，要求各地做好病情普查和防治准备。

（2）发病程度调查　出现中心病株后，选取一块有代表性的地块，用五点取样法，每点固定调查 10 株，每隔 5 d 调查一次，计算病情指数，记入表 5-1 中。当发病株率达 10%～15%，病情指数达到 5 时，结合当地的气象预报，预测病情发展趋势，再次发出预报，准备进行防治（表 5-2）。

病情严重度分级标准：

0 级：无病叶。

1 级：全株仅一片病叶，病斑小，霜霉不明显。

2 级：病叶占全株总叶片的 1/4 以下，霜霉显著。

3 级：病叶占全株总叶片的 1/4～1/2，病叶部分枯黄，但不影响包心。

4 级：病叶占全株总叶片的 1/2 以上，大部分病叶不能包心。

表 5-1　白菜霜霉病发病程度调查记载

日期	地点	品种	生育期	中心病株出现日期	调查株数	病株数	病株率(%)	各级发病株数					病情指数
								0	1	2	3	4	

表 5-2　白菜霜霉病发生程度指标

	发病率/%	病情指数
大流行年	>90	>75
中流行年	70	50
小流行年	<50	<25
轻发生年	<30	<10

(四)写出情报

根据白菜霜霉病发生发展情况,写一份病害情报,对该病虫发生做出测报并提出防治意见。

[案例 4]　桃小食心虫预测预报

(一)目的要求

掌握桃小食心虫预测预报的主要方法,提高预测预报能力。

(二)材料与用具

标本瓶、大烧杯、福尔马林、酒精、吸虫管、毒瓶、纸袋、采集箱、放大镜、镊子、塑料袋、记录本、标签等。

(三)预测方法

1. 越冬幼虫出土观察

在果园中选择上年危害严重的果树 5~10 株,在树冠下采用盖瓦法或笼罩法观察幼虫出土情况。

(1)盖瓦法　将树冠下地面杂草清除干净,在每个树冠下放十几块破瓦片,瓦片排列分三层围绕树干呈梅花状放置。以 5 月上旬开始,每天上午观察一次,统计幼虫或夏茧数。

99

（2）笼罩法（人工埋茧法）　在树冠下挖深 12 cm，长 45 cm，宽 30 cm 的土坑，整平坑底。挑选活茧 500 个，按比例分层埋入，3 cm 深埋入 60%；6 cm 深埋 22%；9 cm 深埋 11%；12 cm 深埋 7%。5 月上旬罩笼，每日早、中、晚定时观察统计出土幼虫数，累计出土率达到 20%～30%，即为出土盛期。

2. 卵果率调查

在果园中选 5 株有代表性的果树，每株按东、南、西、北、中取样 5 枝，每枝上固定观察果实 50 个，共 250 个果实，从 5 月下旬起，每 2～3 d 检查一次，记载卵数和蛀果数，当卵连续出现，卵果率达 1%，即可预报防治。

（四）写出情报

根据桃小食心虫发生发展情况，写一份虫情报告，对该虫发生做出测报并提出防治意见。

［案例 5］　小地老虎预测预报

（一）目的要求

掌握小地老虎预测预报的主要方法，提高预测预报能力。

（二）材料与用具

标本瓶、大烧杯、福尔马林、酒精、吸虫管、毒瓶、纸袋、采集箱、放大镜、镊子、塑料袋、记录本、标签等。

（三）预测方法

利用黑光灯或糖醋液诱蛾。黑光灯每天日落开灯，天亮关灯。诱蛾时间在各地成虫出现时间，华北地区，越冬代 4 月 15 日至 5 月 20 日，第二代 7 月 20 日到 8 月 30 日，每天检查诱蛾量。根据黑光灯或诱蛾器的诱蛾数量，平均每天诱蛾 5～10 头，表示成虫进入盛发期；诱成虫最多的一天即是成虫高峰期。越冬代成虫盛发期后 20～25 d，第二代成虫盛发期后 10～15 d，即为 2～3 龄幼虫的盛发期，也是药剂防治的适期。

（四）写出情报

根据小地老虎发生发展情况，写一份虫情报告，对该虫发生做出测报并提出防治意见。

［案例 6］　山楂叶螨预测预报

（一）目的要求

掌握山楂叶螨预测预报的主要方法，提高预测预报能力。

（二）材料与用具

标本瓶、大烧杯、福尔马林、酒精、吸虫管、毒瓶、纸袋、采集箱、放大镜、镊子、塑料袋、记录本、标签等。

（三）预测方法

选取有代表性的苹果园，用五点取样法，选取 10 株作为观察株，其中 5 株为固定叶片观察株，另 5 株为随机叶片观察株，每次每株按东、南、西、北、中五个方位各随机（或固定）选取 4 张叶片，分别编好序号，5～7 d 观察一次，分别加以记载。同时记录天敌数量。当发现雌虫开始上芽时，就要发出出蛰预报。上芽雌虫数量剧增时（一般在苹果开花前 1 周），发出出蛰盛期预报，立即进行防治。

（四）写出情报

根据山楂叶螨发生发展情况，写一份虫情报告，对该虫发生做出测报并提出防治意见。

评价与反馈 5

完成果蔬植物病虫害预测预报工作任务后，进行自我评价、小组评价、教师评价。考核指标权重：自我评价占 20%，小组互评占 40%，教师评价占 40%。

（一）自我评价

根据自己的工作态度、完成果蔬植物病虫害预测预报任务的完成情况实事求是地进行自我评价。

（二）小组评价

组长根据组员完成任务情况对组员进行评价。主要从小组成员配合能力、果蔬植物病虫害标本采集、制作工作任务的效果给组员进行评价。

（三）教师评价

教师评价是根据学生学习态度、完成果蔬植物病虫害标本采集、制作的作业单完成情况、出勤率四个方面进行评价。

（四）综合评价

综合评价是把个人评价，小组评价，教师评价成绩进行综合，得出每个学生完成一个工作任务的综合成绩。

（五）信息反馈

每个学生对教师进行评议，提出对工作任务建议。

101

工作任务 6　果蔬主要病虫害综合防治

工作任务描述

　　收集蔬菜栽培、果树栽培、植物检疫一些相关知识,能够学会果蔬病虫害综合防治方法。根据当地实际情况制定出果蔬病虫害综合防治方案,从而指导农业生产。

目标要求

　　完成本学习任务后,你应当能:(1)理解植物检疫含义,知道植物检疫对象,学会植物检疫方法;(2)学会果蔬病虫害农业防治方法;(3)学会果蔬病虫害生物防治方法;(4)学会果蔬病虫害物理机械防治方法;(5)学会果蔬病虫害化学防治方法;(6)独立完成一种果蔬植物病虫害综合防治方案制定。

内容结构

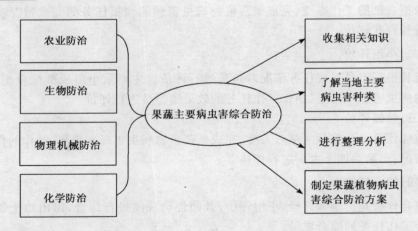

相关资料

　　(1)植物检疫;(2)农业防治;(3)生物防治;(4)物理机械防治;(5)化学防治。

［资料单1］ 果蔬主要病虫害综合防治

一、有害生物综合治理(IPM)

一些与人类竞争资源或危及人类健康的生物称为有害生物,如害虫、病原物等。有害生物综合治理是对有害生物进行科学管理的体系。其基本点是从农业生态系统总体观点出发,根据有害生物和环境之间的相互关系,充分发挥自然控制因素的作用,因地制宜协调必要的措施,将有害生物控制在经济损失允许之下,以获得最佳的经济、生态和社会效益。

二、有害生物综合治理原则

(1)从生产全局和生态总体出发,以预防为主,强调用自然界生物对病虫的控制因素,达到控制病虫发生的目的。

(2)合理运用各种防治方法,使其相互协调,取长补短,它不是许多防治方法的机械拼凑和综合,而是在综合考虑各种因素的基础上,确定最佳防治方案。综合治理并不排斥化学防治,但尽量避免杀伤天敌和污染环境。

(3)综合治理并非以"消灭"病虫为准则,而是把病虫控制在经济允许水平之下,综合治理并不是降低防治要求,而是把防治技术提高到安全、经济、简便、有效的准则。

1. 从生态学角度出发

植物、病虫、天敌三者之间有的相互依存,有的相互制约。当它们共同生活在一个环境中时,它们的发生、消长、生存又与这个环境的状态极为密切。这些生物与环境共同构成一个生态系统。

2. 从安全角度出发

根据生态系统里各组成成分的运动规律和彼此之间的相互关系,既针对不同对象,又考虑整个生态系统当时和以后的影响,灵活、协调地选用一种或几种适合实际条件的有效技术和方法。

3. 从保护环境出发

植物病虫害综合治理并不排除化学农药的使用,而是要求从病虫、植物、天敌、环境之间的自然关系出发,科学地选择及合理地使用农药,应特别注意选择高效、无毒或低毒、污染轻、有选择性的农药(如苏云金杆菌乳剂、灭幼脲等),防止对人畜造成毒害,减少对环境的污染,充分保护和利用天敌,逐步加强自然控制的各个因素,不断增强自然控制力。

4.从经济效益角度出发

防治病虫的目的是为了控制病虫的危害,使其危害程度低到不足以造成经济损失。通常要确立一些重要有害生物的经济受害水平和经济阈值。所谓经济受害水平是指某种有害生物引起经济损失的最低种群密度。经济阈值是为了防止有害生物密度达到经济受害水平应进行防治的有害生物密度。人们必须研究病虫的数量发展到何种程度,才采取防治措施,以阻止病虫达到造成经济损失的程度,这就是防治指标。病虫危害程度低于防治指标,可不防治;否则,必须掌握有利时机,及时防治。

三、果蔬植物病虫害综合防治

果蔬植物病虫害防治的基本方法归纳起来包括植物检疫、农业防治、生物防治、物理机械防治、化学防治。

(一)植物检疫

植物检疫也叫法规防治,是防治病虫害的基本措施之一,也是实施"综合治理"措施的有力保证。

植物检疫是指一个国家或地方政府用法律、法规的形式,禁止或限制危险性病、虫及杂草人为地传入或传出,或对已传入的危险性病、虫、杂草,采取有效措施消灭或控制其扩大蔓延。

1.有害生物名录

主要植物检疫性病、虫包括日本松干蚧、梨圆蚧、枣大球蚧、苹果绵蚜、泰加大树蜂、落叶松种子小蜂、杏仁蜂、黄斑星天牛、锈色粒肩天牛、双条杉大牛、杨干象、杨干透翅蛾、柳蝙蛾、美国白蛾、苹果蠹蛾、葡萄根瘤蚜、美洲斑潜蝇、鳞球茎茎线虫、番茄溃疡病、白锈病等。

2.植物检疫的任务及措施

(1)对外检疫(国际检疫) 是国家在对外港口、国际机场及国际交通要道设立检疫机构,对进出口的植物及其产品进行检疫处理。防止国外新的或在国内还是局部发生的危险性病、虫及杂草的输入;同时也防止国内某些危险性的病、虫及杂草的输出。

(2)对内检疫(国内检疫) 是国内各级检疫机关,会同交通运输、邮电、供销及其他有关部门根据检疫条例,对所调运的植物及其产品进行检验和处理,以防止仅在国内局部地区发生的危险性病、虫及杂草的传播蔓延。我国对内检疫主要以产地检疫为主,道路检疫为辅。

(二)农业防治

农业防治是运用或改进栽培技术措施来防治病虫害的方法。它是综合防治的重要组成,尤其是安全果蔬的生产,必须强调农业防治,减少化学农药的使用,以获得优质、无污染的产品。农业防治包括选用抗病品种,建立无病虫留种田,改革土壤耕作制度,改革栽培制度,加强肥水管理和加强栽培管理等措施。

1.选用抗病品种

果蔬不同品种对病菌侵染的反应可分为不受害、受害轻、受害重三种类型,这是因为病菌对寄主选择性不同、寄主对病菌抗性不同的结果。品种间的抗病性可分免疫、抗病、耐病和感病四种类型。

选用抗病品种是防治病害最经济、有效的方法。果蔬的抗病育种工作成效显著,目前生产上推广和采用的大多是抗病品种,对防治一些主要病害起到了很好的作用。

生产上推广的嫁接防病,被称为抗病新技术。枯萎病是危害黄瓜、西瓜的重要病害,黄萎病则是茄子的重要病害,生产上使用的品种都不抗病,而南瓜、瓠子,野生茄则是免疫的。把黄瓜嫁接在南瓜上,西瓜嫁接在瓠子上,茄子嫁接在野生茄上,就可防止枯萎病、黄萎病的发生。这一技术已在生产上运用多年,受到广大菜农的欢迎。目前培育抗病虫品种,如中农202、中农203、中农201号黄瓜品种抗白粉病、霜霉病、枯萎病。

2.建立无病虫留种田

许多病虫可通过种子传播,因此,建立无病虫留种田,是杜绝种子传播病虫的一项重要措施。在生产上,自行留种和育苗,可保证种子和种苗不带有病虫,留种田必须严格选择,培育壮苗,选无病虫株留种。外购种子和种苗时来源必须可靠,严禁盲目引进,以免传入病虫使生产遭受损失。

3.改革土壤耕作制度

土壤是作物生长的基础,如果土壤条件差,则作物根系发育不良,抗病虫力弱。深翻地可改善土壤的性状,促进微生物的活动,加速有机物的分解,有利于作物的根系发育,提高抗病虫能力。同时,可以加速土中病残体的腐烂,使病菌死亡。深翻地对土表及土中越冬的病虫都有防治效果,如对茄黄萎病、辣椒病毒病、番茄条斑病、早疫病、叶霉病、黄瓜枯萎病、炭疽病、棉铃虫、小菜蛾、蛴螬等都有防治效果。

无土栽培和土壤隔离栽培是防治土传病害及地下害虫的有力措施。在保护地中,用砖砌栽培槽,内铺塑料薄膜(也可用泡沫塑料制成栽培槽),将消毒后的基质,填入槽内,也可在棚室中开好栽培沟,铺上塑料薄膜,将消毒后的表土填入沟内,使消过毒的表土与未消毒的深层土隔离,称为土壤隔离栽培。

4.改革栽培制度

茬口安排与病虫的关系密切,如果安排不当会助长某些病虫害的发生。连作是不可取的,因为连作会造成土壤中某些养分的缺乏,破坏养分平衡,降低土壤肥力,从而不利于作物的生长,降低作物的抗逆性。另外,一种作物在同一块地里连年栽种,会使田间病虫数量积累,危害逐年加重。合理轮作倒茬,不仅使土壤中的养分得到均衡利用,而且植株生长健壮,抗病虫能力增强。同时轮作还会对病虫的生存环境和食物条件发生不利影响,减少发生数量。合理的间作套种,有时也能减轻某些病虫的发生,如高矮作物间套作,可改善田间的通风条件,从而减轻喜湿病虫的发生,茄果类蔬菜地适当间作玉米,可起到遮阴作用,阻挡蚜虫的传播,减轻病毒病的发生。

5.加强肥水管理

(1)合理施肥 施肥是果蔬生产中极为重要的技术环节,必须根据各种果蔬的需肥特点进行施肥。合理施肥可改善作物的营养条件,提高抗性;可加速作物的生长发育,避开病虫发生盛期;可增加植株总面积,减少因病虫危害而造成的损失;可改良土壤,恶化土中病虫的环境条件等。合理施肥包括增施优质的、充分腐熟的有机肥,控制化学肥料的施用量,并做到平衡施肥。如果施肥不当,常会加重某些病虫的发生,如施用未经腐熟的有机肥,常将病菌、虫卵、蝇蛆等传带入菜地,引起病虫害的发生,生粪尚能引诱地下害虫的取食和产卵,或发生熏苗烧根,有利于病菌的侵入。此外,如果缺肥或营养不平衡,氮肥偏多,使作物生长衰弱,降低抗性,加重受害。

(2)合理浇水和排水 适时适量浇水不但使作物生长良好,如果树秋天浇水可以增强树势又可以防冻,提高抗病能力;有时还有直接的防治效果,如浇水可驱除地蛆、地老虎等害虫,减轻受害。浇水可增湿降温,减轻大白菜苗期蚜虫和病毒病的发生等。露地生产在雨季及时排水十分重要,可明显减轻病害的发生。茄果类、瓜类作物的苗期和定植后到坐果,应控制浇水,这对培育壮苗和定植后的促根壮秧十分重要。因为作物生长前期若土壤水分过多,则对根系发育不利,植株徒长,生长衰弱,抗性明显降低,易使病害发生流行。

（3）加强栽培管理

①调整播种期或定植期。露地栽培的作物生育阶段常与病虫发生期吻合，因此遭受危害。若能适当提早或推迟播种或定植，就可能避开病虫发生盛期，从而减轻病虫的发生。例如，露地春辣椒提早定植，秋大白菜适期晚播都可减少病毒病的发生。

②调整栽培密度。栽培密度对田间小气候影响十分明显，密度过大时植株互相遮阴，田间郁蔽，造成不通风透光，湿度大光照差，植株徒长，茎叶嫩弱，创造了有利于病虫发生的环境和食物条件，加重病虫的发生危害。合理密植是指在保证原有株数的前提下，调整株行距，实行宽行密植（加大行距，缩小株距），或大小垄栽培等方式，既有利于通风透光，降低湿度，又便于田间操作，防病效果明显。保护地中的光照和气流条件均较露地为差，因此应提倡合理稀植，适当减少单位面积上的株数，并采用宽行或大小垄的栽培方式。尤其是温室冬季生产时，更应推广合理稀植，使植株个体性状得到充分发展，生长健壮，抗病虫及耐寒力增强，单株产量增加，从而弥补因株数减少时单位面积产量的影响。

③培育壮苗。茄果类、瓜类等需育苗的蔬菜，培育壮苗既是增产的基础又是减轻病虫害的措施。壮苗的标准是根系发育良好，茎粗壮，叶色深，节间短，群体整齐一致。

④支架（吊绳）栽培。及时整枝打杈，蔓性或半蔓性作物应尽量采用支架或吊绳栽培，有利于增加叶面积，改善通风透光条件，减轻病虫发生。整枝打杈及时进行，可改善和优化群体结构，促进果实生长和成熟，增强抗病力。

⑤保护地加强放风和地膜覆盖栽培。保护地是密闭的环境，湿度大易诱发病害。及时排湿，可明显减少发病。通风及时还可将棚室中的有害气体排出，有利于作物的生长。即使是在冬季，室外气温很低或阴雨天，也可作短时间放风，以达到散湿换气的目的。棚室中采用地膜覆盖栽培，可防止土壤水分蒸发，减少浇水次数，降低棚室中的湿度，从而减轻病害的发生。冬春季栽培，地膜尚有提高地温的作用，对根系发育有利。

⑥清洁田间。当采收完毕时，要及时拉秧，拔残株，彻底清除植株残体，将地面的残株落叶落果及根茬等收拾干净，集中处理（残株可作沤肥、沼气之原料）。植株残体常带有多种病虫，若不清除就会造成病虫的积累。甘蓝、菜花生产是逐株收获，习惯上只收取叶球或花球，而球外叶及根茬留在地里，等到全部收完，才清理残株。这种做法实际上是助长病虫的生存和繁殖，外叶和根茬可能有蚜虫、菜青虫、小菜蛾及一些病菌。因此，对逐株收获的作物及时清除残株就是一项防治措施。

露地生产中,田园周边、田埂、沟渠等处常有杂草生长,而杂草是多种病虫的栖息地或越冬场所,如病毒、蚜虫、叶蝉、叶螨等,清除杂草即可减少病虫的发生。

(三)生物防治

利用生物及其代谢物质来控制病虫害称为生物防治法。生物防治的特点是对人、畜、植物安全,害虫不产生抗性,天敌来源广,且有长期抑制作用。

生物防治可分为以虫治虫、以菌治虫、以鸟治虫、以蜘蛛螨类治虫、以激素治虫、以菌治病、以虫除草、以菌除草等。

1.利用有益动物治虫除草

(1)捕食性天敌昆虫 专以其他昆虫或小动物为食物的昆虫,称为捕食性昆虫。这类昆虫用它们的咀嚼式口器直接捕食虫体的一部分或全部;有些则用刺吸式口器刺入害虫体内,吸食害虫体液使其死亡,有害虫也有益虫,因此,捕食性昆虫并不都是害虫的天敌。但是螳螂、瓢虫、草蛉、猎蝽、食蚜蝇等多数情况下是有益也是最常见的捕食性天敌昆虫。食蚜蝇防治蚜虫;草蛉防治蚜虫、粉虱、叶螨、蛾卵及小幼虫;瓢虫防治蚜虫、粉虱、蚧等;小花蝽防治蚜、粉虱、蓟马、叶螨等;智利小植绥螨防治叶螨、茶黄螨等。

此外,蜘蛛和其他捕食性益螨对某些害虫的控制作用也很明显,对它们的研究和利用也受到了广泛的关注。

(2)寄生性天敌昆虫 一些昆虫种类,在某个时期或终身寄生在其他昆虫的体内或体外,以其体液和组织为食来维持生存,最终导致寄主昆虫死亡,这类昆虫一般称为寄生性天敌昆虫。主要包括寄生蜂和寄生蝇。这类昆虫个体一般较寄主小,数量比寄主多,在一个寄主上可育出一个或多个个体。寄生性天敌昆虫的常见类群有姬蜂、小茧蜂、蚜茧蜂、土蜂、肿腿蜂、黑卵蜂及小蜂类和寄蝇类。如广赤眼蜂、螟黄赤眼蜂、松毛虫赤眼蜂等,用于防治多种鳞翅目害虫;丽蚜小蜂若虫、伪蛹寄生,防治温室白粉虱、烟粉虱、银叶粉虱等;浆角蚜小蜂若虫、伪蛹寄生防治银叶粉虱;蚜茧蜂防治蚜虫,无翅成蚜、若蚜寄生;小菜蛾弯尾姬蜂防治小菜蛾、幼虫寄生。

(3)其他有益动物治虫

①蜘蛛和螨类治虫。近十几年来,对蛛、螨类的研究利用已取得较快进展。蜘蛛为肉食性,主要捕食害虫,食料缺乏时也有相互残杀现象。

②蛙类治虫。有益的有大蟾蜍、中华大蟾蜍、中国雨蛙、泽蛙、虎纹蛙、粗皮蛙、林蛙等。

③鸟类治虫。鸟类在我国有1 100多种,半数以上食虫,如山雀、杜鹃、伯劳、灰喜鹊、啄木鸟、燕、黄鹂、画眉等。因此,一方面要重视保护以上有益动物,做好宣

传工作；另一方面加强人工饲养、繁殖的研究和推广利用。

④利用有益动物除草。目前在这方面做得较多的是利用昆虫除草。最早利用昆虫防治杂草成功的例子是对马缨丹的防治。

（4）利用有益微生物杀虫、治病、除草

①以菌治虫（细菌、真菌、病毒、线虫、杀虫素）。人为利用病原微生物使害虫得病而死的方法称为以菌治虫。能使昆虫得病而死的病原微生物有真菌、细菌、病毒、立克次氏体、原生动物及线虫等。目前生产上应用较多的是前 3 类。

■细菌　昆虫病原细菌已经发现 90 余种，多属于芽孢杆菌科，假单胞杆菌科和肠杆菌科。在害虫防治中应用较多的是芽孢杆菌属和芽孢梭菌属。

目前我国应用最广的细菌制剂主要有苏云金杆菌（包括松毛虫杆菌、青虫菌均其为变种）、杀虫剂 1 号、苏特灵、阿维·苏。这类细菌制剂对人无公害，可与其他农药混用。对鳞翅目幼虫防效好。

■真菌　病原真菌的类群较多，约 750 种，但研究较多且实用价值较大的主要是接合菌中的虫霉属、半知菌中的白僵菌属、绿僵菌属、拟青霉属、块状耳霉菌。

目前应用较为广泛的真菌制剂是白僵菌，不仅可有效地控制鳞翅目、同翅目、膜翅目、直翅目等害虫，而且对人、畜无害，不污染环境。

■病毒　昆虫的病毒病在昆虫中很普遍。利用病毒来防治害虫，其主要特点是专化性强，在自然情况下，往往只寄生一种害虫，不存在污染问题。昆虫感染病毒后，虫体多卧于或悬挂在叶片及植株表面，后期流出大量液体，无臭味，体表无丝状物。

在已知的昆虫病毒中，防治应用较广的有核型多角体病毒（NPV）、颗粒体病毒（GV）和质型多角体病毒（CPV）三类。以及菜青虫颗粒体病毒，这些病毒主要感染鳞翅目、双翅目、膜翅目、鞘翅目等的幼虫。如上海使用大蓑蛾核型多角体病毒防治大蓑蛾、北京林业生物防治研究推广中心舞毒蛾病毒防治舞毒蛾效果很好。

■线虫　有些线虫可寄生地下害虫和钻蛀害虫，导致害虫受抑制或死亡。

■杀虫素　某些微生物在代谢过程中能够产生杀虫的活性物质，称为杀虫素。目前取得一定成效的有阿维菌素、菜喜、杀蚜素、T21、44 号、7180 浏阳霉素等。该类药剂杀虫效力高，不污染环境，对人、畜无害，符合当前无公害生产要求。

②以菌治病。某些微生物在生长发育过程中能分泌一些抗菌物质，抑制其生长，这种现象称拮抗作用。利用有拮抗作用的微生物来防治植物病害，有的已获得成功。如利用木霉菌属的孢子粉浓集制成。灭菌灵、特立克可防治黄瓜、番茄、辣椒等作物霜霉病、灰霉病、叶霉病、根霉病、猝倒病、立枯病，也可以防治葡萄灰霉病。

③以菌除草。利用病原微生物来防治杂草。例如，鲁保 1 号是真菌除草剂，可

以除去蔬菜、瓜类等作物菟丝子;双丙氨膦属灭生性除草剂,可防除蔬菜作物行间阔叶杂草,也可防除苹果、葡萄园中的一年生杂草。

2.利用昆虫激素防治害虫

昆虫的激素分外激素和内激素两大类型。

昆虫的外激素是昆虫分泌到体外的挥发性物质,是昆虫对它的同伴发出的信号寻找异性和食物。研究应用最多的是雌性外激素。某些昆虫的雌性外激素已能人工合成,在害虫的预测预报防治方面起到了非常重要的作用。目前我国能人工合成的雌性外激素种类有马尾松毛虫、白杨透翅蛾、桃小食心虫、梨小食心虫、苹小卷叶蛾等。

昆虫性外激素的应用有以下三个方面:

(1)诱杀法 利用性引诱剂将雄蛾诱来,配以黏胶、毒液等方法将其杀死。如利用某些性诱剂来诱杀国槐小卷蛾、桃小食心虫、白杨透翅蛾、大袋蛾等效果很好。

(2)迷向法 成虫发生期,在田间喷洒适量的性引诱剂,使其弥漫在大气中,使雄蛾无法辨认雌蛾,从而干扰正常的交尾活动。

(3)绝育法 将性诱剂与绝育配合,用性引诱剂把雄蛾诱来,使其接触绝育剂后仍返回原地。这种绝育后的雄蛾与雌蛾交配后产下不正常的卵,起到灭绝后代的作用。

(四)物理机械防治

利用各种简单的器械和各种物理因素来防治病虫害的方法称为物理机械防治。这种方法既包括古老、简单的人工捕杀,也包括近代物理新技术的应用。

1.捕杀法

利用人工或各种简单的器械捕捉或直接消灭害虫的方法称捕杀法。人工捕杀适合于具有假死性、群集性或其他目标明显易于捕捉的害虫。如多数金龟甲、象甲的成虫具有假死性,可在清晨或傍晚将其振落杀死。

2.诱杀法

利用害虫的趋性,人为设置器械或诱物来诱杀害虫的方法称为诱杀法。利用此法还可以预测害虫的发生动态。

(1)灯光诱杀 利用害虫对灯光的趋性,人为设置灯光来诱杀害虫的方法称为灯光诱杀。目前生产上所用的黑光灯,此外,还有高压电网灭虫灯等。

(2)食物诱杀

①毒饵诱杀。利用害虫的趋化性,在其所喜欢的食物中掺入适量毒剂来诱杀害虫的方法叫毒饵诱杀。例如,蝼蛄、地老虎等地下害虫,可用麦麸、谷糠等作饵料,掺入适量敌百虫、辛硫磷等药剂制成毒饵来诱杀。配方是饵料 100 份,毒剂

1～2份,水适量。诱杀地老虎、梨小食心虫成虫时,常以糖、酒、醋作饵料,以敌百虫作毒剂来诱杀。配方是糖6份,酒1份,醋2～3份,水10份,加适量敌百虫。

②饵木诱杀。许多蛀干害虫,如天牛、小蠹等喜欢在新伐倒木上产卵繁殖,因而可在这些害虫的繁殖期,人为地放置一些木段。供其产卵,待卵全部孵化后进行剥皮处理,消灭其中的害虫。

③植物诱杀。利用害虫对某些植物有特殊的嗜食习性,人为种植或采集此种植物诱集捕杀害虫的方法。如在苗圃周围种植蓖麻,可使金龟甲误食后麻醉,从而集中捕杀。在华北地区,在菜地常用杨树枝把诱集防治棉铃虫,用芥菜作引诱植物诱集小菜蛾。

(3)潜所诱杀　利用害虫在某一时期喜欢某一特殊环境的习性,人为设置类似的环境来诱杀害虫的方法称为潜所诱杀。如在树干基部绑扎草把或麻布片,可引诱某些蛾类幼虫前来越冬;在苗圃内堆集新鲜杂草,能诱集地老虎幼虫潜伏草下,然后集中杀灭。

(4)色板诱杀　将黄色黏胶板(长×宽为30 cm×70 cm)设置于花卉、蔬菜、果树地栽培区域,可诱到大量有翅蚜、粉虱、斑潜蝇等害虫,其中以在温室保护地内使用时效果较好。

(5)银灰色忌避　蚜虫对银灰色有忌避性,在棚室上覆盖银灰色遮阳网或田间悬挂银灰色薄膜条,可驱除蚜虫。

3.阻隔法

人为设置各种障碍,以切断病虫害的侵害途径,这种方法称为阻隔法,也叫障碍物法。

(1)涂毒环、涂胶环　对有上、下树习性的幼虫可在树干上涂毒环或涂胶环,阻隔和触杀幼虫。胶环的配方通常有以下两种:①蓖麻油10份、松香10份、硬脂酸1份。②豆油5份、松香10份、黄醋1份。

(2)纱网阻隔　对于温室保护地内栽培的蔬菜植物,可采用40～60目的纱网罩,不仅可以隔绝蚜虫、叶蝉、粉虱、蓟马等害虫的危害,还能有效地减轻病毒病的侵染。

(3)套袋　在果园中用套袋的方法防止桃蛀螟、梨小食心虫、柿蒂虫等果实害虫产卵危害。

(4)树干刷白　用石灰10 kg＋硫磺1 kg＋盐10 g＋水20～40 kg,防止冻害,防天牛产卵。

4.热处理

任何生物,包括植物病原物、害虫对温度有一定的忍耐性,超过限度生物就会

111

死亡。

（1）温汤浸种　此法是防治蔬菜种传病害的常用方法，如番茄早疫病、叶霉病、辣椒炭疽病、疮痂病、茄黄萎病、褐纹病、黄瓜枯萎病、炭疽病、黑星病、角斑病、芹菜早疫病、斑枯病等。一般采取恒温浸种，茄果类种子用 55℃，浸种 15 min；黄瓜用 50℃，浸种 30 min；芹菜用 48℃，浸种 30 min。浸种前种子必须充分干燥，浸种时要随时添加热水以保持恒温，并经常搅动使种子表面受热均匀，到时间立即取出，投入凉水中冷却。

（2）种苗的热处理　有病虫的种苗可用热风处理，温区为 35～40℃，处理时间 1～4 周；也可用 40～50℃的温水处理，浸泡时间为 10 min 至 3 h。

（3）土壤的热处理　现代温室土壤热处理是使用热蒸（90～100℃）。种苗热处理的关键是温度和时间的控制，一般对休眠器官处理比较安全。对有病虫的植物作热处理时，要事先进行试验。热处理时升温要缓慢，使之有个适应温热的锻炼过程。一般从 25℃ 开始，每天升高 2℃，6～7 d 后达到（37±1）℃的处理温度。

（4）利用太阳能处理土壤　这种方法也是有效的措施，在 7～8 月将土壤摊平做垄，浇水并覆盖塑料薄膜（25 μm 厚为宜），在覆盖期间要保证有 10～15 d 的晴天，耕层温度可高达 60～70℃，能基本上杀死土壤中的病原物。温室大棚中的土壤也可照此法处理。当夏季果蔬搬出温室后，将门窗全部关闭并在土壤表面覆膜，能较彻底消灭温室中的病虫害。

5.射线处理

射线处理包括 X 射线、线外线、紫外线等。

（五）化学防治

利用化学药剂防治病虫害的方法，称为化学防治法。在综合防治中占有重要地位，在保证果蔬增产增收起着重要作用，优点是防治对象广，几乎所有病虫害均可用化学农药防治；防治效果显著，收效快，尤其以暴发性病虫害，若施用得当，可收到立竿见影之效；使用方便，受地区及季节性限制小；可大面积使用，便于机械化；可工业化生产，远距离运输和长期保存。化学防治也有局限性，由于长期连续和大量使用化学农药，相继出现一些新问题：病虫产生抗药性；杀害有益生物，破坏了生态平衡；引起主要害虫的再猖獗和次要害虫大发生；污染环境，引起公害，威胁人类健康。要充分认识化学防治法的优缺点，合理地采用化学防治方法。

[作业单]

（一）填空题

1.植物检疫是指人们运用一定的仪器设备和技术，应用科学的方法对调运植物和植物产品的病菌、（　　　　）、（　　　　　）等有害生物进行检验,并依靠国家制定的植物检疫（　　　　）保障措施。

2.对外检疫是国家在对外港口、（　　　　　）及国际交通要道设立（　　　　　）,对进出口的植物及其产品进行检疫处理。

3.农业防治是运用或改进（　　　　　）措施来防治病虫害的方法。

4.生物防治可分为（　　　　）、（　　　　　）、以鸟治虫、以蜘蛛螨类治虫、以激素治虫、以菌治病、以虫除草、以菌除草等防治。

5.捕食性天敌有（　　　）、（　　　　）、（　　　　）、（　　　　）等。

6.寄生性天敌有（　　　）、（　　　　）、（　　　　）、（　　　　）等。

7.诱杀法主要包括（　　　）、（　　　　）、（　　　　）、（　　　　）方法。

8.食物诱杀主要包括（　　　）、（　　　　）、（　　　　）方法。

9.在果园中用套袋的方法主要防止（　　　　）类虫害在果实产卵。

10.树干刷白主要防（　　　　）在树干上产卵。

11.涂白剂用（　　　　）10 kg＋硫磺 1 kg＋盐 10 g＋水 20～40 kg 等组成。

12.植保方针是（　　　　）、（　　　　）。

(二)简答题

1.什么是有害生物综合治理(IPM)?

2.有害生物综合治理应遵循的原则是什么?

3.果蔬植物病虫害综合防治技术。

4.诱杀法包括哪些具体方法?

5.化学防治方法的优缺点。

6.什么是经济阈值? 如何从经济效益角度出发进行病虫害防治?

7.在生产上如何利用阻隔法进行病虫害防治?

8.在果蔬植物病虫害防治措施中,生物防治有何优势?

计划实施 6

1.工作过程的组织

5～6 个学生分为一组,每组选出一名组长,共同研究讨论。

2.材料与用具

收集果蔬植物病虫害综合防治书集、录像、图片、笔记本等。

3.实施过程

针对收集的资料,进行果蔬植物病虫害综合防治方案制定。

(1)收集蔬菜栽培、果树栽培、植物检疫、生物防治一些相关知识;

(2)通过调查或查找相关材料了解当地主要病虫害种类;

(3)根据上述材料进行整理分析;

(4)制定果蔬植物病虫害综合防治方案。

[案例7] 黄瓜病虫害综合防治方案

一、制定方案遵循原则

在黄瓜生产过程中,经常会发生各种病虫危害,有时严重影响产量和品质。因此,必须采取各种措施和方法对病虫害进行防治。首先要明确防治病虫的目的,不是要彻底消灭病虫,而是要控制病虫的发生数量,使病虫不能造成危害,或在已经明显危害的情况下,努力减少因其危害而造成的损失。同时,在实施防治时,应遵循安全、经济、有效的原则。

二、防治黄瓜病虫害综合措施

(一)农业防治

1.选用抗病品种

黄瓜品种:深冬一茬黄瓜品种有新泰密刺(山东品种、品质好、抗枯萎病,对霜霉病、白粉病耐性强);山东密刺(抗枯萎病、疫病和细菌性角斑病、对霜霉病耐性强);长春密刺(抗枯萎病、对霜霉病、白粉病抗性较弱);津春3号(抗枯萎病,对霜霉病、白粉病、细菌性角斑病抗性一般);津优3号(抗枯萎病、霜霉病、白粉病)。

塑料大棚黄瓜秋延后栽培:生育期110~120 d。适合春季小棚、地膜覆盖、春秋露地及秋后栽培,主要品种有:津研4号(较抗霜霉病、白粉病、不抗枯萎病、疫病);秋棚1号(北京农大品种较抗霜霉病、白粉病、对枯萎病抗性不如津研4号);津杂2号(抗霜霉病、白粉病、疫病注意防细菌性角斑病);津春4号(抗霜霉病、白粉病、枯萎病);津春5号(抗霜霉病、白粉病、枯萎病)。

2.建立无病虫留种田

许多病虫可通过种子传播,因此,建立无病虫留种田,是杜绝种子传播病虫的一项重要措施。在生产上,自行留种和育苗,可保证种子和菜苗不带有病虫,留种田必须严格。外购种子和菜苗时来源必须可靠,严禁盲目引进,以免传入病虫使生产遭受损失。

3. 整地施肥

选择2~3年没种过黄瓜的地块。为预防枯萎病和霜霉病,不宜在低洼地种植黄瓜。结合整地施入底肥。每667 m² 施优质腐熟的圈肥5 000 kg、磷酸二铵

30 kg。耕翻整平做畦,畦宽 1.0～1.2 m。为了充分发挥肥效,可留 1/3 的基肥在整完畦后按行距开沟施入。

4.田间管理

(1)浇水、追肥　定植后浇 1～2 次缓苗水,每次浇水后都要疏松土壤,提高地温,促进根系发育。缓苗后到第一雌花开放,植株开始甩蔓,控制浇水,多次中耕。根瓜坐住后要追肥,可开沟施入腐熟的干鸡粪,每 667 m² 施 500 kg,将肥料与土混匀后封沟。畦内还可撒施草木灰,每 667 m² 施 100 kg,施后划锄、脚踩,然后浇水。结瓜后,适当增加浇水次数。结瓜盛期,植株的营养生长和生殖生长都进入旺盛阶段,需肥量大大增加,一般情况下应 1～2 d 浇 1 水,以清晨或傍晚浇水为宜。还要追肥,一般每隔 7～10 d 追 1 次,每次每 667 m² 可追施硫酸铵 10 kg 或腐熟的有机肥 250～500 kg。为防止植株早衰,可用 0.3％磷酸二氢钾和 0.3％尿素进行叶面追肥,对提高产量有显著作用。炎夏季节,要注意排水,以防烂根。

(2)植株调整　黄瓜抽蔓后即要支架,多用人字形架。在株高 25 cm 左右时绑蔓,以后每隔 3～4 叶绑 1 次。当植株茎蔓爬至架顶时,要及时摘心,促使发生侧蔓,侧蔓见瓜后留 2～3 叶摘心。以主蔓结瓜为主的品种,茎部侧蔓要及时摘除。结瓜后期要及时摘除病叶、老叶,改善通风透光条件。

5.清洁田间

当采收完毕时,要及时拉秧,拔残株,彻底清除植株残体,将地面的残株、落叶、落果及根茬等收拾干净,集中处理。

(二)物理防治

物理防治是应用各种物理因素或机械作用来防治病虫害的方法。

1.病害的物理防治

(1)汰除法　播种前严格选种,汰除种子中的病粒、菌核、菟丝子种子等,方法有手选、筛选或水选等。凡育苗的作物,在定植前要严格选苗、汰除病苗、弱苗等。

(2)热处理法　有温汤浸种、土壤高温处理、高温闷棚等法。

①温汤浸种。黄瓜用 50℃,浸种 30 min。浸种前种子必须充分干燥,浸种时要随时添加热水以保持恒温,并经常搅动使种子表面受热均匀,到时间立即取出,投入凉水中冷却。

②土壤高温处理。为解决棚室中因连作加重病害的问题,土壤高温处理是行之有效的方法之一,可防治菌核病、线虫病、枯萎病、黄萎病等,也可杀死病残体上残存的病菌,以及土中的害虫和虫卵。此法需在夏季进行,当棚室中作物收获后,立即清园,然后深翻,开沟起垄,浇足水,扣上塑料薄膜,最后将棚室密闭 10～15 d,利用太阳能提高棚室内和土壤中的温度,达到杀死病虫的目的。如果是酸性土壤,

可在沟里每 667 m² 施入切碎稻草 500 kg,石灰粉 50 kg,再灌水盖膜,效果更好。

③高温闷棚。保护地栽培春黄瓜时,其生长中、后期常发生多种病害,如霜霉病、角斑病、炭疽病等。当发病较普遍,喷药防治效果不理想时,可采取高温闷棚的办法来控制病害的发展。做法是选择晴好天气,第一天浇水,第二天于中午闭棚升温至 44～45℃,保持 2 h,后放风降温,第三天再追肥浇水。闷棚时一定要掌握好温度和时间,超过 46℃会造成植株高温伤害,低于 43℃则达不到防病效果。

2. 害虫的物理防治

(1)诱杀法 害虫对外界刺激会发生定向反应,或趋向或忌避,利用这一习性可诱杀害虫。

①灯光诱杀。在田间或大温室中设置诱虫灯(黑光灯或高压汞灯),可诱杀多种蛾类害虫、甲虫、叶蝉、蝼蛄等。

②食物诱杀。用害虫食之物引诱害虫,集中消灭,如糖醋液(糖 6 份、醋 3 份、白酒 1 份、水 10 份加适量敌百虫)诱蛾,毒饵诱杀(用 90% 敌百虫原药用热水化开,0.5 kg 加水 5 kg,拌饵料 505 kg)蝼蛄,烂蒜液诱蝇等。

③潜所诱杀。利用害虫有选择特定条件潜伏的习性进行诱杀,如杨树枝把诱棉铃虫成虫,泡桐叶诱地老虎幼虫等。

④黄板诱杀。在棚室中设置黄板(20 cm×30 cm),每 667 m² 10～15 块,可诱杀蚜虫、白粉虱、潜叶蝇等害虫,并可根据诱到的数量来指导用药时期。

⑤银灰色避划。蚜虫对银灰色有忌避性,在棚室上覆盖银灰色遮阳网或田间悬挂银灰色薄膜条,可驱除蚜虫。

(2)捕杀法 当栽培面积不大,害虫发生量较小时,进行人工捕杀效果较好,既消灭了害虫,又可减少用药。要养成一种习惯,在田间操作时,随时摘除病虫叶、虫果、捕捉行动迟缓的害虫(如蝶蛾幼虫),并摘除病叶、病果、拔除病株等,集中起来,带出田外处理。

(3)阻隔法 在黄瓜害虫的防治中,棚室设置防虫网以防止外界害虫的进入(如蚜、粉虱、潜叶蝇等),也是一种阻隔法。

(三)生物防治

生物防治是利用有益生物及其代谢产物来防治病虫害方法。其主要内容有以虫治虫、以菌治虫、利用其他动物治虫。

1. 以虫治虫

(1)寄生性天敌

丽蚜小蜂——若虫、伪蛹寄生,防治温室白粉虱、烟粉虱、银叶粉虱等。

浆角蚜小蜂——若虫、伪蛹寄生,防治银叶粉虱。

蚜茧蜂——防治蚜虫,无翅成蚜、若蚜寄生。

小菜蛾弯尾姬蜂——防治小菜蛾、幼虫寄生。

(2)捕食性天敌昆虫

食蚜瘿蚊——防治蚜虫。

草蛉——防治蚜虫、粉虱、叶螨、蛾卵及小幼虫。

瓢虫——防治蚜虫、粉虱、蚧等。

小花蝽——防治蚜、粉虱、蓟马、叶螨等。

智利小植绥螨——防治叶螨、茶黄螨等。

2.以菌治虫

能使害虫致死的微生物种类很多,包括细菌、真菌、病毒、线虫、微孢子虫等。其中细菌、真菌、病毒使用多。

(1)细菌　主要是芽孢杆菌科的苏云金杆菌(Bt)。

细菌从幼虫口器进入虫体,大量繁殖,产生毒素,使害虫中毒,表现为停食、呆板、腹泻、呕吐,最后得败血病死亡。

(2)真菌　主要是半知菌如鞭毛菌,白僵菌(可寄生昆虫纲的 15 个目,149 个科 700 多种昆虫及蜱螨目的 6 个科 10 多种螨和蜱),莱氏蛾霉(即绿僵菌、莱氏野杆菌,寄生夜蛾科多种害虫),玫烟色拟青霉(寄生同翅目、鞘翅目、鳞翅目、以翅目等多种害虫),蜡蚧轮枝菌(寄生蚜虫、粉虱),座壳孢菌(寄生粉虱)等。

(3)病毒　主要是颗粒体病毒(GV)和核型多角体病毒(NPV),我国已登记的病毒杀虫剂有 6 种以上,主要防治鳞翅目害虫。

(4)抗虫素(杀虫抗生素)　抗虫素是由抗生菌产生的对害虫有毒的物质,具有胃毒和触杀作用,害虫中毒后停食、麻痹,2～4 d 后死亡。

商品抗生素有阿维菌素(商品名多种,有虫螨克、爱福丁、虫螨光、齐螨素、农克螨、害极灭、爱立螨克、农家乐等,防治螨类、小菜蛾、甜菜夜蛾、斑潜蝇、跳甲、韭蛆等),多杀菌素(小菜蛾),浏阳毒素(叶螨),华光霉素(叶螨)等。(注:阿维菌素,易伤害天敌昆虫,对蜜蜂鱼类及水生生物高毒,A 级绿色食品蔬菜上禁用。)

3.以菌防病

商品农用抗生素有:中生菌素(又名农抗 751,防治白菜软腐病、黑腐病、角斑病等),农抗 120(防治黄瓜白粉病、枯萎病、炭疽病、白菜黑斑病),多抗霉素(黄瓜霜霉病、白粉虱、番茄晚疫病、早疫病),武夷霉素(又名 BO-10,防治番茄叶霉病、灰霉病、黄瓜白粉病),春雷霉素(防治黄瓜枯萎病、角斑病、番茄叶霉病),井冈霉素(立枯病),宁南霉素(茄科病毒病),链霉素(细菌病害),新植霉素(细菌病)等。

117

4.其他动物的利用

除天敌昆虫外,捕食害虫的动物很多,主要有蜘蛛,捕食螨、鸟类、蛙类、蜥蜴等。

蜘蛛和捕食螨在菜田常见,种类多、繁殖快、捕食蚜虫、叶蝉、粉虱、蛾卵及幼虫、叶螨等。

(四)化学防治

1.无公害黄瓜农药使用

(1)无公害蔬菜病害允许使用农药

①允许使用的防治蔬菜真菌性病害的药剂。75%百菌清可湿性粉剂 600 倍液,70%代森锰锌可湿性粉剂 500 倍液,80%乙磷铝可湿性粉剂 500 倍液,75%瑞毒霉可湿性粉剂 800 倍液,72%克露可湿性粉剂 600 倍液一般每 667 m^2 用药液 50~70 kg,苗期或叶菜类用量少些。

②允许使用的防治蔬菜细菌性病害药例。72%农用硫酸链霉素可溶性粉剂 4 000~5 000 倍液,1%新植霉素可湿性粉剂 5 000~8 000 倍液,50%琥胶肥酸铜可湿性粉剂 500 倍液,667 m^2 用药液 60 kg 左右喷雾。为防止种子带菌可用 72%农用链霉素可溶性粉剂 500 倍液浸种 24 h,后经反复冲洗再行催芽。

③允许使用的防治病毒病药剂。发病初期叶面喷施 2%菌毒克水剂 200~250 倍液,灭菌威 1 000~1 200 倍液,5%菌毒清 300 倍液,1.5%植病灵乳剂 500 液,20%病毒 A 可湿性粉剂 800~1 000 倍液,一般每 667 m^2 用液 60 kg 喷雾。同时,可在叶面喷施牛奶、葡萄糖,也可施含磷、钾、锌的叶面肥。另外,在接种病毒疫菌时,如苗期用 100 倍液弱病毒疫苗 N14 沾根 0.5 h,可预防病毒病。

(2)无公害黄瓜虫害允许使用农药 有机磷类(敌百虫、敌敌畏、辛硫磷等);有机氮类(西维因、吡虫啉、锐劲特);拟除虫菊酯(如溴氰菊酯、速灭杀丁、氯氰菊酯、天王星、灭扫利);昆虫生物调节剂(灭幼脲、卡死克、扑虱灵、灭蝇胺);微生物杀虫剂(微生物——Bt、白僵菌);杀虫抗生素(阿维菌素、浏阳霉素等);植物性杀虫剂(楝素、苦皮藤素、苦参素);性诱剂(如小菜蛾、棉铃虫诱芯等);杀螨剂和杀蝇剂(哒螨灵、螨代治、螨死净、托尔克、霸螨灵、苯螨特);杀蜗剂(灭旱螺、密达、百螺杀)。

2.绿色黄瓜农药使用

(1)生物源农药

①微生物源农药。农用抗生素:灭瘟素、春雷霉素、多抗霉素(多氧霉素)、井冈霉素、农抗 120、中生菌素等防治真菌病害类和浏阳霉素、华光霉素等防治螨类。

②活体微生物农药。蜡蚧轮枝菌等真菌剂;苏云金杆菌、蜡质芽孢杆菌等细菌剂;拮抗菌剂;昆虫病原线虫;微孢子;核多角体病毒等病毒类。

（2）动物源农药　性信息素等昆虫信息素（或昆虫外激素）；寄生性、捕食性的天敌动物等活体制剂。

（3）植物源农药　除虫菊素、鱼藤酮、烟碱、植物油等杀虫剂；大蒜素杀菌剂；印棟素、苦楝素、川楝素等拒避剂；芝麻素等增效剂。

（4）矿质源农药

①无机杀螨杀菌剂。硫悬乳剂、石硫合剂等硫制剂、硫酸铜、王铜、氢氧化铜、波尔多液等铜制剂。

②矿质油乳剂。菜油乳剂。

（5）有机合成农药　由人工研制合成，并由有机化学工业生产的商品化的一类农药，包括中等毒和低毒类杀虫杀螨剂、杀菌剂、除草剂。

①杀菌剂。三唑酮、克菌丹、灭菌丹、百菌清、甲基托布津、克露、世高、福星、大生、甲霜灵。

②杀虫剂。乐斯本（毒死蜱）、吡虫啉、灭扫利、尼索朗、杀灭菊酯等。

评价与反馈 6

完成果蔬植物病虫害综合防治工作任务后，进行自我评价、小组评价、教师评价。考核指标权重：自我评价占 20%，小组互评占 40%，教师评价占 40%。

（一）自我评价

根据自己的学习态度、完成果蔬植物病虫害综合防治的完成情况实事求是地进行自我评价。

（二）小组评价

组长根据组员完成任务情况对组员进行评价。主要从小组成员配合能力、病虫害综合防治工作任务的效果给组员进行评价。

（三）教师评价

教师评价是根据学生学习态度、完成病虫害综合防治的作业单完成情况、制定病虫害防治方案、出勤率四个方面进行评价。

（四）综合评价

综合评价是把个人评价、小组评价、教师评价成绩进行综合，得出每个学生完成一个工作任务的综合成绩。

（五）信息反馈

每个学生对教师进行评议，提出对工作任务建议。

工作任务7 农药剂型、配制及安全使用

工作任务描述

通过学习,掌握安全果蔬农药剂型、分类和稀释计算方法、无公害农药品种的相关知识;学会农药的使用技术,从而为发展安全果蔬提供技术保障。

目标要求

完成本学习任务后,你应当能:(1)理解农药含义;(2)知道农药的分类与剂型;(3)学会农药配制方法;(4)设计田间药效试验并定出药效试验总结;(5)知道常用农药种类;(6)安全科学使用农药。

内容结构

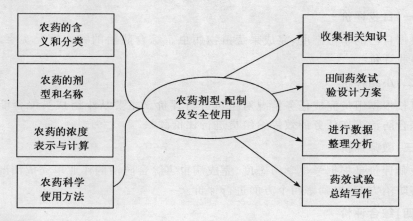

相关资料

(1)农药的含义和分类;(2)农药的剂型和名称;(3)农药的浓度表示与计算;(4)田间药效试验设计及药效检查与计算;(5)药效试验总结写法;(6)常见农药品种介绍;(7)农药科学使用方法。

［资料单 1］　农药基础知识

（一）农药的含义和分类

农药是农用药剂的简称。它是指用于防治危害作物及产品的害虫、螨类、病菌、线虫、杂草、害鼠、软体动物等的药剂，及植物生长调节剂。

农药品种繁多，必须进行分类，才便于掌握。其分类方法很多，根据防治对象和用途常分为杀虫剂、杀菌剂、杀线虫剂、杀螨剂、除草剂、杀鼠剂、杀软体动物剂和植物生长调节剂八大类别。

1. 杀虫剂

用来防治果蔬害虫的农药，品种最多、发展最快的一类农药。我国杀虫剂的产量一直占农药总产量的 75％左右。

按作用方式可分为下列几类：

（1）胃毒剂　杀虫剂经过害虫口腔进入虫体，被消化道吸收后引起中毒，这种作用称为胃毒作用，有这种作用的杀虫剂称为胃毒剂，如定虫隆、灭幼脲、抑食肼、敌百虫等。

（2）触杀剂　杀虫剂经过害虫体壁渗透到体内引起中毒，这种作用称为触杀作用。该种作用的杀虫剂称为触杀剂，如扑虱灵、西维因、溴氰菊酯、除虫菊素等。

（3）熏蒸剂　药剂在常温下挥发成气体，经害虫的气门进入虫体内引起中毒，这种作用称为熏蒸作用，有这种作用的药剂称为熏蒸剂，如磷化铝、敌敌畏等。

（4）内吸剂　药剂能被植物的着药部分吸收并传导到其他部位，当害虫吸食其汁液或咬食植物时引起中毒。这种作用称为内吸作用，有该种作用的药剂称为内吸剂，如吡虫啉、抗蚜威等。

按来源和化学成分可分下列几类：

（1）无机杀虫剂　无机化合物，如砷酸钙、氟化钠等。

（2）有机杀虫剂　采用人工化学合成的方法制成的，如辛硫磷、敌百虫等。

（3）植物杀虫剂　具有杀虫作用的植物如鱼藤酮、烟碱、除虫菊素、苦参素、速杀威、油酸烟碱等。

（4）微生物杀虫剂　害虫的致病微生物，如白僵菌、绿僵菌、Bt 乳剂、苏云金杆菌、杀螟杆菌等。

（5）激素类杀虫剂　人工合成的昆虫激素类似物，如灭幼脲、定虫隆等。

此外还有矿物性杀虫剂如煤油乳剂和抗生素杀虫剂如阿维菌素等。

121

2.杀菌剂

对植物病原微生物有杀灭或抑制作用的药剂,用以预防或治疗作物的各种病害。其分类方法也很多,如按作用方式可分为:

(1)保护性杀菌剂 也叫保护剂,在植物体表或体外,直接与病原物接触,杀死或抑制该病原物,保护植物免受其害。如波尔多液、代森锌、氢氧化铜、速克灵、敌磺钠、福美双等。

(2)治疗性杀菌剂 也叫治疗剂,植物感病后施用该药剂,消灭或抑制病菌,使作物病情减轻或康复。如多菌灵、托布津、特克多等(有的将具有内吸杀菌作用的药剂归为内吸杀菌剂)。

(3)免疫性杀菌剂 也叫免疫剂,用药后可使植物产生抗病性能,不易遭受病原物的侵染和危害,如弱毒疫苗 N14(硫氰菊胺)。

此外,杀菌剂还可按来源和成分分为无机杀菌剂如石硫合剂、波尔多液;有机杀菌剂如甲霜灵、多菌灵;抗菌素类杀菌剂如春雷霉素和植物杀菌素如大蒜素等。

3.杀线虫剂

用来防治植物病原线虫的药剂叫杀线虫剂,多为土壤熏蒸剂,如芜菁夜蛾线虫、二溴氯丙烷等,或触杀剂如克线磷(兼具内吸)、丙线磷等。

4.杀螨剂

用来防治植食性螨的药剂,如克螨特、浏阳霉素、扫螨净、唑螨酯、四螨嗪等,其作用方式多属触杀剂,少数为内吸作用药剂。

5.除草剂

用来防治杂草或有害植物的药剂叫除草剂。

(1)按性质分类

①选择性除草剂。正常使用下能杀灭杂草而对作物安全的一类除草剂,如敌稗、拿捕净、氟乐灵等。

②灭生性除草剂。对植物没有选择,凡接触的杂草和作物都能杀死的除草剂,如农达、百草枯等。

(2)按作用方式分类

①内吸型除草剂。或叫输导型除草剂,能通过杂草的根、茎、叶、芽等部位吸收并传导至全株,使杂草生长受抑制或死亡的药剂,如丁草胺、草甘膦、2,4-滴酯、苯磺隆等。

②触杀型除草剂。药剂不能在植物体内输导,而主要在药剂接触部位发挥作用的药剂,如百草枯等。此外,也可按喷洒对象分为土壤处理剂(乙草胺)、茎叶处理剂(苯达松)等。

(二)农药的剂型和名称

1.农药的剂型

经过加工的农药称为农药制剂,它包含原药和辅助剂(填充剂、乳化剂、湿润剂、溶剂、助溶剂等)。农药制剂的型态称为剂型。一种原药可加工成多种剂型,如50%辛硫磷乳油、5%辛硫磷颗粒剂等。农药的剂型有多种,如固态的粉剂、可湿性粉剂、烟剂、颗粒剂等,液态的乳油、油剂、水溶剂、胶悬剂等。

(1)粉剂(D)　是农药原药与填充料混合后,经机器粉碎而制成的粉状物,我国粉剂标准是95%的粉粒能通过200目标准筛。含水量应小于1.5%(日本、美国1%);粉剂含量多在2%~10%。低浓度的粉剂直接喷粉使用,高浓度的粉剂可拌种、土壤处理、配制毒饵等。喷粉宜在早晚静风、叶面湿润时进行。

粉剂加工简单,价格便宜,不受水源限制,使用方便,工效高,是过去主要剂型(占3/4)。近年来环保的需要,产量下降,但仍是大棚、温室等保护地的良好农药剂型。

(2)可湿性粉剂(WP)　是农药原药与填料,湿润剂、分散剂、悬浮稳定剂等助剂混合、粉碎而制成的粉状物。可湿性粉剂的标准是98%通过325目筛。该剂型对水使用,如喷雾、灌根、泼浇等。可湿性粉剂具有粉剂的优点,而且药效更高、仓运费用低、耐贮,是目前主要剂型。

(3)乳油(EC)　是由原药加溶剂(或再加助溶剂)、乳化剂而配成的均匀透明油状物,其质量标准 pH 6~8,稳定度99.5%以上,正常条件下贮存不分层、不沉淀。

乳油对水使用,如喷雾、涂茎、灌心、拌种浸种等。乳油的湿展性、黏着性、渗透性和残效期都优于可湿性粉剂,也是主要剂型。

(4)胶悬剂(FW)　又称悬浮剂,将农药原粉与分散剂、悬浮剂等助剂混合,在水或油中经多次研磨而制成的胶状液体。悬浮率达90%以上,分水型和油型两种,水型较普遍,对水喷雾使用,如40%阿特拉津胶悬剂。油型可直接做超低容量喷雾使用。

胶悬剂兼有乳油和可湿性粉剂的一些特点,又克服了有机溶剂(乳油助剂)的易燃性和药害问题,黏附性、加工安全性好于可湿性粉剂,是值得推广的剂型。

(5)颗粒剂(GR)　是原药加载体、黏合剂而制成的粒状制剂。如防治玉米螟的颗粒剂为20~60筛目,粒剂的载体有矿土、炉渣、砂子、木屑等。粒剂可地面、水中撒施,根施,穴施,拌种,撒入心叶内等使用。颗粒剂药效期长、使用方便、对有益生物安全,是大力发展的剂型。

(6)烟剂　由原药、燃料(如木屑等)、氧化剂、助燃剂(氯酸钾、硝酸钾等)、消燃剂(陶土、滑石粉等)混合制成的粉状制剂。袋装或罐装,其上插一引火线(含硝酸钾的牛皮纸制成)。点燃后燃烧无明火,农药受热气化而成烟。主要用于大棚、温室、仓库、森林等病虫的防治。

2.农药名称

每种商品农药的名称是由有效成分含量、原药名称和剂型三部分组成,如50%抗蚜威可湿性粉剂、5%农梦特乳油。

(三)农药的浓度表示与稀释计算

1.浓度表示法

农药的浓度主要有稀释倍数、百分浓度、有效成分的百分率三种表示法。

(1)稀释倍数 指药液中稀释剂(水、载体等)的用量是原药剂用量的多少倍。如50%敌敌畏乳油1 000倍液,就是用50%敌敌畏乳油1份,加水1 000份配成的药液。

(2)百分浓度(%) 指100份农药中含有效成分的份数。如40%抗蚜威乳油,指100份抗蚜威乳油中,抗蚜威占40份。

(3)有效成分的百分率 用药剂的有效成分占稀释剂的百分率表示,如氯氰菊酯的一般使用浓度为15~50 mg/kg(有效成分/稀释液)。

2.农药的稀释计算

(1)按倍数法计算(不考虑药剂的有效成分含量) 公式为:

$$稀释后药液重量 = 原药剂重量 \times 稀释倍数$$

【例7-1】用50%多菌灵可湿性粉剂0.5 kg防治作物病害,稀释600倍液需加多少水(X_1)?稀释60倍需加多少水(X_2)?

解:$X_1 = 0.5 \times 600 = 300$ kg

$X_2 = 0.5 \times 60 - 0.5 = 29.5$ kg

(2)按有效成分计算 公式为:

$$原药剂浓度 \times 原药剂重量 = 稀释药剂浓度 \times 稀释药剂重量$$

【例7-2】用50%多菌灵可湿性粉剂5 kg配成0.2%的稀释液,需加水多少?

解:如果稀释倍数在100倍以上,

需加水量 = 原药剂浓度 × 原药剂重量/稀释药剂浓度 = 50% × 5 ÷ 0.2% = 1 250 kg

如果稀释倍数在100倍以下,

$$稀释剂质量 = 原药剂质量 \times (原药剂浓度 - 稀释药剂浓度)/稀释药剂浓度$$

【例7-3】现有50％辛硫磷乳油5 kg,欲配制成5％辛硫磷颗粒剂防治螟虫问需载体多少kg?

解:$X=5×(50％-5％)/5％=45$ kg

(3)石硫合剂稀释计算

$$原药剂质量=使用药剂质量×使用药剂波美度÷原药剂波美度$$

【例7-4】欲配制0.5波美度的石硫合剂40 kg,需要20波美度原液多少kg?

解:原药剂质量$=40×0.5÷20=1$ kg

[作业单1]

(一)填空题

1.农药根据防治对象和用途常分为(　　　　)、(　　　　)、(　　　　)、(　　　　)、(　　　　)、杀鼠剂、杀软体动物剂和植物生长调节剂等八大类别。

2.杀虫剂根据作用方式可分为(　　　　)、(　　　　)、(　　　　)、(　　　　)四类。

3.经过加工的农药称为农药制剂,它包含(　　　　)和(　　　　)。

4.农药剂型主要包括(　　　　)、(　　　　)、(　　　　)、(　　　　)种。

5.每种商品农药的名称是由(　　　　)、(　　　　)和(　　　　)三部分组成。

6.农药的浓度主要有(　　　　)、(　　　　)、(　　　　)三种表示法。

(二)计算题

1.用40％拌种灵可湿性粉剂拌麦种,拌种的有效浓度为0.2％,问500 kg麦种需用该可湿性粉剂多少kg?

2.将40％福美胂可湿性粉剂20 kg,配成4％稀释液,需加水多少?

3.将10％多菌灵可湿性粉剂20 kg,配成0.4％稀释液,需加水多少?

4.要配成浓度为0.4％多菌灵可湿性溶液500 kg,需要10％可湿性粉剂多少kg?

5.要配成浓度为4％乙磷铝可湿性溶液需加水500 kg,需要44％可湿性粉剂多少kg?

6.要配制0.5％氧化乐果药液2 000 mL,求40％氧化乐果乳油用量?

7.今有5 kg波美度为25的石硫合剂原药,需要稀释成波美度为0.5的稀释液,应加水多少?

9.用80%敌敌畏乳油20 mL加水稀释成50倍药液,求稀释液重量?

10.用80%氧化乐果乳油10 mL加水稀释成1 000倍药液,求稀释液重量?

11.用40%氧化乐果乳油10 mL加水稀释成1 000倍药液,求稀释液重量?

[技能单] 农药剂型观察

(一)目的要求

了解常用农药剂型特点、理化性状和质量简易鉴别方法,学习阅读农药标签和使用说明书。

(二)材料与用具

1.常用农药

(1)杀虫、杀螨剂　80%敌敌畏乳油、50%辛硫磷乳油、40.7%乐斯本乳油、2.5%溴氰菊酯乳油、10%吡虫啉可湿性粉剂、1.8%阿维菌素乳油、90%敌百虫晶体、25%杀虫双水剂、25%灭幼脲3号悬浮剂、Bt乳剂、白僵菌粉剂;73%克螨特乳油、20%达螨酮乳油、25%三唑锡可湿性粉剂。

(2)杀菌剂　50%农利灵可湿性粉剂、25%粉锈宁乳油、40%福星乳油、25%敌力脱乳油、72.2%丙酰胺(霜霉威、普力克)水剂、45%百菌清烟剂、72%克露可湿性粉剂、42%噻菌灵悬浮剂等。

2.仪器用具

天平、牛角匙、试管、量筒、烧杯、玻璃棒等。

(三)内容与方法

1.农药剂型、理化性状观察和质量简易辨别方法

(1)常见剂型、理化性状观察　观察粉剂、可湿性粉剂、乳油、颗粒剂、水剂、烟雾剂、悬浮剂等剂型在颜色、形态等物理外观上的差异。

(2)农药质量简易辨别方法

①粉剂、可湿性粉剂。取少量药粉轻轻撒在水面上,长期浮在水面的为粉剂;在1 min内粉粒吸湿下沉,搅动时可产生大量泡沫的为可湿性粉剂。另取少量可湿性粉剂倒入盛有200 mL水的量筒内,轻轻搅动放置30 min,观察药液的悬浮情况,沉淀越少,药粉质量越高。如有3/4的粉颗粒沉淀,表示可湿性粉剂的质量较差。在上述药液中加入0.2~0.5 g合成洗衣粉,充分搅拌,比较观察药液的悬浮性是否改善。

②乳油。将 2～3 滴乳油滴入盛有清水的试管中,轻轻振荡,观察油水融合是否良好,稀释液中有无油层漂浮或沉淀。稀释后油水融合良好,呈半透明或乳白色稳定的乳状液,表明乳油的乳化性能好;若出现少许油层,表明乳化性尚好;出现大量油层、乳油被破坏,则不能使用。

2.农药标签和说明书的阅读

(1)农药标签和农药名称　农药标签内容包含有效成分及含量、名称、剂型等。农药名称通常有两种,一种是中(英)文通用名称,中文通用名称按照国家标准《农药通用名称命名原则》(GB 4839—1998)规定的名称,英文通用名称引用国际标准组织(ISO)推荐的名称;另一种为商品名,经国家批准可以使用。不同生产厂家有效成分相同的农药,即通用名称相同的农药,其商品名可以不同。

(2)农药三证　农药三证指的是农药登记证号、生产许可证号和产品标准证号,国家批准生产的农药必须三证齐全,缺一不可。

(3)净重或净容量。

(4)使用说明　按照国家批准的作物和防治对象简述使用时期、用药量或稀释倍数、使用方法、限用浓度及用药量等。

(5)注意事项　包括中毒症状和急救治疗措施;安全间隔期,即最后一次施药距收获时的天数;储藏运输的特殊要求;对天敌和环境的影响等。

(6)质量保证期　不同厂家的农药质量保证期标明方法有所差异。一是注明生产日期和质量保证期;二是注明产品批号和有效日期;三是注明产品批号和失效日期。一般农药的质量保证期是 2 年,应在质量保证期内使用,才能保证作物的安全和防治效果。

(7)农药毒性与标志　农药的毒性不同,其标志也有所差别。毒性的标志和文字描述皆用红字,十分醒目。使用时注意鉴别高毒、中毒和低毒农药。

(8)农药种类标识色带　农药标签下部有一条与底边平行的色带,用以表明农药的类别。其中红色表示杀虫剂(或昆虫生长调节剂、杀螨剂、杀软体动物剂);黑色表示杀菌剂(或杀线虫剂);绿色表示除草剂;蓝色表示杀鼠剂;深黄色表示植物生长调节剂等。

(四)完成技能单

给定 15 种农药进行观察,把观察结果填入表 7-1。

表 7-1　农药剂型观察表

编号	药剂名称	剂型	有效成分含量	颜色	气味	毒性	主要防治对象	备注
1								
2								
3								
4								
5								

［资料单 2］　农药田间药效试验

（一）田间药效试验设计的基本要求

农药田间药效试验是用以检验农药生产应用效果,探索田间施用方法和技术的重要环节。

1. 田间试验小区要随机排列

即小区位置的确定,可采用抽签或查随机数字的办法确定。

2. 设置重复

即每种处理同时有若干小区进行比较。

3. 局部控制

即每个处理在每个重复内只出现一次的小区安排法。

4. 设置对照区和保护行

对照 3 种:以常用药剂为对照,完全不处理的"空白"对照,以及不含农药的或用清水处理的对照,试验区周围和小区间设置保护行,可以避免外界因素造成的影响,以及避免不同药剂间的相互干扰。

（二）药效检查与计算

药效检查要注意根据不同有害生物的分布、发生特点,确定调查方法。根据有害生物的分布类型和试验目的选择合适的调查项目和计算方法。

1. 杀虫剂的防治效果

杀虫剂防治害虫的试验,因害虫的食性和药剂的作用不同,防治效果的检查时间与方法,及其计算方法也不相同。

2. 害虫的死亡率

凡能直接观察到虫体死亡情况的害虫,在进行防治试验时,都可以通过调查试验前后的虫口数计算害虫的死亡率或虫口减退率。

$$害虫的死亡率 = \frac{防治前活虫数 - 防治后活虫数}{防治前活虫数} \times 100\%$$

害虫的数量变化不仅与药剂有关，还受迁移或自然死亡率的影响。当自然死亡率在 5%～20% 时，可用下列公式求出校正死亡率。

$$校正死亡率 = \frac{防治区害虫死亡率 - 对照区害虫死亡率}{1 - 对照区被害率} \times 100\%$$

对不易直接观察到虫体死亡情况的害虫，常以处理区的被害率与对照区相比较来表示防治效果。如药剂拌种或用毒土防治地下害虫，则调查被害株或保苗率，计算防治效果。

$$防治效果 = \frac{对照区被害率 - 施药区被害率}{对照区被害率} \times 100\%$$

3. 杀菌剂防治效果

杀菌剂防治病害，大多是通过病情的消长情况来估计防治效果的。

$$防治效果 = \frac{对照区病情指数增长值 - 处理区病情指数增长值}{对照区病情指数增长值} \times 100\%$$

$$病情指数增长值 = 检查药效时的病情指数 - 施药时的病情指数$$

4. 除草剂防治效果

播前或播后苗前用除草剂进行土壤处理，在杂草出土后调查杀草情况，计算除草效果。

$$除草效果 = \frac{对照区杂草数（或鲜重） - 试验区杂草数（或鲜重）}{对照区杂草数（或鲜重）} \times 100\%$$

苗期喷药处理，在施药前和施药后调查活草数，计算杂草死亡率。

$$杂草死亡率 = \frac{施药前杂草数 - 施药后杂草数}{施药前杂草数} \times 100\%$$

（三）药效试验总结

总结内容要求简明、规范、科学性强。通常包括以下 4 个部分。

1. 引言

扼要简述当地病虫发生的概况和试验目的。包括过去有关病虫害的研究成果和存在的问题，以及该试验尚待探讨的问题。必要时也要将该试验的主要结果，作摘要简述。

2. 试验材料和方法

由于采用的试验材料和方法的不同，常得出不同的试验结果。因此，要介绍试验材料,并将试验方法详细叙述。

3.试验结果

试验结果是总结的主要部分,包括详细的原始试验调查资料,以及归纳统计而得出的数据和结论。试验结果一定要力求简明,重点突出,通常需要表格或图解表达,应竭力避免用繁琐的文字说明。

4.讨论和分析

对药效试验所得的结果,尤其是对于有矛盾的现象,均应加以分析讨论,从客观情况的相互联系中找出一定规律和问题所在。要根据所掌握的数据,提出明确的观点和看法,并得出确的结论。同时还要指出试验中存在的问题和不足之处,供以后试验作参考。

[案例8] 除草剂药效试验方案

(一)目的要求

掌握除草剂田间药效试验设计的一般原则和试验方法,了解田间药效试验的内容和程序;学会试验调查与计算。独立完成药效总结写作。

(二)材料与用具

除草剂:氟乐灵、甲草胺(拉索)、乙草胺、乙氧氟草醚(果尔)、扑草净、异丙甲草胺等。

用具:天平、小型喷雾器、水桶、量筒、皮尺、标牌等。

(三)设计方法

试验采用随机区组设计。每个小区面积 $15 \sim 50 \ m^2$,$3 \sim 5$ 次重复。设有对照。

(四)调查方法

(1)绝对数(定量)调查法　即采用对角线取样法在小区内取样 $3 \sim 5$ 点,每点 $0.25 \sim 1 \ m^2$(可用铁丝围成该面积的方框),计数样点内每种杂草的株数和鲜重。

(2)估计值调查法(目测法)　将处理小区与对照区进行比较,目测并估计相对杂草种群数,包括杂草数、覆盖度、高度和生长势等指标。

(五)除草剂效果计算

1.绝对数调查法药效计算公式

$$除草效果 = \frac{对照区杂草株数或鲜重 - 处理区杂草株数或鲜重}{对照区杂草株数或鲜重} \times 100\%$$

2.估计值调查法药效计算

将处理小区与对照区进行比较,目测并估计相对杂草种群数,包括杂草数、覆盖度、高度和生长势等指标。分级评定化学除草的效果。

常用的分级标准及除草效果如表 7-2 所示。

表 7-2　杂草分级及除草剂药效关系 %

级　别	杂草覆盖率	除草效果
1	97.5	2.5
2	95	5
3	85	15
4	70	30
5	50	50
6	30	70
7	15	85
8	5	95
9	2.5	97.5
10	0	100

[案例 9]　田间药效试验总结写作

——选自陈雪芳《广西植保》50％丁醚脲悬浮剂防治小菜蛾田间药效试验 2009.22(4)

50％丁醚脲悬浮剂防治小菜蛾田间药效试验

摘要:50％丁醚脲 SC 用 50 g/ 667 m² 、60 g/ 667 m² 和 70 g/ 667 m² 3 种剂量防治十字花科蔬菜小菜蛾,药后 3 d 平均防效均达 86 ％以上,药后 7 d 平均防效均达 91％以上,防治效果比较理想,且对蔬菜安全,建议用于防治蔬菜小菜蛾,推荐使用剂量为 50～60 g/ 667 m² 。

关键词:丁醚脲;小菜蛾;药效试验

小菜蛾是十字花科蔬菜上发生最普遍最严重的害虫之一,也是世界上最难防治的害虫之一,其特点是对杀虫剂容易产生抗药性。据了解,近几年来,在扶绥县用于防治小菜蛾的农药主要有:阿维菌素、氟虫腈、乙酰甲胺磷、阿维·辛等。由于长期使用,小菜蛾对以上药剂均表现出不同程度的抗药性,以致防治效果逐年下降,甚至完全失效。丁醚脲是一种全新化学结构的新型硫脲类低毒杀虫剂,主要用于高抗性鳞翅目害虫(小菜蛾、斜纹夜蛾、棉铃虫等)的防治。为了明确 50％丁醚脲 SC 对十字花科蔬菜小菜蛾的防治效果,探索更加准确有效的防治剂量,因而进行本试验。现将试验结果报告如下:

1 材料与方法

1.1 供试药剂

试验药剂：50％丁醚脲SC（广西鑫金泰化工有限公司生产）；对照药剂：35％阿维·辛EC（深圳瑞德丰农药有限公司生产）。

1.2 试验地点及时间

试验地点安排在扶绥县新宁镇塘岸村梁实秋责任田进行，试验栽培作物为肉芥菜，种植密度为15 cm×24 cm。此次试验施药时间为2008年11月10日下午，施药时作物约为7叶期，且田间小菜蛾大部分为低龄幼虫，正处于发生危害盛期。

1.3 试验方法

1.3.1 试验设计

试验设5个处理，每个处理4次重复，共20个小区，每小区面积26 m²。处理A：35％阿维·辛EC 60 g/ 667 m²；处理B：50％丁醚脲SC 50 g/ 667 m²；处理C：50％丁醚脲SC 60 g/ 667 m²；处理D：50％丁醚脲SC 70 g/ 667 m²；处理E：空白对照。小区随机区组排列，试验区四周及小区间均设保护行，以避免各种外来因素的影响。

1.3.2 施药处理

将各药剂按试验设计剂量分别对水60 kg/667 m²稀释成均匀药液，用山东卫士牌WS216型背负式手动喷雾器均匀喷雾，喷雾时将蔬菜叶片正反面喷湿，试验期间只施一次药。

1.4 调查方法

试验2008年11月10日上午进行药前调查。调查时采用定点定株的方法，每小区标记30株菜，调查统计小菜蛾虫口基数，要求每小区虫口数量在50头虫以上。

药后1 d、3 d、7 d分别进行调查各小区小菜蛾残余活虫数，方法同上。并按下面公式计算防治效果：

$$防治效果=(1-CK_0活虫数×Pt_1活虫数/CK_1活虫数×Pt_0活虫数)×100\%$$

式中：CK_0为对照区药前；CK_1为对照区药后；Pt_0为处理区药前；Pt_1为处理区药后。

1.5 药害调查

整个试验过程中，各小区均未发现有药害现象发生，肉芥菜生长正常、整齐，说明试验药剂50％丁醚脲SC和对照药剂在试验剂量下均对蔬菜安全。

2 结果与分析

根据计算公式计算各小区的防效，各处理的平均防效并采用DMRT法进行方差分析，结果见下表。

表　50％丁醚脲 SC 对小菜蛾的防治

处理	用药量/ (g/667 m²)	药前虫 数/头	药后 1 d		药后 3 d		药后 7 d	
			虫数/头	防效/%	虫数/头	防效/%	虫数/头	防效/%
阿维·辛	60	71.50	44.00	37.58Aa	34.50	49.09Aa	27.25	58.60Aa
丁醚脲	50	75.50	18.75	74.88Bb	9.25	86.87Bb	6.00	91.41Bb
丁醚脲	60	74.75	13.00	82.21Cc	7.75	89.07Bb	4.50	93.37Bb
丁醚脲	70	83.75	13.50	83.64Cc	8.50	89.37Bb	5.00	93.46Bb
E(CK)		78.00	77.00		74.00		72.00	

注:表中数值为 4 次重复的平均值,同一列中大小写字母分别表示 0.01 和 0.05 差异显著水平。

试验结果表明,50％丁醚脲 SC 防治十字花科蔬菜小菜蛾,药后 1 d、3 d、7 d 对小菜蛾的防效分别为 83.64％、89.37％和 93.46％,说明 50％丁醚脲 SC 对小菜蛾有较好的防治效果,因此,在蔬菜生产中可以推荐用于防治小菜蛾。从表 1 中可以看出,对照药剂 35％阿维·辛 EC 60 g/667 m² 药后 1 d、3 d、7d 的平均防效分别为 37.58％、49.09％和 58.6％,效果较差,这可能是因为近几年来人们长期使用而导致防治效果下降;50％丁醚脲 SC 50 g/ 667 m² 药后 1 d、3 d、7 d 的平均防效分别为 74.89％、86.87％ 和 91.41％,50％丁醚脲 SC 60 g/ 667 m² 药后 1 d、3 d、7d 的平均防效分别为 82.21％、89.07％和 93.37％,50％丁醚脲 SC 70 g/ 667 m² 药后 1 d、3 d、7 d 的平均防效分别为 83.64％、89.37％和 93.46％,表明试验药剂 50％丁醚脲 SC 的防治效果明显优于对照药剂 35％阿维·辛 EC,且防效良好,可以用于防治小菜蛾。

3　小结

试验结果表明,35％阿维·辛 EC 防治小菜蛾,防效偏低,故不宜长期连续使用;50％丁醚脲 SC 50 g/ 667 m²、60 g/ 667 m²、70 g/ 667 m² 3 种剂量对十字花科蔬菜小菜蛾都有较好的防治效果,且防效相当。考虑到降低用药成本、减少人畜中毒、减慢害虫抗药性的形成等因素,因此,建议在使用 50％丁醚脲 SC 对十字花科蔬菜小菜蛾进行防治时,推荐使用剂量为 50～60 g/ 667 m²。

[资料单 3]　常见农药品种介绍

一、杀虫剂

(一)植物杀虫剂

植物杀虫剂是用植物有机体的全部或其中的全部分作为农药,内含有多种有机物质,而其中杀虫有效成分只占植物体的极少部分,植物杀虫剂以触杀作用为主,有的有胃毒作用及熏蒸作用,有的有强烈的拒食、忌避作用,有的兼有两种或两种以上作用(表7-3)。

表 7-3 植物杀虫剂常用品种

名称	毒性	作用	剂型	防治对象	使用方法	注意事项
烟碱	中毒	胃毒触杀	2%水乳剂	蔬菜、果树上蚜虫、夜蛾、蓟马、椿象	在蚜虫发生初期,每667 m² 用 2%水乳剂 300～500 mL,对水 40～50 L 喷雾	1.不宜与酸性农药混用。2.安全间隔期为7～10 d
除虫菊素	极低毒	触杀	0.5%粉剂 3%乳油	菜蚜、菜青虫、蓟马、飞虱、叶蝉、叶蜂、猿叶虫	每667 m² 喷 0.5%粉剂 2～4 kg,在无风的晴天喷撒;用3%乳油,对水稀释成800～1 200 倍液,喷雾	1.不宜与碱性农药混用。2.隔5～7 d 后再喷1次
鱼藤酮	中毒	胃毒触杀	2.5%乳油	蔬菜、果树上蚜虫	每667 m² 用2.5%乳油 100 mL,对水40～50 L(有效成分25 g)喷雾	1.不宜与碱性农药混用。2.不宜在水生作物上使用
茴蒿素	极低毒	胃毒触杀	0.65%水剂	蔬菜上蚜虫、菜青虫。包括苹果绵蚜、尺蠖、桃小食心虫、梨粉蚜、梨木虱、天牛幼虫	防治蔬菜害虫667 m²用 0.65%水剂100～200 mL,对水 60～80 L喷雾;防治果树害虫用 400～600 倍液均匀喷雾	本剂不可与酸性或碱性农药混用
印楝素	低毒	胃毒触杀	0.3%乳油	小菜蛾、菜青虫、美洲斑潜蝇、黄条跳甲、包括潜叶蛾、红蜘蛛、锈壁虱、卷叶蛾等	防治蔬菜害虫用 1 500～2 000 倍液,喷雾;防治果树害虫用 1 000～1 500 倍液,喷雾	不宜与碱性农药混用

续表 7-3

名称	毒性	作用	剂型	防治对象	使用方法	注意事项
苦参碱	低毒	胃毒 触杀	0.1％粉剂、0.04％水剂	地下害虫（韭蛆）蚜虫、小菜蛾、菜青虫等	(1)拌种。每 1 000 g 蔬菜种子经浸种后，用 0.1％苦参碱粉剂 100～200 g 拌匀，喷水 50～100 mL 拌后使种子湿润 (2)毒土。每 667 m² 用 0.1％苦参粉剂 2～3 kg，拌细土或细沙 15～20 kg，撒施或移栽前撒入移植穴内 (3)喷雾。用 0.04％水剂，400 倍液，在发生初期，隔 3～5 d 一次，连喷 2～3 次	不宜与碱性农药混用
速杀威	低毒	胃毒 触杀	5％乳油	蔬菜上蚜虫、红蜘蛛菜青虫、小菜蛾	5％乳油 400～500 倍液，喷雾。隔 5～7 d 喷 1 次，连喷 2～4 次	不宜与碱性农药混用
烟百素	低毒	胃毒 触杀	1.1％乳油	果树蚜虫、红蜘蛛、白粉虱、介壳虫。蔬菜中菜青虫、小菜蛾	用浓度为 1 000～1 500 倍液，喷雾法施用。持效期为 7～10 d	不宜与碱性农药混用
双素碱	低毒	胃毒 触杀	0.88％水剂	蔬菜、瓜类中蚜虫菜青虫、小菜蛾	用浓度为 300～400 倍液，喷雾法施用。隔 7～8 d 喷 1 次	不宜与碱性农药混用
皂素烟碱	低毒	触杀	27％水剂	蔬菜蚜虫介壳虫、螨类	用浓度为 300 倍液，喷雾法施用。隔 5～7 d 喷 1 次。喷 2～3 次	不宜与碱性农药混用
油酸烟碱	低毒	胃毒 触杀 熏蒸	27.5％乳油	蔬菜、花卉和中药材、果树蚜虫、菜青虫、螨类、飞虱、叶蝉	667 m² 用 27.5％乳油 100～150 mL，对水稀释成 500～1 000 倍液，喷雾。隔 7 d 喷 1 次，连续防治 2～3 次	不宜与碱性农药混用

(二)微生物杀虫剂

微生物杀虫剂是指利用使害虫致病死亡的微生物(细菌、真菌、病毒)作为杀虫作用的药剂,微生物杀虫剂常用品种见表 7-4。

表 7-4　微生物杀虫剂常用品种

名称	毒性	剂型	防治对象	使用方法	注意事项
白僵菌	低毒	50 亿/g	松毛虫、螟虫、食心虫等多种鳞翅目害虫	①灌心叶。菌粉 100 倍液。②喷雾。菌粉的 50 倍液。③撒菌土。菌粉与土 1:10 制成,75～90 kg/hm²	不宜和杀菌剂混用
绿僵菌	极低毒	(含孢子 23 亿～28 亿活孢子/g)粉剂	金龟甲、象甲、金针虫、鳞翅目害虫幼虫、椿象	每 667 m² 用菌剂 2 kg,拌细土 50 kg	不宜杀菌剂混用
块状耳霉菌	无毒	200 万菌体/悬浮剂	蚜虫	稀释 1 500～2 000 倍液均匀喷雾	不可与碱性农药和杀菌剂混用
苏云金杆菌	极低毒	2 000 IU/mL 悬浮剂、16 000 IU/mg 可湿性粉剂	防治果树与蔬菜鳞翅目害虫	每 667 m² 用 100～150 g	不宜与杀细菌的农药混用,防止家蚕中毒
苏特灵	低毒	8 000 IU/mg 可湿性粉剂	菜青虫、小菜蛾	防治蔬菜害虫。每 667 m² 用 50～100 g,对水 50～70 L,后喷雾,要在幼虫 2～3 龄期施药	不宜和杀菌剂混用
杀螟杆菌	无毒	高孢子粉剂(50 亿以上/g)	鳞翅目害虫和森林松毛虫等	菌粉 300～1 000 倍液喷雾	不宜和杀菌剂混用,防止家蚕、柞蚕中毒
菜青虫颗粒体病毒	低毒	浓缩粉剂	菜青虫、小菜蛾、银纹夜蛾、菜螟	每 667 m² 用粉剂 40～60 g,对水稀释 750 倍喷雾	本剂不能与碱性农药混用

（三）化学杀虫剂（表 7-5）

表 7-5 化学杀虫剂常用品种

名称	毒性	作用	剂型	防治对象	使用方法	注意事项
溴氰菊酯	中毒	触杀、胃毒和一定驱避、拒食作用	2.5％乳油、2.5％可湿性粉剂	可防果蔬、粮食作物害虫。防治菜青虫、小菜蛾、黄条跳甲、桃小食心虫、梨小食心虫	1. 有效成分 3～9 g/hm² 防治菜青虫、小菜蛾、黄条跳甲、桃小食心虫、梨小食心虫；2. 有效成分 7.5～15 g/hm² 防黏虫、蚜虫、大豆食心虫等粮食作物害虫	1. 避免人、鱼、蜂、蚕中毒。2. 不与碱性物质混用。安全间隔期苹果 5 d，大白菜 2 d
氟氯氰菊酯	低毒	触杀、胃毒作用	5.7％乳油	主要用于防治蔬菜、果树、粮食作物害虫。如菜青虫、小菜蛾、菜蚜，桃小食心虫、大豆食心虫、黏虫，玉米螟等	5.7％乳油 4 000～6 000 倍液喷雾	1. 不与碱性物质混用。2. 安全间隔期 21 d
氯氰菊酯	中毒	触杀、胃毒	10％、25％乳油	主要用于防治蔬菜、大豆、甜菜等作物上的害虫。菜青虫、小菜蛾；黄条跳甲、烟青虫、葱蓟马、大豆食心虫、甜菜夜蛾等	10％乳油 2 000～6 000 倍液喷雾；10％乳油 1 500～3 000 倍液	1. 不与碱性物质和波尔多液混用。2. 安全间隔期大白菜 5 d，青菜 2 d、番茄 1 d
联苯菊酯	中毒	触杀、胃毒	2.5％、10％乳油	防治鳞翅目、同翅目害虫、螨类。螨类、蚜虫、白粉虱、桃小食心虫、苹果叶螨等果树害虫	10％乳油 3 000～4 000 倍液喷雾	1. 不与碱性农药混用。2. 低温下药效期长，宜春秋施药

137

续表 7-5

名称	毒性	作用	剂型	防治对象	使用方法	注意事项
氰戊菊酯	中毒	触杀、胃毒	20%速灭杀丁乳油、5%来福灵乳油	菜青虫、甘蓝夜蛾、小菜蛾、菜蚜、果树食心虫、大豆食心虫、豆蚜等	20%乳油2 000~4 000倍液喷雾防治	1.不与碱性农药混用。2.安全间隔期白菜12 d，苹果14 d
甲氰菊酯	中毒	触杀、胃毒	20%乳油	菜青虫、小菜蛾、叶螨、桃小食心虫、苹果叶螨、棉铃虫等	20%乳油2 000~3 000倍液喷雾	1.不与碱性农药混用。2.不能做专用杀螨剂使用
氟丙菊酯	低毒	触杀、胃毒	2%乳油	苹果、山楂叶螨、桃小食心虫、绣线菊蚜	用2%乳油1 000~2 000倍稀释液喷雾	对鱼、蜜蜂有毒。应慎用，防止毒害
抗蚜威	中毒	触杀、熏蒸和叶面渗透作用	50%可湿性粉剂、25%、50%水分散粒剂	防白菜、甘蓝、豆类蚜虫和烟蚜	150~270 g/hm² 防白菜、甘蓝、豆类蚜虫和烟蚜	1.20℃以上才有熏蒸作用 2.必须用金属盛装药
速灭威	中毒	触杀、胃毒、熏蒸	25%、50%可湿性粉剂	梨网蝽、锈螨、核桃果象甲、桑毛虫、蓟马	用20%乳油或25%可湿性粉剂400倍稀释液喷雾；50%可湿性粉剂1 000倍稀释液喷雾	不与碱性农药或物质混用，以免分解失效
吡虫啉	低毒	内吸	10%可湿性粉剂	粉虱、蓟马、蚜虫	用10%可湿性粉剂4 000~6 000倍液喷雾	严防受潮
辛硫磷	低毒	触杀、胃毒作用	40%~50%乳油、2.5%微粒剂	棉铃虫、菜蚜、菜青虫、小菜蛾、烟青虫、桃小食心虫	1.喷雾40%乳油1 000~1 500倍液喷雾防治。2.拌种 可防治地下害虫	1.持效期叶面喷雾2~3 d，土中达1~2月。2.不与碱性农药混用

续表 7-5

名称	毒性	作用	剂型	防治对象	使用方法	注意事项
敌百虫	低毒	触杀、胃毒	90%晶体	梨星毛虫、二十八星瓢虫、小菜蛾、菜青虫、甘蓝叶蛾、地蛆	2.5%粉剂喷粉防草地螟,谷田玉米螟;90%原粉拌 10 倍炒香麦麸等或 40 倍鲜草制成毒饵可诱杀蝼蛄、小地老虎等地下害虫	
敌敌畏	低毒	触杀、胃毒、熏蒸	50%乳油、22%烟剂	菜蚜、菜青虫、菜叶蜂、梨星毛虫等	80%乳油 1 500 倍液喷雾	不与碱性农药混用
马拉硫磷	低毒	触杀、胃毒、熏蒸	50%乳油	松干蚧、松毒蛾、松毛虫、杨白潜蛾、杨扇舟蛾、杨树吉丁虫、杨蛎盾蚧、杨树叶甲、刺蛾、榆紫叶甲、落叶松花蝇	用 50%乳油 1 000 倍稀释液喷雾	瓜类、甘薯、桃树对马拉硫磷比较敏感,必须低浓度使用
乙酰甲胺磷	低毒	内吸、触杀、胃毒作用	30%、40%、50% 乳油、70%可溶性粉剂、4%粉剂	菜青虫、小菜蛾、菜蚜	每 667 m² 用 50%乳油 70～100 mL,对水 40～50 kg 喷雾。每 667 m² 用 50%乳油 50～75 mL,对水 50～75 kg 喷雾	不能与碱性农药混用
杀螟硫磷	低毒	触杀、胃毒	20%、50% 乳油,5%饵剂	菜蚜、二十八星瓢虫菜青虫、大豆食心虫、蝗虫等	50%乳油 1 500 倍液喷雾	不能与碱性农药混用
二嗪磷	低毒	触杀、胃毒、熏蒸	40%、50%乳油、40%可湿性粉剂、5%、10%颗粒剂、2%粉剂	菜青虫、小菜蛾幼虫。菜螟幼虫、菜蚜、葱蓟马、菠菜潜叶蝇、葱类斑潜蝇	用 40%乳油 1 000 倍液,防治小菜蛾幼虫、菜青虫	不能与碱性农药混用

续表 7-5

名称	毒性	作用	剂型	防治对象	使用方法	注意事项
灭幼脲	低毒	胃毒作用	25%、50% 胶悬剂	黏虫、甘蓝夜蛾、菜青虫、小菜蛾等	用量 150 g/hm²（有效成分）对水喷雾	1. 不与碱性农药混用； 2. 安全间隔期小麦 15 d
氟铃脲	低毒	胃毒、兼有触杀作用	5%乳油	蔬菜、果树上鳞翅目及鞘翅目、同翅目、双翅目	防治小菜蛾、菜青蛾，用 5% 乳油 2 000～3 000 倍液喷雾	对鱼类、家蚕毒性大，禁止在桑园、鱼塘及其附近使用
氟虫脲	低毒	胃毒、触杀	5%乳油	苹果叶蟥、苹果小卷蛾、桃小食心虫、尺蠖、梨木虱、菜青虫、小菜蛾幼虫、茄子红蜘蛛	用 5%乳油 1 000～1 500 倍液	忌与碱性农药混用
除虫脲	低毒	胃毒、触杀	20%悬浮剂、25%可湿性粉剂、4%颗粒剂	菜青虫、小菜蛾幼虫	每 667 m² 用 20%悬浮剂 50～75 g，加水 50 kg 喷雾	忌与碱性农药混用
噻嗪酮	低毒	胃毒、触杀	50%可湿性粉剂	白粉虱	用 1 000 倍液，防治白粉虱	本剂不宜在白菜、萝卜上使用
虫酰肼	低毒	胃毒	20%、24% 悬浮剂	斜纹夜幼虫、甜菜夜蛾幼虫	用 20%悬浮 1 000～2 000 倍液喷雾	在小菜蛾幼虫上慎用本剂

二、杀螨剂

因螨类的形态结构和生活习性独特，多数杀虫剂对螨类无效，而且一般杀虫剂选择性较低，不但不能杀螨，反而把螨类的天敌杀死，引起螨类大量繁殖。杀螨剂常用品种见表 7-6。

表 7-6　杀螨剂常用品种

名称	毒性	作用	剂型	防治对象	使用方法	注意事项
哒螨灵	低毒	触杀	9.5%高渗乳油、15%乳油、20%可湿性剂	蚜虫、粉虱、蓟马、叶螨	1 000～2 000 倍液喷雾	不与碱性农药混用
唑螨酯	低毒	触杀	5%悬浮剂	苹果全爪螨、葡萄、叶螨、茄子害螨	5%悬浮剂 1 000～2 000倍稀释液喷雾	不能和石硫合剂混用
炔螨特	低毒	触杀	57%、73%乳油	防治瓜类、茄果类蔬菜上螨类（红蜘蛛）	用 3 000 倍液喷雾	蔬菜收获前 7 d 停用，本剂不能和杀虫剂混用

三、杀菌剂

(一)抗生素杀菌剂

抗生素是微生物分泌的具有杀菌作用的代谢产物,具有内吸或内渗性能,对人、畜安全,不污染环境,治疗和保护作用好,高效、选择性强等优点。但又有残效期短,病菌易产生抗性,有的品种药效不稳定等缺点。抗生素杀虫剂常用品种见表7-7。

表 7-7　抗生素杀菌剂常用品种

名称	毒性	作用	剂型	防治对象	使用方法	注意事项
井冈霉素	低毒	内吸	3%、5%、水剂等	立枯病、桃缩叶病	1.防治黄瓜立枯病用 5%水剂 1 000～2 000 倍液灌根,每平方米灌药液 3～4 L　2.防治桃缩叶病用 5%水剂 500 倍液喷雾	不与强碱性农药混用
农抗120	低毒	触杀	2%、4%水剂	苹果、葡萄花卉白粉病;大白菜黑斑病、番茄疫病	667 m² 用 2%水剂 500 mL 加水 50 kg 喷雾	不能与碱性农药混用,以免分解失效

141

续表 7-7

名称	毒性	作用	剂型	防治对象	使用方法	注意事项
春雷霉素	低毒	内吸	2%水剂、2%、4%、6%可湿性粉剂、0.4%粉剂、2%液剂	防治番茄、苦瓜、薄荷、菊花白绢病、番茄、茄子、甜（辣）椒的立枯病、根腐病	1.用 500～1 000 倍液灌根，每株灌药液 400～500 mL	蔬菜收获前 14 d 停用
多抗霉素	低毒	内吸	1.5%、2%、3%、10%可湿性剂、0.3%水剂	防治蔬菜、花卉的霜霉病、白粉病、灰霉病、晚疫病	用 2%可湿性粉剂喷雾	本剂不宜和碱性或酸性农药混用
宁南霉素	低毒	触杀	2%水剂	防治蔬菜、果树病毒病、白粉病	用 200～260 倍液喷雾	本剂不宜和碱性农药混用
木霉素	低毒	内吸	1.5 亿个活孢子/克，或含 2 亿个活孢子/克	防治蔬菜、花卉的霜霉病、灰霉病	稀释 200～300 倍液喷雾	本剂不宜和碱性或酸性农药混用
农用链霉素	低毒	内吸	68%、72% 农用可溶性粉剂	防治蔬菜的软腐病、细菌性叶斑病、细菌性褐斑病、黑斑病、叶枯病	72%农用可溶性粉剂对水 3 000～4 000 倍液喷雾	收获前 2～3 d 停用
菇类蛋白多糖	低毒	内吸	0.5%水剂	防治番茄、辣椒、马铃薯、茄子、烟草及经济作物病毒病	300 倍液喷雾、灌根或灌穴	不能与酸碱性农药混用

(二)化学杀菌剂

化学杀菌剂是一类在一定用量或一定浓度下能杀灭或抑制病原菌的化学物质。可分为无机杀菌剂、有机杀菌剂。

1. 无机杀菌剂

利用天然矿物或无机物制成的杀菌剂称为无机杀菌剂。该类杀菌剂配制简单,保护作用强,病菌不易产生抗药性,但使用不当,易产生药害。常用的品种有波尔多液、石硫合剂(表 7-8)。

表 7-8　无机杀菌剂常用品种

名称	毒性	作用	剂型	防治对象	使用方法	注意事项
波尔多液	低毒	保护	悬浮剂	蔬菜、果树霜霉病、绵腐病、幼苗猝倒病等病害,对白粉病效果差	常用 1:1:200 浓度喷雾。常用 1:2:200 浓度喷雾。常用 1:0.5:200 浓度喷雾	1. 茄科、葫芦科、葡萄、黄瓜、西瓜对石灰敏感。2. 白菜、大豆、鸭梨、李、桃、苹果等对酮敏感不宜使用
碱式硫酸铜	低毒	保护	30%、35%悬浮剂,80%可湿性粉剂	黄瓜、番茄软腐病、细菌必褐斑病、甜椒果实黑斑病、菊花的斑枯病、枯萎病等	1. 400~500 倍液喷雾。2. 用 400~500 倍液灌根。3. 用 300 倍液涂抹伤口	在对铜敏感的作物上慎用本剂。避免药害
氢氧化铜	低毒	保护	1. 单有效成分53.8%、61.4%干悬浮剂、7.1%悬浮剂、77%可湿性粉剂。2. 双有效成分复配与代森锰锌:猛杀得 61.1%干悬浮剂	1. 黄瓜的细菌性角斑病、叶枯病、缘枯病。2. 番茄的灰叶斑病、早疫病、晚疫病、圆纹病、溃疡病、软腐病	1. 用 400~500 倍液喷雾。2. 用 400 倍液灌根。每株灌 0.3~0.5 L	
氧化亚铜	低毒	保护	56% 散粒剂、86.2%可湿性粉剂或干悬剂	叶斑病、番茄早疫病、果腐病、黄瓜灰色疫病、茄子果腐病	1. 用 400 倍液喷雾或灌根(每株灌药液 300 mg)。2. 用 600~800 倍液喷雾或灌根(每株灌药液 300 mg)	在对铜敏感的作物上,慎用本剂,以防药害

143

续表 7-8

名称	毒性	作用	剂型	防治对象	使用方法	注意事项
石硫合剂	低毒	保护	生石灰：硫磺：水为 1：2：10	叶斑病、锈病、白粉病、介壳虫、叶螨、苹果花腐病、梨星黑病	休眠期用 3～5 波美度喷雾 生长期用 0.3～0.5 波美度喷雾	1. 黄瓜、大豆、马铃薯、桃、李、梨、葡萄等对硫磺敏感；2. 不与其他农药混合使用

2. 有机杀菌剂

有机杀菌剂有多个类别。有机硫类杀菌剂，其种类多、保护性能好，能防治多种病害，具有高效、低毒、对植物安全的特点(表 7-9)。

表 7-9 有机杀菌剂常用品种

名称	毒性	作用	剂型	防治对象	使用方法	注意事项
代森锌	低毒	保护性	80％可湿性粉剂	锈病、霜霉病、疫病、叶霉病、根腐病等	用 600～800 倍液喷雾	不与碱性及铜制剂混用
代森锰锌	低毒	保护性	50％、70％、80％可湿性粉剂、43％悬浮剂、40％乳粉	霜霉病、疫病、炭疽病以及果树落叶病、炭疽病、黑星病	发病初期稀释 600～1 000 倍液喷雾	不要使药液溅入眼睛和皮肤上，注意防潮
福美双	低毒	保护性	单有效成分为 50％可湿性粉剂	蔬菜立枯病、花椰菜黑根病；番茄、瓜类幼苗立枯病、防治黄瓜炭疽病、白粉病、霜霉病，苹果梨黑星病及葡萄白腐病等	用 0.25％拌种；0.2％拌床土；1 000 倍液喷雾及葡萄白腐病等	不可与铜制剂混用；处理过的种子不可食用或作饲料用
克露	低毒	保护性	72％可湿性粉剂	霜霉病、疫病等	72％可湿性粉剂稀释 600～800 倍液喷雾	

续表 7-9

名称	毒性	作用	剂型	防治对象	使用方法	注意事项
乙磷铝	低毒	内吸性杀菌剂	40%、80%可湿性粉剂、90%可溶性粉剂	霜霉病、细菌性角斑、白粉病;番茄的早疫病、青枯病;茄子褐纹病、大白菜的软腐病、黑腐病、腐烂病等	80%可湿性粉剂400～800倍液喷雾、灌根、浸渍、拌种等	易吸潮注意贮存干燥处
多菌灵	低毒	内吸性	25%、40%可湿性粉剂、40%悬浮剂、20%多森铵悬浮剂	灰霉病、叶霉病、褐斑病、菌核病等;葡萄黑星病、葡萄白腐病、苹果褐斑病等	500～100倍液喷雾	不与铜制剂混用
甲基托布津	低毒	内吸、治疗、保护	36%、50%、70%可湿性粉剂	黄瓜的蔓枯病、炭疽病、番茄的枯萎病、斑点病、灰斑病、炭疽病、灰霉病、果腐病、叶斑病等	1. 用36%悬浮剂500～600倍液喷雾或灌根。2. 用50%甲基硫菌灵可湿性粉剂1 kg与50 kg细土拌匀,制成药土,用药剂22.5 kg/hm²	1. 在蔬菜收获前14 d停用。2. 本剂不能与碱性药剂及含铜药剂混用
噻菌灵	低毒	内吸	42%、45%悬浮剂、20%烟剂	灰霉病、白粉病	1. 将45%特克多悬浮液对水1 000倍液。2. 熏蒸:用20%烟剂3.75 kg/hm²熏蒸	不能与含铜药剂紧接前后使用
百菌清	低毒	保护、治疗	75%可湿性粉剂、10%油剂、2.5%、10%、20%、28%、30%、45%烟剂、5%粉剂、40%悬浮剂	灰霉病、斑枯病、早疫病、晚疫病、绵腐病、褐纹病、黑斑病、炭疽病	每667 m²用75%可湿性粉剂80～100 g对水50 kg喷雾,隔7～10 d喷1次,连喷2～3次	1. 不能与强碱性农药混用 2. 梨、柿对百菌清较敏感,不可施用

145

续表 7-9

名称	毒性	作用	剂型	防治对象	使用方法	注意事项
三唑酮	低毒	内吸	5％、15％、25％可湿性粉剂；25％粉剂、20％油剂、15％烟雾剂、20％、25％悬浮剂	白粉病、锈病	每 667 m² 用 25％可湿性粉剂 15 g 对水 50 kg 喷雾	可与代森锌、敌百虫等多种农药混合使用
烯唑醇	中毒	保护、治疗	2％、12.5％可湿性粉剂	白粉病、锈病和梨黑星病	用 12.5％可湿性粉剂 3 125～6 250 倍稀释液喷雾	不能和碱性物质混用，以免分解失效
世高	低毒	内吸	10％水分散粒剂	叶斑病、炭疽病、虫疫病、白粉病、锈病	10％水分散粒剂 6 000～8 000 倍液喷雾	
腈菌唑	低毒	内吸	12.5％、25％乳油。12.5％可湿性粉剂	白粉病	12.5％乳油 3 000～5 000 倍液喷雾	本品易燃
杀毒矾	低毒	内吸	64％可湿性粉剂	早、晚疫病、褐斑病、猝倒病、黄萎病	64％可湿性粉剂 600～800 倍液喷雾	
腐霉利	低毒	内吸	50％可湿性粉剂；10％、15％烟剂	葡萄、草莓、黄瓜、番茄灰霉病、黄瓜、番茄菌核病桃、樱桃褐腐病	用 50％可湿性粉剂 1 000～2 000 倍稀释液，每 667 m² 药液 50 L	不能与碱性农药混用，不宜与有机磷农药混配

四、除草剂

除草剂也叫除莠剂，是专门用于农田灭除杂草和有害植物的化学药剂。常用化学除草剂品种见表 7-10。

表 7-10　常用化学除草剂品种

名称	毒性	作用特点	剂型	应用范围	使用方法	注意事项
氟乐灵	低毒	对杂草有选择性触杀作用	48%乳油	可防除胡萝卜、芹菜、香菜田中稗草、牛筋草、马唐、画眉草、狗尾草、雀麦草、野苋、藜、马齿苋、猎毛菜、蓼、看麦娘、婆婆纳	氟乐灵可作土壤处理，也可作播后苗前土壤处理和苗后施药。每 667 m² 用 100～150 mL，加水40～50 kg 均匀地喷雾在土壤表面	氟乐灵对黄瓜、菠菜有药害
敌草胺	低毒	对杂草有选择性芽前除草作用	50%可湿性粉剂、20%乳油	苗床可用于茄子、甜椒、番茄、白菜等作物防除稗草、马唐、牛筋草、千金子、看麦娘等一年禾本科杂草和凹头苋、马齿苋等部分一年生阔叶杂草	敌草胺可在作物播后苗前或移栽前作土壤处理，也可在作物生长期杂草萌芽前施药。每 667 m² 用 20%敌草胺乳油 200～250 mL 或 50%可湿性粉剂 100～150 g 加水 40～50 kg 均匀地喷雾在土壤表面	对米苋和莴苣有轻微的影响，对芹菜有较明显的抑制生长作用
乙草胺	低毒	对杂草有选择性输导型芽前除草作用	50%、90%乳油；20%可湿性粉剂	可防除蔬菜田中稗草、马唐、狗尾草、牛筋草、看麦娘、千金子、马齿苋、繁缕、猪殃殃等杂草	用在定植前或定植缓苗后，用 50%乳油 1 125～1 500 mL，对水 450 kg	本剂不能与碱性物质混用。在瓜类、韭菜、菠菜作物上易产生药害
丁草胺	低毒	对杂草有选择性内吸传导芽前除草作用	50%、60%乳油、25%高渗乳油	可防除番茄、茄子、辣椒中稗草、马唐、狗尾草、牛毛草、蟋蟀草、鸭舌草、马齿苋、野苋、节节草等杂草	播后苗前用 60%乳油 750 g 对水 750～900 kg 喷雾	在瓜类和茄果类蔬菜播种期，使用本剂有一定药害，慎用

147

续表 7-10

名称	毒性	作用特点	剂型	应用范围	使用方法	注意事项
扑草净	低毒	对杂草有选择性内吸传导芽前除草作用	25%、50%可湿性粉剂	可防除黄瓜、冬瓜、瓠中马唐、灰菜、荠菜、狗尾草、牛毛草、车前草、马齿苋、野苋等杂草	在播后苗前处理土壤或苗期处理土壤。每公顷可用50%可湿性粉剂1 500 g对水750 kg	沙质土不宜使用
嗪草酮（赛克津）	低毒	对杂草有选择性内吸传导芽前除草作用	50%、70%可湿性粉剂；75%干悬浮剂	可防除马铃薯、番茄田中蓼、藜、苋、马齿苋、苦苣菜、田芥菜、繁缕、稗草、狗尾草、黄花蒿等	在播后苗前处理土壤或苗期处理土壤。用70%可湿性粉剂375～525 g/hm² 对水450～750 kg	沙质土不宜使用
草甘膦	低毒	以杂草有内吸型广谱灭生性除草作用	12%、16%、41%水剂	可防除韭菜、黄花菜田里白茅、狼尾草、双穗雀稗、狗牙根、黄（紫）香附等杂草	如果韭菜、黄花菜田每公顷可用41%农达水剂4.5 L对水450 kg。菜地内无蔬菜，用10%水剂7.5～15 kg对水900～1 125 kg	在贮存和使用过程，不宜用金属容器
苄嘧磺隆（农得时、威农）	低毒	选择性内吸传导型除草剂	10%可湿性粉剂	主要用于水生蔬菜茭白田，防除阔叶杂草和莎叶杂草，如鸭舌草、眼子菜、节节菜等杂草	茭白移栽后5～7 d或宿生茭白返青后，杂草萌发期，每667 m² 用10%农得时可湿性粉剂15～20 g，拌在15～20 kg细潮土撒施	对农得时敏感，不能使用
西马津	低毒	选择性内吸传导型土壤处理除草剂	40%悬浮剂；50%可湿性粉剂	可用于果园、茶园、玉米等作物，防除一年生杂草和种子繁殖的多年生杂草，也防除一年生阔叶杂草	每667 m² 用50%西马津可湿性粉剂200～300 g，加水40～50 kg均匀喷雾在土壤表面	十字花科蔬菜对它高度敏感

续表 7-10

名称	毒性	作用特点	剂型	应用范围	使用方法	注意事项
莠去津(阿特拉津)	低毒	选择性内吸传导型苗前、苗后除草剂	38%胶悬剂	可用于果园、茶园、葡萄园、玉米等作物,防除一年生禾本科杂草和种子繁殖的多年生杂草,也防除一年生阔叶杂草	早春杂草出土前作土壤处理,每 667 m² 用 38%胶悬剂 200~250 mL,加水 40~50 kg 均匀喷雾在土壤表面	蔬菜和桃树对本剂敏感
灭草松(苯达松、百草丹)	低毒	有机环类触杀型选择性苗后除草剂	48%水剂	可用于豆科菜田、果园、茶园防除多种莎草科杂草和阔叶杂草	杂草 3~4 叶期茎叶处理,每 667 m² 用 48%苯达松水剂 100~150 mL,对水 40~50 kg,定向喷雾	干旱和水涝的田块,不宜使用本剂
精恶唑禾草灵(骠马)	低毒	选择性内吸传导型茎叶处理除草剂	6.9%浓乳剂	适用于果园、茶园中的多种阔叶作物和蔬菜田防除一年生和多年生禾本科杂草	每 667 m² 用 6.9%浓乳剂 50~60 mL 均匀喷雾杂草茎叶	

[作业单 2]

你学习农药知识后把正确答案填写括号内。

(1)防治白粉病首选药物(　　　)

A. 百菌清　　　　B. 三唑铜　　　　C. 敌力脱　　　　D. 多菌灵

(2)下面(　　　)是植物农药。

A. 辛硫磷　　　　B. 三唑铜　　　　C. 氟乐灵　　　　D. 烟碱

(3)下面(　　　)是有机磷类农药。

A. 辛硫磷　　　　B. 三唑铜　　　　C. 功夫乳油　　　　D. 烟碱

(4)下面(　　　)是拟除虫菊酯类农药。

A. 乐果　　　　B. 多菌灵　　　　C. 功夫乳油　　　　D. 除虫菊素

(5)下面(　　　)是有机氮农药。

A. 乐果　　　　B. 吡虫啉　　　　C. 功夫乳油　　　　D. 除虫菊素

（6）下面（　　　）是微生物类农药。

A. Bt B. 西维因 C. 灭扫利 D. 灭幼脲

（7）下面（　　　）是特异性农药。

A. 白僵菌 B. 西维因 C. 灭扫利 D. 灭幼脲

（8）下面（　　　）是非内吸类杀菌剂。

A. 绿僵菌 B. 西维因 C. 白菌清 D. 多菌灵

（9）下面（　　　）是内吸类杀菌剂。

A. 甲基托布津 B. 西维因 C. 白菌清 D. 克露

（10）下面（　　　）是除草剂。

A. 辛硫磷 B. 世高 C. 氟乐灵 D. 烟碱

（11）波尔多液是（　　　）。

A. 除草剂 B. 杀菌剂 C. 杀线虫剂 D. 杀虫剂

（12）石硫合剂是（　　　）。

A. 除草剂 B. 杀菌剂和杀螨 C. 杀线虫剂 D. 杀虫剂

（13）下列（　　　）是杀线虫剂。

A. 米乐尔 B. 世高 C. 氟乐灵 D. 烟碱

［技能单1］ 波尔多液配制技术

（一）目的要求

掌握波尔多液配制方法及其质量鉴别法。

（二）药品和用具

硫酸铜、生石灰、水、硫磺粉、牛角勺、试管、天平、量筒、烧杯、玻璃棒、试管架、盛水容器、研钵、试管刷、小铁刀、石蕊试纸等。

（三）内容与方法

1. 原料配比

1％等量式波尔多液，原料配比为硫酸铜：生石灰：水＝1：1：100。

方法1：稀硫酸铜液注入浓石灰乳法。用 4/5 水溶解硫酸铜，用另 1/5 水消解生石灰，然后把稀硫酸铜溶液倒入浓石灰乳中，注意要慢倒，并不断搅拌，直到呈天蓝色波尔多液为止。

方法2：两液同时注入法。各用一半的水分别溶解硫酸铜和生石灰，然后同时将两液注入第三个容器，注意要慢倒，并不断搅拌，直到呈天蓝色波尔多液为止。

方法 3：生石灰乳注入硫酸铜液法。原料准备同法 1，但将石灰乳注入硫酸铜液中，注意要慢倒，并不断搅拌。

方法 4：用风化已久的石灰代替生石灰，配制方法同方法 1。

注意：少量配制波尔多液时，硫酸铜和生石灰要研细；若用块状石灰加水消解时，一定要用少量水慢慢加入，使生石灰逐渐消解化开。

2. 质量鉴别

（1）物态观察 观察比较不同方法配制的波尔多液的质地和颜色，质量优良的波尔多液应为天蓝色胶态乳状液。

（2）酸碱度测试 用 pH 试纸测定其酸碱性，以碱性为好，即试纸显蓝色。

（3）置换反应 用磨亮的小刀或铁钉插入波尔多液片刻，观察刀面有无镀铜现象，以不产生镀铜现象为好。

（4）沉淀测试 将制成的波尔多液分别同时装入 100 mL 量筒中静置 30 min，比较其沉淀情况，沉淀越慢越好，过快者不可采用。

（四）完成技能单

将不同方法配置的波尔多液质量测试项目填入表 7-11。

表 7-11 波尔多液质量测试项目

配置方法	悬浮率（沉淀情况）			物态现象	酸碱测定	置换反应	备注
	30 min	60 min	90 min				
稀硫酸铜液注入浓石灰乳法							
两液同时注入法							

［技能单 2］ 石硫合剂熬制技术

（一）目的要求

掌握石硫合剂熬制方法、使用方法及注意事项。

（二）材料与用具

生石灰、硫磺粉、水。

台秤（或天平秤）、玻璃棒、研钵、铁锅（或 1 000 mL 烧杯）、量筒、烧杯、煤气灶（电炉）、搅拌木棒、水桶、波美比重剂等。

（三）内容与方法

（1）原料配比　生石灰：细硫磺粉：水为 1：2：（10～12），在实际熬制过程中，为了补充蒸发掉的水分，可按 1：2：15 的比例一次将水加足。当然也可采用其他配比方法，如生石灰：细硫磺粉：水为 1：2：8，或 1：1：10 等。

（2）具体熬制方法

①先将水放入锅中加热，待水温达 60～70℃时，从锅中取出部分水将硫磺粉调成糊状，并用另一容器盛出部分水留作冲洗用。

②将优质生石灰放入锅中，调制成石灰乳，继续煮沸。

③将硫磺糊慢慢倒入煮沸的石灰乳中，边倒边搅，并用盛出的水冲洗，全部倒入锅中。

④继续煮沸，并不断搅拌，开锅后继续煮沸 40～60 min。此过程颜色的变化是黄、橘黄、橘红、砖红、红褐。

⑤待药液变成红褐色，渣滓变成黄绿色，并有臭鸡蛋气味时，即停火冷却，滤去渣滓，即为石硫合剂原液。使用时直接对水稀释即可。

（3）原液浓度测定　将冷却的原液倒入量筒，用波美比重计测定浓度，注意药液的深度应大于比重计之长度，使比重计能漂浮在药液中。观察比重计的刻度时，应以下面一层药液面所表明的度数为准。

（四）作业

1. 根据熬制实际测定波美度需配制 5 波美度石硫合剂 15 kg 药液需原液多少 kg？

2. 请做好石硫合剂熬制准备工作并填写表 7 至表 12。

表 7-12　石硫合剂配制准备工作

材料准备	用具	配比	熬制方法	使用方法

［资料单 4］ 农药科学使用方法

一、农药的喷施方法

(一)喷粉法

用喷粉器械将药粉均匀地吹散到作物和防治对象上的方法。使用剂型：田间喷粉采用低浓度的粉剂、防飘移粉剂(加凝聚剂)，温室等保护地也还可用超微粉剂。高浓度粉剂(又称高浓度母粉)需与一定细度的填料混合。

药液用量：一般用药量 $22.5\sim30.0$ kg/hm²。

(二)喷雾法

利用喷雾器械使药液在压力和离心力的作用下雾化并均匀地覆盖在作物和防治对象上的施药方法。

使用剂型：乳油、可湿性粉剂、胶悬剂、水剂、可溶性粉剂、油剂等。

喷雾法有三种方法：

(1)常规喷雾法 每 667 m² 用药量在 $50\sim60$ kg；

(2)低容量喷雾法 每 667 m² 用药量在 $3\sim5$ kg；

(3)超低容量喷雾法 一般每公顷用药量在 5 250 mL 以下。

技术要求：喷洒均匀，覆盖完全；注意农药和药械的理化性能、植物体表面的茸毛、蜡层等结构以及水质等对喷雾质量的影响；不要在大风、雨天用药。

(三)撒施法

将药剂扬撒于田间或定位放入心叶、穴丛中的施药方法。所用的剂型有粒剂、人工拌制的毒土、毒肥(农药与化肥混合)等，粒剂用量因农药品种而异；人工拌制的毒土，用 10～20 筛目的细土 $225\sim300$ kg/hm²。撒施法工效高。

(四)种苗处理法

包括拌种、浸种、蘸秧等几种。用药粉与种子在干燥的条件下拌匀，或用一定量的药液与种子拌和后，再堆闷一段时间，使种子吸进药液，这两种方法都叫拌种，前者叫干拌，后者叫湿拌(或闷种)。将种子浸入一定浓度的药液中，经一段时间后取出晾干再播种的方法叫浸种法；将秧苗在一定浓度的药液中浸泡一段时间或蘸一下再移栽的方法叫浸秧法或蘸秧法。

种子干拌采用粉剂，用药量多为种子量的 $0.2\%\sim1\%$；而湿拌和浸种、蘸秧使用的是水剂、乳油、可湿性粉剂等剂型。浸种温度要在 $10\sim20℃$ 以上，容器内药液高出种子 5～10 cm。刚萌动的种子和幼苗对药剂很敏感，对此处理应慎重。

（五）土壤处理法

将农药施于土壤中的方法，有撒施后覆土、穴施、条施、灌施等几种。主要防治土中或根部病虫草害，5％辛硫磷颗粒剂穴施或条施防治地下害虫，大白菜灌根防治地蛆，土壤注射器注施防治线虫等。土壤处理法药效易受土壤的理化性质、雨水径流等影响。

（六）毒饵法

将胃毒剂与饵料混合制成毒饵，投放在害虫、老鼠出没的地方，这种施药法叫毒饵法。常用的饵料有禾谷类的种子、糠麸以及油籽饼、薯类、鲜野菜、干鱼等，用药量为饵料量的 1％～3％，用毒饵量为 22.5～30 kg/hm²（干饵料计）或 112.5～150 kg /hm²（鲜饵料计）。

（七）熏蒸法与熏烟法

利用熏蒸剂或易挥发的药剂来熏杀有害生物的方法叫熏蒸法；利用烟剂点燃后发出的浓烟来熏杀有害生物的方法叫熏烟法。该两种方法宜在温室、仓库等密闭条件下或作物茂密情况下进行。密闭场所熏杀后要充分通风换气，掌握好熏杀时间，操作人员做好安全防护，避免中毒。田间熏杀如百菌清烟剂。

二、科学使用农药技术

农药的合理安全使用就是要充分发挥农药的药效；减少其对人畜及其他有益生物的毒害；克服有害生物抗药性的产生，即达到"经济、安全、有效"的目的。

（一）对症施药

农药品种很多，特点不同。要根据防治对象的类别和习性特点，选择最适合的对症品种。如杀虫剂不能防治作物的病害；胃毒杀虫剂不宜用来防治刺吸式口器的害虫；杀菌剂中的硫制剂对白粉病有效，而对霜霉病无效等。因此，我们应充分了解农药的有效防治对象，做到对症下药，才能充分发挥药效。

（二）适时施药

施药时期应根据有害生物的发生规律、作物生长情况和农药品种综合考虑来制定。做好测报工作，选择在有害生物的最敏感阶段或最薄弱环节进行施药，才能取得好的效果，如果蔬病害的发生初期，害虫的低龄阶段；避免作物的花期和天敌的敏感期；芽前除草剂绝不能在芽后使用等。农药不可过早或过晚使用；避免造成浪费或无效。

(三)准确药量

准确控制单位面积用药量,药液浓度和用药次数,应使用最低有效浓度和最少施药次数,并严格按农药说明书推荐的用量,不能任意增减药量,不称不量随手倒,主观安排用药次数、间隔天数,甚至打"打保险药"。否则必将造成作物药害或影响防治效果。

(四)讲究方法

为减少农药对环境污染,保护天敌及作物安全,凡种子处理、土壤处理、性诱剂、毒饵、各种缓释剂等方式有效的应尽量采用。根据农药种类和剂型选择适宜的用药方法,如可湿性粉剂不能喷粉,粉剂不能对水喷雾等;不要在雨天和大风天气用药;高温时采用低药量等。

(五)轮换用药

在一个地区长期连续使用同一品种的农药,容易使有害生物产生抗药性,特别是一些菊酯类杀虫剂、内吸性杀菌剂、抗凝血类杀鼠剂等都有容易产生抗药性。轮换使用不同的农药品种,是延缓产生抗药性的有效方法。

(六)混合用药

不同品种的农药与化肥的混合使用,可起到兼治、省工、防止抗药性产生等优点,但并非所有农药都能混用,以没有不良反应,降低药效或作物药害的产生为原则。

三、使用农药与环境保护

(一)农药对有益昆虫的影响

施用农药后对节肢动物产生不良影响,如农药直接杀伤天敌,使某些害虫失去自然控制能力,害虫再发生频度增多,发生量加大。即使对天敌安全的农药,如将作为天敌的唯一食物的害虫全部杀死,也会因天敌缺乏食物,使数量大幅度减少,失去对害虫的自然控制力,同样也可导致害虫再猖獗。

(二)农药对环境的污染

施用在田间的农药,少部分在生物或非生物因素的单独或共同作用下,降解为无毒物质,大部分以原农药分子或具有一定毒性的农药分子转化物,存在于植物体内和大气、水体、土壤等自然环境中,一些稳定性强的农药,能在环境中较长期的残留,对环境造成污染,污染环境中的农药及其转化物,以各种途径、形式进入人体,对人体造成潜在危害,尽量减少农药的用量、施用次数,选用适当的施药方法和高效、低毒、低残留的农药品种,减轻农药对环境的污染。

四、农药安全使用

农药本来是由于人类生产和生活的需要而被开发使用的,在实际生产生活中也确实起到了良好的作用,但是作为一类对生物能起某种毒杀、调节作用的物质,在广泛大量使用之后,对人类的健康也存在着直接或间接的危害。

引起中毒的农药大都是随食物、空气和饮用水等通过口腔、呼吸道、皮肤渗透等途径进入人体的。不论我国还是发达国家,也不论是以前还是现在,在食物、空气、水中都有检出大量农药残留的报道。

(一)农药的毒性和毒力

1. 毒性

毒性是指农药对人、畜和有益生物等的毒害性质。通常是用原药对大白鼠、小白鼠、兔、狗等试验动物测定而获得的。

衡量农药急性毒性的高低,通常用大白鼠一次受药的致死中量即半数致死量(LD_{50})作标准。

致死中量(LD_{50}):是指杀死试验生物一半(50%)时,每千克供试生物体重所需药物的毫克数,单位 mg/kg。依据 LD_{50} 分为高毒、中等毒、低毒 3 种(表7-13)。

7-13　农药急性毒性分级标准

给药途径		毒性		
		高毒	中等毒	低毒
LD_{50}	(大白鼠经口)mg/kg	<50	50～500	>500
LD_{50}	(大白鼠经皮)24 h,mg/kg	<200	200～1 000	>1 000
LD_{50}	(大白鼠吸入)1 h,g/m³	<2	2～10	>10

根据给药时间的长短和给药剂量的大小常把农药中毒分为急性中毒和慢性中毒。

(1)急性中毒　农药对人引起的急性中毒都发生于不合理地使用农药,误食或职业性操作不当,以及在运输、贮藏过程中不按操作规程等情况下,导致在短时间内表现出中毒症状,如恶心、头痛、呕吐、抽搐、痉挛、呼吸困难,甚至死亡。急性中毒多出现于毒性高、局部环境中存在高浓度农药或大量进入体内引起的。在施用农药时,有的人对某些农药表现特别敏感,也易引起急性中毒。

(2)慢性中毒　慢性中毒是由于长期接触或食入较低剂量的农药后,在体内积累,引起正常生理机能和代谢过程发生变化而引起的毒害作用,如引起贫血和心肌层组织病变等,但最引人关注的是致畸、致突变、致癌及其对后代的影响。农药(包括有毒代谢物)在食品及环境中的残留,逐渐进入人体引起的慢性中毒事件也是很普遍的。

2.毒力

毒力是指药剂本身对有害生物的毒害程度,多在室内人为控制条件下精密测定。

(二)必须加强农药管理

农药要有坚固且带有说明的包装;要有专门贮存处,绝对不准和食品、饲料、餐具等混放在一起,也不能临时放在儿童容易拿到的地方。

(三)严格遵守操作规程

首先要检查药械是否完好,配药与施药时要穿着长裤、长袖衣服,戴口罩、手套。操作时要隔行打药,顺风施药,不准吃东西。应避免在高温下施药;施药后,对农药废包装袋、瓶要妥善处理,不能乱抛。配药和施药的器具应在不污染水源和鱼塘处洗净,同时要及时用肥皂清洗手、脸、衣裤等。

(四)控制高毒农药使用

2007 年 1 月 1 日起,全国全面禁止销售和使用甲胺磷、对硫磷、甲基对硫磷、久效磷、磷胺等。高毒农药不准用于蔬菜、茶叶、果树、中药材等作物,不准用于防治卫生害虫与人、畜皮肤病。严禁在鱼、虾、青蛙等有益生物上使用。

157

五、绿色食品农药使用标准

(一)生产 AA 级绿色食品的农药使用准则

1.允许使用农药

(1)中等毒性以下植物源杀虫剂、杀菌剂、拒避剂和增效剂,如除虫菊素、鱼藤根、烟草水、大蒜素、苦楝、川楝、芝麻素等。

(2)释放寄生性捕食性天敌动物,如昆虫、捕食螨、蜘蛛及昆虫病原线虫等。

(3)在害虫捕捉器中允许使用昆虫信息素及植物源引诱剂。

(4)允许使用矿物油和植物油制剂。

(5)允许使用矿物源农药中的硫制剂、铜制剂。

(6)经专门机构核准,允许有限度使用活体微生物农药,如真菌制剂、细菌制剂、病毒制剂、放线菌、拮抗菌剂、昆虫病原线虫等。

(7)允许有限度地使用农用抗生素,如春雷霉素、多抗霉素、井冈霉素、农抗

120、中生菌素、浏阳霉素等。

2. 不允许使用农药

(1)禁止使用有机合成的化学杀虫剂、杀螨剂、杀菌剂、杀线虫剂、除草剂和植物生长调节剂。

(2)禁止使用在生物源、矿物源农药中混配有机合成农药的各种制剂。

(3)严禁使用基因工程品种（产品）及制剂。

（二）生产 A 级绿色食品的农药使用准则

在使用生产 AA 级绿色食品的农药外，不能满足植保工作需要的情况下，允许使用以下有机合成农药。

(1)杀菌剂　三唑酮、克菌丹、灭菌丹、百菌清、甲基托布津、克露、世高、福星、大生、甲霜灵。

(2)杀虫剂　乐斯本（毒死蜱）、吡虫啉、灭扫利、尼索朗、杀灭菊酯等。这类农药在果蔬生长期内一般只允许喷一次。

阅读农药科学使用方法资料单后完成作业单。

［作业单3］

（一）填空题

1. 农药的喷施方法（　　　　　）、（　　　　　）、（　　　　　）、（　　　　　）、（　　　　　）、（　　　　　）。

2. 毒性是指农药对（　　　　　）和有益生物等的毒害性质。

3. 致死中量（LD_{50}）是指杀死试验生物（　　　　　）时，每千克供试生物体重所需药物的毫克数。依据（　　　　　）分为高毒、（　　　　　）、低毒 3 种。

4. 毒力是指药剂本身对（　　　　　）的毒害程度，多在室内人为控制条件下精密测定。

5. 2007 年 1 月 1 日起，全国全面禁止销售和使用（　　　　　）、（　　　　　）、（　　　　　）、（　　　　　）、（　　　　　）。

（二）简答题

1. 怎样科学使用农药？

2. 生产 AA 级绿色食品的农药使用准则是什么？

3. 生产 A 级绿色食品的农药使用准则是什么？

4. 怎样安全使用农药？

计划实施 7

(一)工作过程的组织

5～6 个学生分为一组,每组选出一名组长。共同研究讨论。

(二)材料与用具

各类农药、农药基础知识书集、录像、图片、笔记本、喷雾器、天平、量筒等。

(三)实施过程

1.收集农药基础知识资料;

2.每人进行田间药效试验设计方案;

3.对田间药效试验设计进行方案评定,每组选出设计合理方案;

4.按合理方案小组组织农药配制;

5.小组田间实施;

6.药效检查与计算;

7.药效试验总结写作。

评价与反馈 7

完成农药配制及安全使用工作任务后,进行自我评价、小组评价、教师评价。考核指标权重:自我评价占 20%,小组互评占 40%,教师评价占 40%。

(一)自我评价

根据自己的工作态度、完成农药配制和使用任务的完成情况实事求是地进行自我评价。

(二)小组评价

组长根据组员完成任务情况对组员进行评价。主要从小组成员配合能力、农药配制和使用的效果给组员进行评价。

(三)教师评价

教师评价是根据学生学习态度、作业单、技能单、出勤率四个方面进行评价。

(四)综合评价

综合评价是把个人评价,小组评价,教师评价成绩进行综合,得出每个学生完成一个工作任务的综合成绩。

(五)信息反馈

每个学生对教师进行评议,提出对工作任务建议。

工作任务 8 蔬菜病虫害综合防治历

任务描述

　　了解安全蔬菜病虫害防治历的内容和形式,掌握安全蔬菜病虫害防治历制定的依据和原则,正确制定蔬菜病虫害防治历与组织实施。

目标要求

　　完成本学习任务后,你应当能:(1)知道各类蔬菜病虫害种类;(2)明确各类蔬菜病虫害发生时期;(2)明确各类蔬菜虫害形态特征、危害特点、发生规律;(3)明确各类蔬菜病害症状、病原、发生规律;(4)找出各类蔬菜病虫害防治有效方法;(5)完成一种蔬菜综合防治历的制定。

内容结构

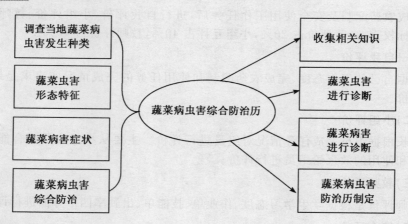

相关资料

　　(1)调查当地蔬菜病虫害发生种类;(2)各类蔬菜虫害形态特征、危害特点、发生规律;(3)各类蔬菜病害症状、病原、发生规律;(4)蔬菜栽培知识;(5)一种蔬菜病虫害综合防治历制定方法。

［资料单 1］　十字花科蔬菜病虫害

(一)十字花科蔬菜虫害

十字花科虫害主要有菜粉蝶、小菜蛾、蚜虫类(见茄科类虫害)、菜螟、菜蝽、夜蛾类、黄曲条跳甲、根蛆类、地老虎(见葫芦科类虫害)、蛴螬(见葫芦科虫害)等害虫。

1. 菜粉蝶

菜粉蝶为鳞翅目粉蝶科。幼虫叫菜青虫。主要危害是十字花科的甘蓝、花椰菜、白菜、萝卜、芥菜和油菜等。

(1)危害特点　以初龄幼虫在叶背啃食叶肉,残留表皮,呈小型凹斑。3龄以后吃叶成孔洞和缺刻。严重时只残留叶柄和叶脉。同时排出大量虫粪,污染叶面和菜心。由于幼虫危害造成的大量伤口,软腐病菌容易侵入,常引起软腐病大发生,造成严重减产。

(2)形态特征　成虫体长 19 mm,翅展 45～55 mm;全身布满白色鳞片。前翅顶角有一个三角形黑斑,中室外侧有两个圆形黑斑,靠近顶角的黑斑颜色较深。雌蝶前翅翅基黑色向翅中部延伸,几乎占全翅的 1/2。雄蝶前翅后缘黑斑不明显,翅基也没有黑色部分。卵为子弹头状,长约 1 mm,卵散产,竖立,初产时乳白色,后渐变橙黄色,卵表面有许多纵列及横列的脊纹,形成长方形小格;老熟幼虫体长 28～30 mm,青绿色,背中线黄色,细而不明显,体壁密布细小黑色毛瘤,上生细毛,沿气门线有黄色斑点一列。蛹长为 18～21 mm,纺锤形,两端尖细,中部膨大,体背有三条纵脊,体色随环境而异,有灰黄、灰褐、青绿色。(图 8-1)。

(3)发生规律　菜粉蝶是一年多代的害虫,在我国大部分地区以春末夏初(4～6月)和秋季(9～10月)两次盛发。北京地区一年发生 5 代,以蛹越冬。越冬场所多在秋季危害地附近的屋墙、风障、树干上以及砖头、杂草或枯枝落叶间,即在干燥而日光不直接照射、昼夜温差小的环境里越冬。越冬蛹于 2 月末至 3 月初开始羽化,由于越冬场所不同,越冬蛹羽化持续时间很长,直到 4 月下旬才羽化结束,致使以后世代重叠。成虫交配后 2～3 d 开始产卵,成虫只在白天活动,晚上栖息在生长较茂密的植物上。每头雌虫平均产卵 130 多粒。菜粉蝶幼虫的适宜发育条件是:气温 16～31℃,相对湿度 60％～80％,其中最适温度为 20～25℃。气温超过 32℃,相对湿度在 60％以下,则幼虫会大量死亡。雨多而且强度大,可使卵粒脱落,低龄幼虫死亡。多风、风力大,也可使卵粒脱落,无效卵增加,影响菜粉蝶数量的消长。

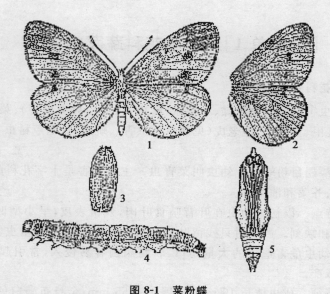

图 8-1　菜粉蝶
1.雌成虫 2.雄成虫前后翅 3.卵 4.幼虫 5.蛹

（4）防治方法

①农业防治。合理布局，将白菜类蔬菜中的早、中、晚熟品种和生长期长短不同的品种与其他蔬菜错开种植，或相隔一定的距离，可减轻害虫的危害。尽量避免十字花科蔬菜连作。收菜后及时清洁田园，可减少虫源。适当调整播期，使蔬菜苗期避开害虫的危害盛期，可减轻受害。

②生物防治。Bt 乳剂（含活孢子量 100 亿/g 以上）每 667 m² 用原药 100 g 或采用 1 000 倍液防治。寄生幼虫的天敌有黄绒茧蜂和微红绒茧蜂等。寄生卵的天敌有广赤眼蜂。此外，还有捕食性昆虫、蜘蛛、蛙类、鸟类等。

③药剂防治。2.5％鱼藤酮乳油每 667 m² 用 100 mL，对水 40～50 L（有效成分 25 g）喷雾；0.3％印楝素乳油用 1 500～2 000 倍液喷雾；20％灭幼脲 1 号或 25％灭幼脲 3 号悬浮剂 500～1 000 倍液喷雾。生产有机蔬菜、绿色蔬菜可采用上述防治方法。如果生产无公害蔬菜除上述方法之外还可以在施药适期应用有机磷、菊酯类药。如 40％菊杀乳油、40％菊马乳油 2 000～3 000 倍液，或 2.5％敌杀死乳油、20％氰戊菊酯乳油 3 000～5 000 倍液喷雾，每隔 7 d 防治一次。

2. 小菜蛾

小菜蛾是小菜蛾属鳞翅目菜蛾科。寡食性害虫，主要危害十字花科蔬菜和野生十字花科植物，在十字花科蔬菜中，最喜食甘蓝、花椰菜、苤蓝，其次是白菜、萝

162

卜、油菜。

(1)危害特点　初孵幼虫钻入植物叶肉组织内危害,造成细小隧道,1龄末或2龄初,从叶肉内钻出,到叶背取食叶肉,仅留叶面表皮,形成透明斑,农民称"开天窗"。3~4龄将叶食成孔洞,严重时叶片呈网状。幼虫有集中危害菜心的习性。幼虫对留种菜除危害嫩叶外,还危害嫩茎、嫩荚,可将种子咬食一空,严重影响菜籽的产量。

(2)形态特征　成虫体长6~7 mm,翅展12~15 mm。雄蛾前翅灰黑色或灰白色,雌蛾淡灰褐色。前后翅线毛长,前翅毛翘起如鸡尾。组成三个连串的黄白色斜方块;卵为淡黄色,扁平,椭圆形。表面光滑,单产或3~5粒排列在一起,多产于叶背;幼虫淡绿色,老熟幼虫体长10~12 mm,体上有稀疏长而黑的毛。整个虫体呈纺锤状,臀足向后伸长;蛹淡黄绿色,长5~8 mm,外有灰白色如纱的丝茧,从外面可见到蛹体(图8-2)。

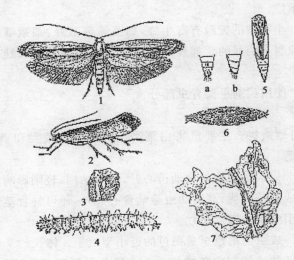

图8-2　小菜蛾
1.成虫　2.成虫侧面观　3.卵　4.幼虫　5.蛹　6.茧　7.被害状

(3)发生规律　小菜蛾一年发生2~19代,因地而异。华北地区一年发生5~6代。北京以蛹在向阳处的残株落叶或杂草间越冬。越冬蛹一般于4月间开始羽化。成虫白天隐藏在植株叶下或其他隐蔽处。晚间活动,高峰时间在19~21点。成虫有远距离迁飞现象。对黑光灯有强烈的趋性。成虫羽化即可交配,交配后1~2 d开始产卵,成虫产卵期可达10 d,平均每头雌虫产卵100~200粒,卵散产或数粒在一起,多产于寄主植物叶背面的叶脉间凹陷处。卵期3~7 d。幼虫期12~

27 d,共分 4 龄。幼虫很活跃,受惊后有扭动、倒退、吐丝下垂的习性。老熟幼虫在叶脉附近或落叶上结茧化蛹,蛹期约 9 d。

(4)防治方法

①农业防治。将白菜类蔬菜的早、中、晚做品种和生长期长、短不同品种与其他蔬菜错开种植,或相隔一定距离。切断小菜蛾的食物链;加强栽培管理、增强植株的耐害性。清除田园内残株落叶。

②灯光诱杀。小菜蛾冲击能力差,掉入黑光灯下毒瓶的机会少,若加上电网,效果会更好。

③性诱剂诱杀。用雌蛾性激素粗提取物诱杀,用当天羽化的雌蛾剪取其腹末端,用二氯甲烷、酒精等溶剂进行粗提。也可用雌蛾活体。用 60 目尼龙纱(或铜纱)做成直径为 3 cm、长 12 cm 的圆筒形纱笼,与水盆、三脚架制成诱捕器,每笼内放入 1～2 头当天羽化的活雌蛾,安置在田间,一次可诱杀许多雄蛾。此法简便易行,成本低,易于推广。

④生物防治。小菜蛾的天敌有寄生蜂,如菜蛾绒茧蜂、菜蛾啮小峰、菜蛾姬蜂对小菜蛾的数量控制是明显的。捕食性天敌昆虫、捕食性螨类、蛙、鸟类及致病微生物。

⑤化学防治。使用药剂见菜青虫部分。

3. 菜螟

菜螟为鳞翅目螟蛾科。主要危害白菜类、甘蓝类、芥菜类和萝卜等根菜类蔬菜,还可危害菠菜等。

(1)危害特点　以初龄幼虫蛀食幼苗心叶,吐丝结网,轻则影响菜苗生长,重者可致幼苗枯死,造成缺苗断垅;高龄幼虫除啮食心叶外,还可蛀食茎髓和根部,并可传播细菌软腐病,引致菜株腐烂死亡。

(2)形态特征　成虫为褐色至黄褐色的近小型蛾子。体长约 7 mm,翅展 16～20 mm;前翅有 3 条波浪状灰白色横纹和 1 个黑色肾形斑,斑外围有灰白色晕圈。老熟幼虫体长约 12 mm,黄白色至黄绿色,背上有 5 条灰褐色纵纹,体节上还有毛瘤。

(3)发生规律　该虫年发生 3～9 代,在华北发生 3 代。多以幼虫吐丝缀土粒或枯叶做丝囊越冬,少数以蛹越冬。白菜类 4～11 月均受害较重。凡秋季天气高温干燥,有利于菜螟发生,如菜苗处于 2～4 叶期,则受害更重。成虫昼伏夜出,稍具趋光性,产卵于叶茎上散产,尤以心叶着卵量最多。初孵幼虫潜叶危害,3 龄吐丝缀合心叶,藏身其中取食危害,4～5 龄可由心叶、叶柄蛀入茎髓危害。

幼虫有吐丝下垂及转叶危害习性。老熟幼虫多在菜根附近土面或土内作茧化蛹。

（4）防治方法

①农业防治。因地制宜调节播期。在菜螟常年严重发生危害的地区，应按当地菜螟幼虫孵化规律适当调节播期，使最易受害的幼苗 2～4 叶期与低龄幼虫盛见期错开，以减轻危害。如大白菜、萝卜等在不影响质量前提下秋季适当迟播，可减轻危害。

②人工防治。人工捕杀。在间苗、定苗时，如发现菜心被丝缠住，即随手捕杀之。

③药剂防治。应在幼虫孵出初期和蛀心前（或心叶有丝网时）喷施 40％氰戊菊酯乳油 5 000～6 000 倍液，或 2.5％功夫乳油、20％杀灭菊酯 4 000 乳油倍液，或 40％菊杀乳油、40％菊马乳油 3 000 倍液，50％辛硫磷乳油 1 500 倍液，或 90％敌百虫晶体、80％敌敌畏乳油 1 000 倍液，或 Bt 乳剂、或杀螟杆菌、或青虫菌粉剂（微生物农药）1 000 倍液。交替喷施 2～3 次，隔 7～10 d 一次，喷匀喷足。

4. 甘蓝夜蛾

甘蓝夜蛾是鳞翅目夜蛾科。食性极杂，已知寄主达 45 科 100 余种，蔬菜主要有甘蓝、花椰菜、白菜、萝卜、油菜、茄果类、豆类、瓜类、马铃薯等。

（1）危害特点　初孵幼虫群聚叶背，啃食叶肉，残留上表皮。2～3 龄分散危害，食叶成孔，4 龄后，夜间出来暴食，仅留叶脉、叶柄，老龄幼虫可将作物吃光，并成群迁移邻田危害。大龄幼虫有钻蛀习性，常钻入叶球或菜心，排出粪便，并能诱发软腐病引起腐烂，使蔬菜失去商品价值。

（2）形态特征　成虫体长 18～25 mm，翅展 45～50 mm。灰褐色，前翅有灰黑色环状纹，灰白色肾状纹，前缘近端部有 3 个小白点，亚外缘线白而细，沿外缘有一列黑点，后翅灰色，无斑纹；卵为半球形，底径 0.6～0.7 mm，表面具放射状三序纵棱，棱间具横隔，初产黄白色，孵化前紫黑色；末龄幼虫体长 29.1 mm，初孵幼虫黑绿色，后体色多变，淡绿至黑褐不等。体节明显。背线、亚背线呈白点状细线，气门线及气门下线成一灰白色宽带，体背各节两侧有黑色条斑，呈倒八字形。第 1、2 龄幼虫缺前 2 对腹足，行走似尺蠖；蛹长约 20 mm，赤褐或深褐色，背部中央有一深色纵带，臀棘较长，具 2 根长刺，刺端呈球状（图 8-3）。

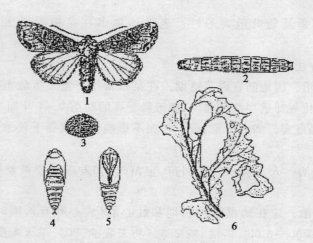

图 8-3　甘蓝夜蛾
1.成虫 2.幼虫背面观 3.卵 4.蛹(背面观) 5.蛹(腹面观) 6.叶被害状

（3）发生规律　甘蓝夜蛾在华北、华中、华东 2～3 代，各地均以蛹在土中滞育越冬。越冬蛹多在寄主植物本田、田边杂草或田埂下,第二年春季 3～6 月,当气温上升达 15～16℃时成虫羽化出土,多不整齐,羽化期较长。成虫昼伏夜出,以上半夜为活动高峰,成虫具趋化性,对糖蜜趋性强,趋光性不强,雌蛾趋光性大于雄蛾,雌蛾一生交配一次,卵多产于生长茂盛叶色浓绿的植物上。卵发育适温 23.5～26.5℃,历期 4～5 d,当 15～17℃时历期 10～12 d。卵发育温度最高为 30℃,最低为 11.5℃。幼虫发育最适温度 20～24.5℃,历期 20～30 d。幼虫老熟后潜入 6～10 cm 表土内作土茧化蛹,蛹期一般为 10 d,越夏蛹期约 2 个月,越冬蛹可达半年以上。甘蓝夜蛾喜温暖和偏高湿的气候,日均温 18～25℃、相对湿度 70%～80% 有利生长发育,温度低于 15℃ 或高于 30℃,湿度低于 65% 或高于 85% 则不利发生。

（4）防治方法

①农业防治。菜田收获后进行秋耕或冬耕深翻,铲除杂草可消灭部分越冬蛹,结合农事操作,及时摘除卵块及初龄幼虫聚集的叶片,集中处理。

②诱杀成虫。利用成虫的趋光性和趋化性,在羽化期设置黑光灯或糖醋盆(诱液中糖、醋、酒、水比例为 10∶1∶1∶8 或 6∶3∶1∶10)。

③生物防治。在卵期人工释放赤眼蜂,每 667 m² 设 6～8 个点,每次每点放 2 000～3 000 头,每隔 5 d 放一次,连续 2～3 次。幼虫期寄生蜂有甘蓝夜蛾拟瘦姬蜂、黏虫白星姬蜂、银纹夜蛾多胚跳小蜂等;蛹期有广大腿小蜂等。捕食性天敌步甲、虎甲、蚂蚁、马蜂、蜘蛛等在幼虫期也有较大作用。

④药剂防治。在幼虫3龄前施用细菌杀虫剂苏云金杆菌：Bt悬浮剂对水500～1 000倍喷雾,选温度20℃以上晴天喷洒效果较好。掌握在3龄前幼虫较集中、食量小、抗药性弱的有利时机进行化学药剂防治。常用药剂和用量参照菜粉蝶。

5. 黄曲条跳甲

黄曲条跳甲为鞘翅目叶甲科。主要危害白菜、萝卜、油菜、芥菜、甘蓝、花椰菜,还可危害茄果类、瓜类、豆类。

(1)危害特点　成虫、幼虫均可危害,成虫食叶肉,造成很多孔洞,以幼苗期受害最重。刚出土幼苗叶被食后,可整株死亡,造成缺苗断垄。在留种株上主要危害花蕾和嫩荚。幼虫只危害菜根,蛀食根皮,咬断须根,使叶片由外向内发黄,萎蔫而死。萝卜受害,造成许多黑色蛀斑,最后变黑而腐烂;白菜受害,叶片变黑死亡,并传播软腐病。

(2)形态特征　成虫体长2.2 mm,黑色有光泽。鞘翅中央有一黄色曲条。前、中足大部黑褐色。后足腿节膨大;卵淡黄色,长约0.3 mm,椭圆形,半透明;老熟幼虫体长约4 mm,长圆筒形,黄白色,头部和前胸及腹末臀板呈淡褐色,胸部和腹部均为乳白色,各节都有不明显的肉瘤,上生有细毛;蛹长约2 mm,椭圆形,乳白色,头部隐于前胸下面,翅芽和足达第五腹节,胸部背面有稀疏的褐色刚毛。腹末有一对叉状突起,叉端褐色(图8-4)。

167

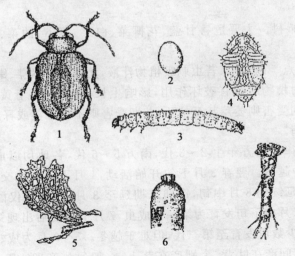

图8-4　黄曲条跳甲

1.成虫　2.卵　3.幼虫　4.蛹　5.叶被害状(成虫危害)　6.根被害状(幼虫危害)

(3)发生规律　在北京一年发生4～5代,以成虫在树林、田间、沟边的落叶、杂草、土缝中潜伏越冬。第二年春天,气温在 10℃ 左右开始取食,15℃ 时食量渐增,32～34℃ 时食量最大。成虫善于跳跃,高温时能飞翔。在早晚或阴雨天,躲藏于叶背或土块下,在中午前后活动最盛,有趋光性,对黑光灯敏感。成虫寿命长,最长达一年多,产卵期可延续 1～1.5 个月。卵散产于植株周围湿润的土隙中或细根上,也可在植株基部咬一小孔产卵于内。每雌虫平均产卵 200 粒左右。气温 20℃ 时,卵期 4～9 d。发育起点温度为 12℃,最适温度为 26℃。卵孵化要求相对湿度达 100%,因此近沟边的菜地幼虫多。幼虫孵化后在 3～5 cm 表土层剥食根的表皮。幼虫期 11～16 d,共 3 龄。老熟幼虫在 3～7 cm 的土中作土室化蛹,蛹期约 20 d。

（4）防治方法

①农业防治。十字花科蔬菜与其他科蔬菜轮作,可减轻危害;秋后清洁田园,彻底铲除杂草,清除残株落叶,消灭越冬场所和食料基地;播种前深耕晒土,改变幼虫在地里环境条件,不利其生活且兼有灭蛹作用。

②药剂防治。以防治成虫为主,在大面积防治上,应先由菜田的四周喷药。以免成虫逃到相邻的地块。可选用下列药剂有 50% 敌敌畏乳油 1 000 倍液,2.5% 敌百虫粉剂,每 667 m² 用 1.5～2 kg,50% 马拉硫磷乳油 800 倍液,2.5% 溴氰菊酯 2 500 倍液,40% 菊马乳油 2 000～3 000 倍液。防治幼虫可用 90% 敌百虫晶体 1 000 倍液或 50% 辛硫磷 1 000 倍液灌根。

6. 菜蝽

为半翅目蝽科。主要危害甘蓝、花椰菜、白菜、萝卜、油菜、芥菜等十字花科蔬菜。

（1）危害特点 以成虫、若虫刺吸植物汁液,尤喜刺吸嫩芽、嫩茎、嫩叶、花蕾和幼荚。其唾液对植物组织有破坏作用,影响生长,被刺处留下黄白色至微黑色斑点。幼苗子叶期受害则萎蔫甚至枯死;花期受害则不能结荚或籽粒不饱满。此外,还可传播软腐病。

（2）发生规律 北方年生 2～3 代,南方 5～6 代,各地均以成虫在石块下、土缝、落叶、枯草中越冬。翌春 3 月下旬开始活动,4 月下旬开始交配产卵。越冬成虫历期很长,可延续到 8 月中旬,产卵末期延至 8 月上旬者,仅能发育完成一代。早期产的卵至 6 月中下旬发育为第一代成虫,7 月下旬前后出现第二代成虫,大部分为越冬个体;少数可发育至第三代,但难于越冬。5～9 月为成、若虫的主要危害时期。卵多于夜间产在叶背,个别产在茎上,一般每雌产卵 100 多粒,单层成块。若虫共 5 龄,若虫、成虫喜在叶背面,早、晚或阴天,成虫有时爬到叶面。

（3）防治方法

①农业防治。冬耕和清洁菜地,可消灭部分越冬成虫。

②人工防治。摘除卵块。

③药剂防治。用 2.5％溴氰菊酯 3 000 倍液、2.5％保得乳油 3 000 倍液、50％辛氰乳油 3 000 倍液、20％增效氯氰乳油 3 000 倍液、功夫乳油 3 000 倍液喷雾防治。

7. 根蛆

根蛆是双翅目花蝇科的幼虫。根蛆也叫地蛆、粪蛆。地蛆有三种：种蝇、葱蝇和萝卜蝇。

(1)危害特点　种蝇的寄主广泛，有瓜类、豆类、菠菜、葱及十字花科蔬菜。主要在春季危害，幼虫可危害播后的种子，取食胚乳或子叶，引起种芽畸形、腐烂而不能出苗。在留种株上危害根部，引起根茎腐烂或枯死造成减产。

葱蝇主要危害百合科蔬菜，大蒜、葱、洋葱及韭菜等均可危害。幼虫蛀入鳞茎内取食，一个鳞茎内可有幼虫十几头。受害的鳞茎被蛀食成孔洞，引起腐烂，上部叶片出现枯黄、凋萎至死亡。宿根性韭菜受害后，常造成缺苗断垄，严重时全田毁灭。种蝇和葱蝇在危害方式上有一共同特点，即以幼虫钻蛀被害部分的表皮，蛀食心部组织，在受害不太严重时，仅留有蛀孔。

萝卜蝇只危害秋菜，在白菜上幼虫先食茎基部及周围菜帮，然后向下钻食菜根或蛀食菜心。受害轻植株发育不良、畸形或脱帮，品质变劣，重者不能结球。在萝卜上幼虫不仅危害表皮，造成许多弯曲的沟道，还能蛀入内部造成孔洞，并引起腐烂，失去食用价值。由于地蛆的危害，在白菜上造成大量伤口，有利于软腐病菌侵入，易引起腐烂病流行。

(2)形态特征　以种蝇为例介绍如下：

成虫体长 4～6 mm,雄虫体略小，暗黄色至暗褐色；卵为乳白色，长椭圆形，稍弯，弯内有纵沟，表面有网状纹；老熟幼虫体长 7～8 mm,乳白色略带浅黄色。头退化，仅有一黑色口钩；蛹长椭圆形，体长 4～5 mm,红褐色或黄褐色，尾端可见 7 对突起（图 8-5）。

(3)发生规律　种蝇在北京地区一年发生 3～4 代，以蛹越冬。早春即可出现成虫，成虫喜欢聚集在臭味浓的粪肥上，早晚也可躲在土缝隙中，晴天十分活跃，上午 10 时至下午 2 时数量最多。菜豆播种后，成虫就在幼苗附近土表产卵，卵期 25 d,孵化出幼虫就钻入菜豆嫩茎内危害。被害重者死亡，轻者即使能出土也几乎不能生长。种蝇可在黄瓜幼苗的根部产卵，危害其幼茎基部，使之凋萎，后逐渐腐烂枯死，老熟幼虫在被害植株根部土中化蛹，蛹期 20 d,此虫以第一代幼虫危害较重。

(4)防治方法

①农业防治。施用充分腐熟的有机肥，施肥时要做到均匀、深施，种子与肥料

隔离,可明显减少种蝇产卵,减轻危害;提倡使用地热线、营养钵育苗,瓜、豆、茄果类蔬菜,播前进行浸种催芽。使出苗早、齐、匀,能减轻蛆害。

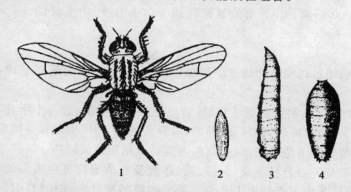

图 8-5　种蝇

1.成虫　2.卵　3.幼虫　4.蛹

②药剂拌种和撒施毒土。1 kg 种子用 40％二嗪农粉剂 3～5 g 拌种。播种前,每 667 m² 用 2％二嗪农颗粒剂 1.25 kg 或 5％辛硫磷颗粒剂 1～1.5 kg 与 15～30 kg 细土混匀,撒施在土面上。

③药剂防治。防治成虫和初孵幼虫可用 2.5％敌百虫粉每 667 m² 1.5～2 kg,或 90％敌百虫晶体 800～1 000 倍液;或 50％马拉硫磷乳油 1 000 倍液,或 80％敌敌畏乳油倍液喷雾,每隔 7 d 喷一次,连续 2～3 次;一旦发现地蛆危害幼苗,可用 80％敌百虫可湿性粉剂 1 000 倍液;或 50％马拉硫磷乳油 2 000 倍液灌根。

(二)十字花科蔬菜病害

十字花科病害种类主要有病毒病、霜霉病、软腐病、菌核病、细菌性黑腐病、黑斑病、白锈病等病害。

1.病毒病

十字花科病毒病,又称孤丁病、抽风病,我国各地普遍发生,危害严重,列为三大病害之首。华北、东北、西北地区以大白菜受害最重。此病一般发病率为 3％～30％,严重地块可达 80％,而且感染病毒病后又易受到霜霉病和软腐病的危害,损失加重。

(1)症状识别

①白菜。幼苗期受害,心叶初期产生明脉,之后沿脉褪绿,渐变为浓淡相间的花叶。病叶皱缩、变脆、扭曲畸形,有的叶背的主、侧脉上产生褐色坏死斑点,叶柄扭曲。重病株明显矮缩,不包心。

②甘蓝。甘蓝受害后,幼苗叶片上产生直径为 2～3 mm 的褪绿圆斑,迎光观察非常明显。后期病叶呈浓淡相间的斑驳花叶,老叶背面有黑色的坏死斑。病株发育迟缓,结球较迟且疏松。开花期间叶片上表现明显的斑驳。

③油菜。白菜型和芥菜型油菜症状与大白菜相似。

(2)病原　经鉴定,我国十字花科蔬菜病毒病的毒源主要为芜菁花叶病毒(Turnip mosaic virus,TuMV),其次为黄瓜花叶病毒(CMV),此外,东北报道有萝卜花叶病毒(RMV)和烟草环斑病毒(TRSV),西安有白菜沿脉坏死病毒(CVNV),新疆有花椰菜花叶病毒(CaMV),湖南有苜蓿花叶病毒(AMV)和烟草花叶病毒(TMV)等。可单独侵染,也可复合侵染。

病毒粒体为线状,大小(700～760) nm×(13～15) nm。病组织超薄切片在电镜下可见风轮状的内含体(也有环状体和带状体)。钝化温度 55～65℃,稀释限点 2 000～5 000 倍,体外保毒期为 1～7 d。

(3)发病规律　在华北、东北和西北地区,病毒主要在窖内贮藏的大白菜、甘蓝、萝卜等的留种株上越冬,也可在多年生宿根植物(如菠菜、芥菜等)及田边杂草上越冬。春季蚜虫把病毒从越冬种株传到春季甘蓝、萝卜、小白菜等十字花科蔬菜上,再经夏季甘蓝、白菜等传到秋白菜和萝卜上。在南方,因田间终年种植绿叶蔬菜,如菜心、小白菜和西洋菜等,病菌可周年循环。

病毒病的发生和流行主要与气候条件,栽培管理以及品种抗性有关。春秋两季蚜虫发生高峰期并遇有气温 15～20℃ 和 75％ 以下的相对湿度,发病重。此外,土温高、土壤湿度低,病毒病发生较重。连作病害发生严重;反之,发病轻。东北和西北地区,秋白菜种植在夏甘蓝、萝卜附近时发病重,邻地为非白菜绿叶类蔬菜时发病轻。秋菜早播,由于正遇高温干旱,蚜虫发生也多,发病重,不同品种间抗病性有显著差异。

(4)防治方法

①选用丰产抗病良种。大白菜抗病品种有北京新 1 号、辽白 1 号、冀 3 号、北京大青口、包头青、山东 1 号、青杂 5 号、天津绿、秋杂 2 号、晋菜 1 号和 3 号等。普通白菜选用叶色深绿,花青素含量多,叶片肥厚,生长势强的品种如抗青、绿杆青菜、矮杂 2 号等。油菜有天津青帮、上海四月蔓、丰收 4 号、秦油 2 号、九二油菜、陇油系统等。

②加强栽培管理。调整蔬菜布局,合理间、套、轮作;深翻起垄,施足底肥,增施磷、钾肥;适期播种,避过高温及蚜虫高峰;发现病弱苗及时拔除;苗期水要勤灌,以降温保根,增强抗性。

③治蚜防病。苗床驱蚜。根据蚜虫对银色的忌避性,应用银色反光膜驱蚜效

果良好。播种后在菜地张挂 5 cm 宽的银色聚乙烯塑料带,间隔 60 cm,高度 20～50 cm,驱蚜防病效果更好。

药剂治蚜。种株窖藏地区,入窖前和出窖栽植后彻底治蚜;秋白菜播种前,喷药消灭邻近菜地及杂草上的蚜虫,避免有翅蚜迁飞传毒。

④药剂防治。发病初期开始喷洒新型生物农药—抗毒丰(0.5％菇类蛋白多糖水剂原名抗毒剂 1 号)300 倍液或病毒 1 号乳剂 500 倍液,或 1.5％植病灵Ⅱ号乳剂 1 000 倍液,83 增抗剂 100 倍液,20％病毒 A 可湿性粉剂 500 倍液,隔 10 d 一次,连续防治 2～3 次。

2. 霜霉病

霜霉病是白菜绿叶类蔬菜的重要病害之一,全国各地均有发生。主要危害白菜、油菜、花椰菜、甘蓝、萝卜、芥菜、荸菜、榨菜等蔬菜。在气候潮湿、冷凉地区和沿江、沿海地区易流行。长江中下游地区,以秋播大白菜和青菜受害严重。流行年份大白菜发病率可达 80％～90％,减产三到五成,病株不耐贮存。

(1)症状识别 整个生育期都可受害。主要危害叶片,其次为留种株茎秆,花梗和果荚。成株期叶片发病,多从下部或外部叶片开始。发病初期先在叶面出现淡绿或黄色斑点,病斑扩大后为黄色或黄褐色,枯死后变为褐色。病斑扩展受叶脉限制而呈多角形或不规则形。空气潮湿时,在相应的叶背面布满白色至灰白色霜状霉层,故称"霜霉病"。

(2)病原 病原物为属于鞭毛菌亚门寄生霜霉属(*Perenospora parasitica*(Pers) Fries) (图 8-6),菌丝无隔,蔓延于细胞间,靠吸器伸入细胞内吸收水分和养分,吸器为囊状、球状或分叉状。无性繁殖时,病组织内菌丝产生孢囊梗从气孔或表皮细胞间隙伸出,孢囊梗无色,单生或丛生,每小梗顶端着生一个孢子囊,孢子囊椭圆形,无色,单胞,大小为(24～27)μm×(15～20)μm,萌发时直接产生芽管。有性生殖产生卵孢子,条件适宜时,可直接产生芽管进行侵染。病菌产生孢子囊最适宜温度为 8～12℃,相对湿度低于 90％时不能萌发,在水滴中和适温下,孢子囊只需 3～4 h 即可萌发,侵入寄主最适温度为 16℃。

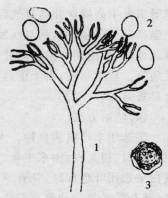

图 8-6 白菜霜霉病病原
1.孢子梗 2.孢子囊 3.卵孢子

(3)发病规律 病菌主要以卵孢子随病残体在土壤中,或以菌丝体在采种母株或窖贮白菜上越冬。病害的发生和流行与温、湿度关系密切,温度决定病害出现的早晚,雨量决定病害的轻重;在适温范围内,湿度越大,病害越重。气温在 16～20℃,相对湿度高于 70%,昼夜温差大或忽冷忽热的天气有利于病害发生。内蒙古、辽宁、吉林、黑龙江及云南 7～8 月开始发生,华北一带则多发生于 4～5 月及8～9 月。连作的田块,基肥不足,追肥不及时,抗病力下降;氮肥施用过量、生长茂密、通风不良、排水不良或过分密植的田块,株间湿度大发病重。移栽田病害往往重于直播田。不同品种间的抗病性差异显著。

(4)防治方法

①利用抗病品种。生产上先后应用的抗病品种有北京小青口、天津绿、大麻叶、绿保、巨珠、绿球、双青 156 等。近年来已推出一批杂交种(杂交一代),如青杂系列、增白系列、丰抗系列等,且已广泛应用。

②农业防治。应与非白菜绿叶类进行隔年轮作,最好是水旱轮作,因为淹水不利于卵孢子存活,可减轻前期发病;适期播种 秋白菜不宜播种过早,常发病区或干旱年份应适当推迟播种;合理密植,注意及时间苗;前茬收获后,清洁田园,进行秋季深翻;加强田间肥、水管理 施足底肥,增施磷、钾肥,合理追肥。大白菜包心期不可缺肥。

③选种及种子消毒。无病株留种或播种前用 25%甲霜灵可湿性粉剂、75%百菌清可湿性粉剂拌种,用药量为种子重量的 0.3%。

④药剂防治。加强田间检查,重点检查早播地和低洼地,发现中心病株要及时喷药,控制病害蔓延。常用药剂有:40%乙磷铝可湿性粉剂 300 倍液、25%甲霜灵可湿性粉剂 600 倍液、75%百菌清可湿性粉剂 600 倍液、58%甲霜灵锰锌可湿性粉剂 600 倍液、64%杀毒矾可湿性粉剂 500 倍液和 72%杜邦克露可湿性粉剂 800 倍液。每 667 m² 用药液 50～100 kg,随生育期不同而有所不同,前期用量少,后期用量大。隔 7～10 d 喷一次,连续防治 2～3 次。

3.软腐病

软腐病是白菜绿叶类蔬菜中发生和受害最严重的病害之一。我国各省、市菜区均有发生,可危害白菜、甘蓝、花椰菜等。病害流行年份可造成大白菜减产 50%以上。北方的大白菜在窖藏期可造成烂窖。

(1)症状识别　典型症状多在植株生长中后期,特别是包心期或花球形成增长期发生,田间可见到受害植株的下部叶片发黄萎垂,细看肉质叶柄或茎基部出现湿润状淡褐色病斑,植株基部的病斑不断扩大并逐渐变软腐烂,用手触压病组织内充满黄褐色黏滑物质,从中发出难闻的恶臭。腐烂部位逐渐向上发展,可使整个包心或花球软腐。大白菜、甘蓝受害有时是从心叶顶端先发病然后逐渐向下发展。

(2)病原　十字花科软腐病的病原是胡萝卜欧文氏软腐杆菌胡萝卜亚种[*Er-*

winia carotovora pv carotovora（Dys）]，是一种细菌，菌体很小，短杆状，大小为（0.5～1.0）μm×（2.2～3.0）μm，四周有 2～8 根鞭毛。革兰氏染色阴性反应（图 8-7）。

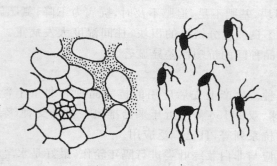

图 8-7 软腐病病菌

（3）发病规律　病菌主要在病残株上越冬，成为初侵染来源。自然传播媒介主要是昆虫、灌溉水、雨水，从伤口侵入，迅速繁殖造成寄主软腐。在高温高湿条件下，腐烂组织中的细菌又借昆虫、雨水传播，引起再侵染，使病害扩展蔓延。因此，在白菜包心期，遇低温多雨，时雨时晴，气温高的天气，发病重；而受黄曲条跳甲、菜青虫危害造成伤口，病菌易侵入；地势低洼，排水不良，土壤黏重，施用未经腐熟的肥料，与茄科蔬菜连作等，病害发生严重。

（4）防治方法

①选种抗病品种。选种抗病品种或杂交 1 代。主要品种有绿宝、连白 1 号、新杂 1 号、青杂 3 号、大白菜北京 100 等。蔬菜品种间抗病性差异很大，各地可因地制宜选用。

②农业防治。尽可能不与寄主作物连作或邻作，与水稻轮作一年便可以大大减少菌源；清洁田间，彻底清除病残体，勿施用以烂菜堆制、尚未腐熟的土杂肥；翻晒土壤，起高畦整平畦面；小水勤浇，不可漫灌。发现初发病株立即拔除，并在病穴上施石灰消毒。

③药剂拌种。种子可用"灵丰"按种子量 0.3％～0.5％拌种。

④药剂防治。掌握在发病初期喷药。选用 20％速补可湿性粉剂 800～1 000 倍液，农用链霉素或新植霉素 4 000 倍液，或 72％硫酸链霉素可溶性粉剂 3 000～4 000 倍液，每隔 7～10 d 喷 1 次，连续 2～3 次，或每公顷用 71％爱力杀可湿性粉剂 1 050～1 350 g，对水喷雾，或 4 500 g 菜丰宁 B1 加水 830 倍液灌根。

4.菌核病

（1）症状识别　主要危害大白菜、普通白菜、油菜等蔬菜，贮藏期菜帮及田间植株均可受害。幼苗期轻病株无明显症状,重病株根茎腐烂并生白霉,大田栽植后病情不断扩展,至抽薹后达高峰。病株茎秆上出现浅褐色凹陷病斑,后转为白色,皮层朽腐,纤维散离成乱麻状,茎腔中空,内生黑色鼠粪状菌核。在高湿条件下,病部表面长出白色棉絮状菌丝体和黑色菌核。受害轻的造成烂根,致发育不良或烂茎,植株矮小,产量降低;受害严重的茎秆折断,植株枯死(图 8-8)。

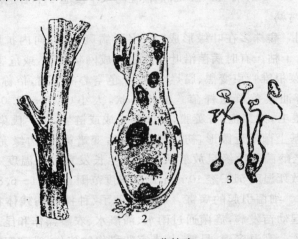

图 8-8 菌核病

1,2 被害状 3.病菌菌核及子囊盘

(2)病原 属子囊菌亚门,核盘菌(*Sclerotinia sclerotiorum* (Lib.) *de* Bary)。菌丝生长发育和菌核形成适温 0~30℃,最适温度 20℃,最适相对湿度 85% 以上,菌核可不休眠,5~20℃ 及较高的土壤湿度即可萌发,其中以 15℃ 最适。在潮湿土壤中菌核能存活 1 年,干燥土中可存活 3 年。子囊孢子 0~35℃ 均可萌发,但以5~10℃ 为适,萌发经 48 h 完成。

(3)发病规律 病菌主要以菌核混在土壤中或附着在采种株上、混杂在种子间越冬或越夏,在春、秋两季多雨潮湿,菌核萌发,产生子囊盘放射出子囊孢子,借气流传播,子囊孢子在衰老的叶片上,进行初侵染引起发病,后病部长出菌丝和菌核,在田间主要以菌丝通过病健株或病健组织的接触进行再侵染,到生长后期又形成菌核越冬。白菜菌核病子囊孢子属气传病害类型,其特点是气传的子囊孢子致病力强,从寄主的花、衰老叶或伤口侵入,以病健组织接触进行再侵染。

(4)防治方法

①农业防治。轮作、深翻及加强田间管理。最好能与稻麦等禾本科作物进行隔年轮作;收获后及时翻耕土地,把子囊盘埋入土中 12 cm 以下,使其不能出土;合

理密植;施足腐熟基肥,合理施用氮肥,增施磷钾肥均有良好的防治效果。

②药剂防治。发病初期喷洒50%速克灵可湿性粉剂2 000倍液,或50%扑海因可湿性粉剂1 500倍液,或50%农利灵可湿性粉剂1 000倍液,或40%多·硫悬浮剂500~600倍液、50%甲基硫菌灵500倍液或20%甲基立枯磷乳油1 000倍液。此外,可用菜丰宁100 g对水15~20 L,把根在药水中浸蘸一下后定植,防效好。

5.细菌性黑腐病

(1)症状识别 病株多在叶缘形成"V"字形病斑,逐渐向内扩展,病斑周围组织变黄,重时叶片干枯。有时病菌沿叶脉发展形成网状黄脉,或危害菜帮形成淡褐色干腐。也有时菜根维管束变黑、腐烂,形成黑色空心的干腐,俗称黑腐病。

(2)病原 野油菜黄单胞杆菌。菌体杆状,大小$(0.7 \sim 3.0)\mu m \times (0.4 \sim 0.5)\mu m$,极生单鞭毛,无芽孢,有荚膜,菌体单生成或链生,革兰氏染色体阴性。在牛肉汁琼脂培养基上菌落近圆形,初呈淡黄色,后变蜡黄色,边缘完整,略凸起,薄或平滑,具光泽,老龄菌落边缘呈放射状。病菌生长发育最适温度25~30℃,最高39℃,最低25℃,致死温度51℃经10 min,耐酸碱度范围pH 6.1~6.8,pH 6.4最适。

(3)发病规律 细菌引起的病害。病菌随种子、种株或病残体在土壤中越冬。播种带病种子引起幼苗发病,病菌通过雨水、灌溉水、农事操作和昆虫进行传播,多从水孔或伤口侵入。高温多雨,早播,与十字花科作物连作,管理粗放,虫害严重的地块,病害重。

(4)防治方法

①无病株采种。播种时进行种子消毒,可用45%代森铵水剂400倍液浸种20 min,洗净晾干后播种,或用50℃温水浸种20 min,用冷水降温,或用种子重量0.3%的50%福美双可湿性粉剂拌种。

②与非白菜绿叶类蔬菜实行2~3年轮作。

③适时播种。苗期适时浇水,合理蹲苗,及时拔除田间病株并带出田外深埋,并对病穴撒石灰消毒。

④药剂防治。发病初期及时喷施"天达2116"800倍液+"天达诺杀"1 000倍液、72%农用链霉素可溶性粉剂4 000倍液、新植霉素4 000倍液、47%加瑞农可湿性粉剂800倍液、70%敌克松可溶性粉剂1 000倍液等。

6.黑斑病

黑斑病是白菜绿叶类蔬菜的常发病害,可危害白菜、甘蓝、萝卜、油菜、花椰菜、芥菜、芜菁等。我国北方菜区比南方菜区发生普遍且较严重,尤其是大白菜生长的中后期受黑斑病危害,中下部叶片大量枯干,叶片松散不能形成紧密结实的叶球,既减产又降低品质。

（1）症状识别　主要危害叶片，也可危害叶柄、茎、花梗和种荚。叶片主要是下至中部的叶受害，新叶则较抗病。染病叶片开始出现湿润状小斑点，逐渐扩大成灰褐色至黑褐色近圆形的病斑，有较明显的同心轮纹，病斑外围有黄色晕环。病斑大小随不同菜种而异，菜心、小白菜、油菜的较小，直径 2～6 mm；大白菜的可达15～20 mm；甘蓝、花椰菜的 5～30 mm。天气潮湿时在病斑的正反面均可见到灰黑色霉层，叶柄、茎、花梗或种荚染病出现不定形或近椭圆形黑褐色的病斑，潮湿时亦长出黑色霉层（图 8-9）。

（2）病原　属于半知菌亚门，芸苔链格孢［*Alternaria brassicae*（Berk.）Sacc.］的一种真菌。分生孢子梗淡褐色，单生或 2～6 根成束，不常分枝，有隔膜，上部屈曲，大小（14～48）μm×（6～13）μm。分生孢子单生或 4 个连成短链，倒棍棒形，淡榄褐色，大小（33～147）μm×（9～33）μm，有多个纵、横膈膜，孢子顶部有一个较长的喙。

图 8-9　白菜黑斑病
1. 症状　2. 分生孢子

（3）发病规律　该病菌有较强的腐生能力。菌丝和分生孢子可在病残体或土壤中越冬、越夏；病荚所结的种子也可以带菌，这些都是下一生长季发病的初侵染来源。分生孢子，通过气流、风雨传播，分生孢子萌发进行初侵染。如播种带菌种子，长出幼苗后，条件适宜时即可发病。初侵染发病后又可长出大量新的分生孢子，传播后可频频进行再侵染。此病害的流行要求高湿度和稍偏低的温度（16～20℃最适）。耕作粗放、菜田低洼、杂草丛生、土壤瘦瘠，尤其是在生长中后期肥力不足，植株长势差，抗病性削弱，都可能诱发病害的流行。

（4）防治方法

①农业防治。与白菜绿叶类蔬菜轮作；作物收获后彻底清园销毁病残体，翻晒土壤；高畦深沟植菜，增施优质有机底肥，适当增施磷钾肥。

②种子处理。用种子重量 0.2%～0.3% 的 40% 灭菌丹可湿性粉剂、50% 福美双可湿性粉剂或 50% 扑海因可湿性粉剂拌种。

③喷药防治。发病初期可选用下列药剂 75% 百菌清可湿性粉剂 500～600 倍液；10% 世高水分散性颗粒剂 1 200～1 500 倍液；50% 扑海因可湿性粉剂 1 000 倍液；70% 代森锰锌可湿性粉剂 500 倍液；50% 多菌灵可湿性粉剂 500 倍液。隔 7～10 d 喷 1 次，连续喷 2～3 次。

7. 白锈病

(1)症状识别　大白菜、普通白菜白锈病主要危害叶片。发病初期在叶背面生稍隆起的白色近圆形至不规则形疱斑,即孢子堆。其表面略有光泽,有的一张叶片上疱斑多达几十个,成熟的疱斑表皮破裂,散出白色粉末状物,即病菌孢子囊。在叶正面则显现黄绿色边缘不明晰的不规则斑,有时交链孢菌在其上腐生,致病斑转呈黑色。种株的花梗和花器受害,致畸形弯曲肥大,其肉质茎也可现乳白色疱状斑,成为本病重要特征。此病除危害白菜类蔬菜外,还侵染芥菜类、根菜类等十字花科蔬菜。

(2)病原　为鞭毛菌亚门的白锈菌[Albugo candida(Pers.)Kuntze]。病菌菌丝无隔,蔓生于寄主细胞间,产生吸器侵入细胞内吸收营养。孢囊梗棍棒状,顶端着生链状孢子囊,长卵形,大小为$(26～42)\mu m \times (8～15)\mu m$。孢子囊球形至亚球形,无色,萌发时产生双鞭毛游动孢子,大小为$(9～15)\mu m \times (11～22)\mu m$。卵孢子褐色,近球形,外壁有瘤状突起,萌芽形成孢子囊,大小为$31～42\mu m$(图8-10)。

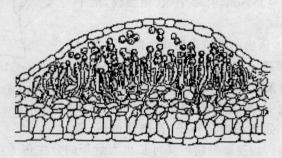

图 8-10　白锈菌属
寄生表皮细胞下的孢囊梗和孢子囊

(3)发病规律　在寒冷地区病菌以菌丝体在留种株或病残组织中或以卵孢子随同病残体在土壤中越冬。翌年,卵孢子萌发,产生孢子囊和游动孢子,游动孢子借雨水溅射到白菜下部叶片上,从气孔侵入,完成初侵染,后病部不断产生孢子囊和游动孢子,进行再侵染,病害蔓延扩大,后期病菌在病组织里产生卵孢子越冬。在温暖地区,寄主全年存在,病菌以孢子囊借气流辗转传播,完成其周年循环,无明显越冬期。白锈菌在$0～25℃$均可萌发,潜育期7~10 d,低温多雨,昼夜温差大露水重,连作或偏施氮肥,植株过密,通风透光不良及地势低排水不良田块发病重。

(4)防治方法

①与非白菜绿叶类蔬菜进行隔年轮作。

②蔬菜收获后,清除田间病残体,以减少菌源。

③发病初期喷洒 25％甲霜灵可湿性粉剂 800 倍液,或 50％甲霜铜可湿性粉剂 600 倍液,或 58％甲霜灵·锰锌可湿性粉剂 500 倍液,或 64％杀毒矾可湿性粉剂 500 倍液,每 667 m² 喷药液 50～60 L,隔 10～15 d 喷 1 次,防治 1 次或 2 次。

[作业单1]

(一)阅读资料单后完成表 8-1 和表 8-2。

表 8-1　十字花科害虫种类、形态特征、发生规律、防治要点

序号	害虫名称	目、科	形态特征	发生规律					防治要点
				世代数	越冬虫态	越冬场所	危害盛期		
1									
2									
3									
4									
5									

表 8-2　十字花科病害种类、症状、病原、发病规律、防治要点

序号	病害名称	症状	病原	发病规律				防治要点
				越冬场所	传播途径	侵入途径	发病条件	
1								
2								
3								
4								
5								

(二)阅读资料单后完成大白菜病虫害周年防治历制定。

[案例10]　大白菜病虫害周年防治历

1.播种期

(1)农业措施

①合理轮作。选禾本科作物及非十字花科蔬菜轮作,避免重茬。与大蒜、大葱间作可减轻软腐病、病毒病危害。

②深耕翻土。前茬收获后,清除残留枝叶,立即深翻 20 cm 以上,晒垄 7～

179

10 d,压低虫口基数和病菌数量。

③合理施肥增施腐熟的圈肥。每 667m² 施 5 000 kg,配施过磷酸钙 30 kg,硫酸钾 10 kg。

④抗病品种。抗病毒病、霜霉病、软腐病的品种有鲁白 1 号、鲁白 2 号、鲁白 3 号、山东 2 号、山东 6 号、夏优 2 号、西白 1 号;抗病毒病、软腐病的品种有鲁白 8 号、山东 12 号、山东 4 号;抗病毒病品种有鲁白 10 号、鲁白 11 号、青杂 5 号、城青 2 号、北京新 1 号;抗软腐病品种有青杂 3 号、天津绿、泰白 3 号;抗黑斑病品种有天津绿等。

⑤起垄栽培。夏、秋大白菜提倡起垄栽培,夏菜用小高垄栽培或半高垄栽培,秋菜实行高垄栽培或半高垄栽培,利于排水,减轻软腐病和霜霉病等病害。

⑥适期播种。秋大白菜应适期晚播,一般于立秋(8 月 7 日)后 5~7 d 播种,以避开高温,减轻病毒病等危害;春大白菜适当早播。阳畦育苗可提前 20~30 d 播种,春大棚育苗的可在 2、3 月份播种。减轻病虫害。

(2)种子处理

精选种子后,将种子在冷水中浸润,然后放入 55℃温水中,保持 15 min,立即捞出放入冷水中降温,捞出催芽。

2.苗期(出土至团棵)

这个时期防蚜虫、菜青虫和其他地下害虫及病毒病。

(1)农业措施

①三水起苗,五水定棵,即播种当天和次日各浇一水,齐苗后浇第三次水,到定苗前结合间苗再浇两次水,促进苗齐、苗壮,提高抗病力。第一次间苗后结合浇水少量追肥。

②苗床育苗,播种后覆盖防虫网,防止蚜虫传播病毒病。

(2)物理措施 蚜虫具有趋黄色性,因而设黄板诱杀蚜虫。用 10~20 木板或硬纸板涂黄色,上涂一层机油。每 667m² 放 20~30 块黄板于菜田中,也可挂银灰色或乳白色反光膜拒蚜。

(3)生物措施

①用 Bt 乳剂 500~800 倍液喷雾、25％灭幼脲 3 号悬浮剂 1 000 倍液喷雾、5％抑太保乳油 2 000~3 000 倍液喷雾,可防治菜青虫、甜菜夜蛾、小菜蛾、菜螟等。

②用 2％宁南霉素(菌克毒克)水剂 200~250 倍液喷雾;或(1:20)~(1:40)倍鲜豆浆液喷雾,每隔 5~7 d 喷 1 次,共喷 4~5 次,可防治病毒病。

(4)化学防治

①防治蚜虫。10％吡虫啉可湿性粉剂 1 500 倍液喷雾。

②定植前后防治病毒。1.5％植病灵1 000倍液加20％病毒A600,可用20％病毒威可湿性粉剂500～600倍液喷雾。

3.团棵至收获期

这个时期主要虫害有菜青虫、小菜蛾、红蜘蛛、蚜虫、甜菜叶蛾、甘蓝夜蛾等;病害主要有软腐病、霜霉病、病毒病、黑斑病、叶霉病、黑腐病等。

(1)农业措施

①注意田间雨后排水,降低田间湿度。

②发现软腐病株及时清除。再对病穴用生石灰消毒,防止软腐病菌传播。

(2)生物措施　1％农抗武夷菌素水剂150～200倍液喷雾,可防治大白菜软腐病、霜霉病、叶霉病;72％农用硫酸链霉素可溶性粉剂4 000～5 000倍液喷雾;或2％中生菌素水剂200倍液,可防治软腐病;100万IU新植霉素粉剂4 000～5 000倍液喷雾,可防治软腐病、黑腐病;每667 m² 用Bt乳剂500～800倍液喷雾、25％灭幼脲3号悬浮剂1 000倍液喷雾、5％抑太保乳油2 000～3 000倍液喷雾,可防治菜青虫、小菜蛾、甜菜夜蛾;用0.9％或1.8％阿维菌素乳油每667 m² 用20～40 mL,对水50～60 kg可防治菜青虫、小菜蛾、红蜘蛛、蚜虫等。

(3)化学防治

①防治霜霉病。发现霜霉病病株立即喷药,控制中心病株,防止传播。用72％克露可湿性粉剂600～800倍液。

②防治软腐病。在发病初期(包心期),以轻病株及其周围为重点,喷77％可杀得可湿性粉剂1 000倍液防治。喷药时注意喷撒近地表叶柄和基部。隔6～7 d喷1次,连喷2～3次。

③继续防治蚜虫。可选用10％吡虫啉可湿性粉剂1 500倍液喷雾。

④可采用15％安打水悬浮剂3 500～4 000倍液,用50％辛硫磷1 000倍喷雾,防菜青虫、菜螟、小菜蛾发生。

⑤防病毒病。20％病毒威可湿性粉剂500～600倍液,或20％病毒A可湿性粉剂600倍液,或1.5％植病灵乳油1 000～1 500倍液喷雾。

[案例11]　西兰花病虫害周年防治历

1.播种期

(1)农业措施

①深耕翻土。前茬收获后,清除残留枝叶,立即深翻20 cm以上,晒垄7～10 d,压低虫口基数和病菌数量。

②合理施肥。每667 m² 施农肥3 000～4 000 kg作底肥,磷酸二铵每667 m²

施 12.5～15 kg,硫酸钾每 667 m² 施 5～8 kg 作种肥,播种或定植时施入。

③品种选择。优秀、绿国、丽贝卡、绿宝石蔓、陀绿、绿带子等品种。

④适期播种。大棚栽培 2 月中旬播种育苗,4 月上旬定植,露地栽培 3 月上旬播种育苗,4 月下旬定植。秋季露地栽培,7 月中旬播种育苗,8 月中旬定植。

⑤播种育苗方法。畦宽 1～1.2 m,浇透底水每平方米播量 5～7 g,覆土厚度 0.5 cm,2 片真叶分苗,也可用 6.5 cm×6.5 cm 育苗钵直接播种育苗。

(2)种子处理

①温汤浸种。精选种子后,将种子在冷水中浸润,然后放入 55℃温水中,保持 15 min,立即捞出放入冷水中降温,捞出催芽。

②药剂拌种。50％多菌灵可湿性粉剂按种子重量的 0.3％～0.5％拌种。

2.苗期(从第 1 片真叶展开到第 1 叶球形成)

这个时期防蚜虫、菜青虫、和其他地下害虫及病毒病。

(1)农业措施

①育苗期管理。出苗后保持温度 20～22℃,进入正常生长期温度管理 18～20℃,定植前 7～10 d 大通风炼苗,将温度降到 10～12℃。水分管理在育苗期要严格控制浇水,防止徒长。

②定植方法。行株距(60～65)cm×(28～30)cm,春季露地栽培要覆地膜,抢早上市。防止生育期拖后,在结球期遇高温花球出现毛花,降低品质和商品性。

③水分管理。定植水一次浇足,3～5 d 再浇一次缓苗水。缓苗后到花蕾形成前,小水勤浇保持土壤见干见湿。在湿润的条件下生长良好,不耐干旱,适宜生长的空气湿度为 80％～90％,土壤湿度为 70％～80％。气候干燥,土壤水分不足,则长势弱,花球小而松散,品质差。西兰花苗期需要湿润的土壤,但出苗后水分不宜过多,生长期由于叶面积迅速扩大,蒸腾作用加强,需水量增大,花球形成期叶面积达最大值,花球生长需充足的养分和水分,该时期需水最多。

④追肥管理。定植后 15～20 d 进行第 1 次追肥,最好用复合肥,每 667 m² 用量 25～30 kg;第 2 次追肥在顶花球出现后追施 15～20 kg 复合肥。苗床育苗,播种后覆盖防虫网,防止蚜虫传播病毒病。

(2)物理措施 蚜虫具有趋黄色性,因而设黄板诱杀蚜虫。用 10～20 cm 木板或硬纸板涂黄色,上涂一层机油。每 667 m² 放 20～30 块黄板于菜田中,也可挂银灰色或乳白色反光膜拒蚜。

(3)生物药剂防治

①用 Bt 乳剂 500～800 倍喷雾、25％灭幼脲 3 号悬浮剂 1 000 倍液喷雾、5％抑太保乳油 2 000～3 000 倍液喷雾,可防治菜青虫、甜菜夜蛾、小菜蛾、菜螟等。

②用 0.5％云菊(除虫菊素)乳油 1 000～3 000 倍喷雾;用苦参碱 0.04％水剂 400 倍液,在发生初期喷雾,隔 3～5 d 喷 1 次,连喷 2～3 次;用 3％除虫菊素乳油,对水稀释成 800～1 200 倍液喷雾防治蚜虫。

③用 2％宁南霉素(菌克毒克)水剂 200～250 倍液喷雾;或(1:20)～(1:40) 倍鲜豆浆液喷雾,每隔 5～7 d 喷 1 次,共喷 4～5 次,可防治病毒病。

④定植前后防治病毒。1.5％植病灵 1 000 倍液加 20％病毒A600,可用 20％病毒威可湿性粉剂 500～600 倍液喷雾。

3.莲座期—花球生长期

这个时期主要虫害有菜青虫、小菜蛾、红蜘蛛、蚜虫、甜菜叶蛾、甘蓝夜蛾等;病害主要有软腐病、霜霉病、病毒病、黑斑病、叶霉病、黑腐病等。

(1)农业措施

①注意田间雨后排水,降低田间湿度。

②发现软腐病株及时清除。再对病穴用生石灰消毒,防止软腐病菌传播。

(2)生物药剂防治

①防治白粉病、霜霉病、叶霉病。1％农抗武夷菌素水剂 150～200 倍液喷雾,科佳 2 000～2 500 倍液,对茎叶进行全面均匀喷雾。间隔 10 d 左右施药 1 次,连续施 2～3 次药。

②防治软腐病、黑腐病。72％农用硫酸链霉素可溶性粉剂 4 000～5 000 倍液喷雾;或 2％中生菌素水剂 200 倍液;用高锰酸钾 3 000～4 000 倍液;100 万 IU 新植霉素粉剂 4 000～5 000 倍液喷雾。

③防病毒病。20％病毒威可湿性粉剂 500～600 倍液,或 20％病毒 A 可湿性粉剂 600 倍液,或 1.5％植病灵乳油 1 000～1 500 倍液喷雾。

④防虫。每 667 m² 用 Bt 乳剂 500～800 倍喷雾、25％灭幼脲 3 号悬浮剂 1 000 倍液喷雾,5％抑太保乳油 2 000～3 000 倍液喷雾,可防治菜青虫、小菜蛾、甜菜夜蛾。用 0.5％云菊(除虫菊素)乳油 1 000～3 000 倍喷雾;用苦参碱 0.04％水剂 400 倍液,在发生初期喷雾,隔 3～5 d 喷 1 次,连喷 2～3 次;用 3％除虫菊素乳油,对水稀释成 800～1 200 倍液喷雾;可选用 10％吡虫啉可湿性粉剂 1 500 倍液喷雾;0.5％云菊(除虫菊素)乳油 1 000～3 000 倍液喷雾可防治蚜虫。

[资料单 2]　茄科蔬菜病虫害

(一)茄果类虫害

茄果类蔬菜虫害主要有桃蚜、烟粉虱、烟青虫、茄二十八星瓢虫、野蛞蝓、棉铃虫、茶黄螨、蝼蛄等害虫。

1.桃蚜

桃蚜为同翅目蚜科。是多食性害虫,寄主多达352种。主要危害番茄、茄子、马铃薯、菠菜、白菜蔬菜等。也危害桃、李、杏、樱桃等蔷薇科果树。

(1)危害特点　蚜虫的成虫、若虫,均以刺吸式口器吸食植物汁液。可成群密集在菜叶上,造成植株严重失水和营养不良。当蚜虫群集在幼叶上,可使叶片变黄、卷曲,轻则不能正常生长,对留种株可危害嫩茎、花梗和嫩茎,使花梗扭曲变形,影响结实。蚜虫除本身吸食作物汁液,造成危害外,还可传播多种病毒病,只要蚜虫吸食过感病植株,再飞到无病植株上,短时间即可完成传毒,因而蚜虫传毒造成的损失和危险性大于它本身危害所造成的损失。

(2)形态特征　无翅胎生雌蚜黄绿色或赤褐色,腹管较长,圆柱形,腹背光滑;有翅胎生雌蚜深褐色,腹背有黑斑(图8-11)。

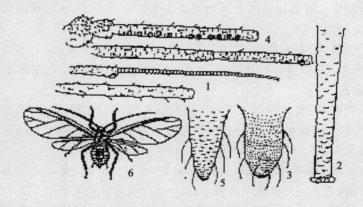

图 8-11　桃蚜

无翅孤雌蚜:1.触角　2.腹管　3.尾片
有翅孤雌蚜:4.触角　5.尾片　6.成虫

(3)发生规律　桃蚜一年发生10～30代。在北京地区一年发生10余代,以孤雌蚜在风障菠菜、窖藏白菜上或温室内越冬。次年4月下旬产生有翅蚜,迁飞到已定植的甘蓝、花椰菜上继续危害,各代平均历期8 d。10月下旬以孤雌胎生雌蚜的成虫或若虫越冬,靠近桃树的产生有翅桃蚜,飞返桃树交配产卵越冬。

桃蚜发生的最适温度为24℃左右,超过28℃对它不利。在适宜温度范围内,发育速度随温度增加而增加。相对湿度大于80%或小于40%都不利。

(4)防治方法

①生物防治。蚜虫的天敌很多,作用较大的有瓢虫、草蛉、蚜茧蜂、食蚜蝇、蚜

霉菌等。

②物理防治。在棚室中设置黄板(20 cm×30 cm),每 667 m² 为 10～15 块,可诱杀蚜虫。并可根据诱到的数量来指导用药适期。蚜虫对银灰色有忌避性,在棚室上覆盖银灰色遮阳网或田间悬挂银灰色薄膜条,可驱除蚜虫,都可收到一定的效果。

③药剂防治。用 0.04％苦参碱水剂 400 倍液,在发生初期喷雾,隔 3～5 d 喷 1 次,连喷 2～3 次;用 3％除虫菊素乳油,对水稀释成 800～1 200 倍液喷雾;50％辟蚜雾(抗蚜威)可湿性粉剂 2 000～3 000 倍液;2.5％溴氰菊酯乳油 2 000～3 000 倍液;20％速灭杀丁乳油 2 000～3 000 倍液;40％菊杀乳油 2 000～3 000 倍液;40％菊马乳油 2 000～3 000 倍液等喷雾。

2. 烟粉虱

烟粉虱是同翅目粉虱科。2000 年,全国 10 余个省市区均有不同程度发生,其中河北、北京、天津在蔬菜上发生严重,在棉花生产区危害也呈上升趋势。在北京,据调查,烟粉虱对黄瓜、番茄、茄子、甜瓜和西葫芦的危害损失,严重时可达七成以上。

(1)危害特点　成、若虫刺吸植物汁液,受害叶褪绿萎蔫或枯死。使植株衰弱,并分泌蜜露,诱发煤污病,严重时叶片呈黑色,影响光合作用,同时还会传播病毒病。

(2)形态特征　成虫体长 1 mm,白色,翅透明具白色细小粉状物。蛹长 0.55～0.77 mm,宽 0.36～0.53 mm。

(3)发生规律　一年发生 10～12 代,几乎月月出现一次种群高峰,每代 15～40 d,夏季卵期 3 d,冬季 33 d。若虫 3 龄,9～84 d,伪蛹 2～8 d。成虫产卵期 2～18 d。每雌产卵 120 粒左右。卵多产在植株中部嫩叶上。成虫喜欢无风温暖天气,有趋黄性,气温低于 12℃停止发育,14.5℃开始产卵,气温 21～33℃,随气温升高,产卵量增加,高于 40℃成虫死亡。相对湿度低于 60％成虫停止产卵或死去。暴风雨能抑制其大发生,非灌溉区或浇水次数少的作物受害重。

(4)防治方法

①农业防治。培育无虫苗,育苗时要把苗床和生产温室分开,育苗前先彻底消毒,幼苗上有虫时在定植前清理干净,做到用做定植的幼苗无虫。注意安排茬口、合理布局 在温室、大棚内,番茄、茄子、辣椒等不要混栽,有条件的可与芹菜、韭菜、蒜、蒜黄等间套种,以防烟粉虱传播蔓延。

②生物防治。用丽蚜小蜂防治烟粉虱,当每株苗有粉虱 0.5～1 头时,每株放蜂 3～5 头,10 d 放 1 次,连续放蜂 3～4 次,可基本控制其危害。

③药剂防治。早期用药在粉虱零星发生时开始喷洒 20％扑虱灵可湿性粉剂 1 500 倍液或 25％灭螨猛乳油 1 000 倍液、2.5％天王星乳油 3 000～4 000 倍液、用 10％扑虱灵可湿性粉剂 800 倍液,10％吡虫啉可湿性粉剂 1 500 倍液,2.5％功

夫乳油1 500倍液等药剂,每隔2～3 d喷1次,连喷3～4次。2.5%功夫菊酯乳油2 000～3 000倍液、10%吡虫啉可湿性粉剂1 500倍液,隔10 d左右1次,连续防治2～3次。棚室内发生粉虱可放烟剂,采用此法要严格掌握用药量,以免产生药害。

3. 棉铃虫

棉铃虫是鳞翅目夜蛾科。是多食性害虫,寄主植物有250多种,对蔬菜主要危害番茄,其次是茄子,也危害豆类、甘蓝、白菜。也危害棉花、玉米、小麦、烟草、向日葵等大田作物。

(1)危害特点　危害番茄时,以幼虫蛀食蕾、花、果为主,也可食害嫩茎、叶和芽。蕾受害时,苞叶张开,变成黄绿色,2～3 d后脱落。幼果常被吃空或引起腐烂而脱落。成果被蛀食后,因蛀孔易于雨水、病菌流入而导致腐烂脱落。是番茄减产的主要原因。

(2)形态特征　成虫体长15～17 mm,翅展27～28 mm,正面肾形斑、环形斑各横线不太清晰。中横线由肾形斑下斜伸至翅后缘,末端达环形斑正下方。外横线斜向后伸达肾形斑正方。后翅黑褐色宽带的内侧没有一条平行线,后翅翅脉黑褐色;卵为半球形,卵壳上有网状花纹,卵初产时为乳白色;老熟幼虫体长30～42 mm。体色变化很大,有淡绿色、绿色、黄白色、淡红色、黑紫色;蛹长为17～21 cm,纺锤形,黄褐色,腹部末端有1对刺,基部分开(图8-12)。

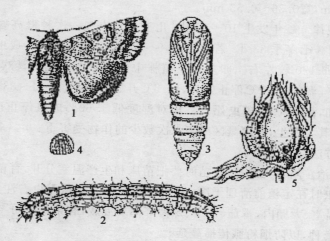

图8-12　棉铃虫
1. 成虫　2. 幼虫　3. 蛹　4. 卵　5. 被害状

(3)发生规律　棉铃虫在北京地区一年发生4代。棉铃虫以蛹在晚秋寄主附近土中越冬。4月中、下旬越冬蛹开始羽化,5月上、中旬为羽化盛期,产卵于番茄、豌豆、小麦上。卵盛期为 5 月中旬至下旬,第一代危害轻,第二代为主要危害世代。卵盛期为 6 月中、下旬,幼虫危害盛期为 6 月下旬至 7 月上、中旬。第三代卵高峰在 7 月下旬,发生轻,主要危害夏播茄子和塑料棚内秋番茄。第四代卵高峰出现。在 8 月下旬至 9 月上旬,幼虫危害盛期。9 月至 10 月上、中旬,主要危害秋棚和温室番茄。第四代老熟幼虫大部分在 10 月底前入土化蛹越冬。

对黑光灯有较强的趋性,对新枯萎的杨树枝有趋集性,对草酸和蚁酸有强烈的趋化性。但对糖醋的趋化性很弱。幼虫具假死和自残性。

(4)防治方法

①农业防治。翻耕灭蛹。翻耕土地可消灭大量的蛹,以减少虫源;在番茄田中或地边种植少量玉米,用以诱蛾产卵,减少番茄上卵量;结合整枝、打枝可摘除部分虫、卵。

②诱杀成虫。每 667 m² 地块,设黑光灯 1 盏,可诱杀大量成虫,雌蛾占 42%,其中 83% 是尚未产卵或正在产卵的雌蛾。因此点灯区田间卵量明显下降。

③潜所诱杀。利用害虫有选择特定条件潜伏的习性进行诱杀,如杨树枝把诱棉铃虫成虫。

④生物防治。棉铃虫的自然天敌有 20 多种,棉铃虫卵的寄生天敌有拟澳洲赤眼蜂、玉米螟赤眼蜂、松毛虫赤眼蜂;幼虫寄生性天敌有姬蜂、茧蜂。蛹的寄生天敌有茧蜂、姬蜂和寄生蝇;棉铃虫的捕食性天敌有蜘蛛、胡蜂、瓢虫、草蛉、蛙类。在主要危害世代产卵高峰后 3~4 d 及 6~8 d,喷 2 次 Bt 乳剂(每克含活孢子 100 亿)250~300 倍液,对三龄前幼虫有较好的防治效果。

⑤药剂防治。应在主要危害世代的卵孵化盛期,以上午为宜,重点喷洒植株上部。可选用 50% 辛硫磷乳油 1 000 倍液或 2.5% 敌杀死乳油;20% 杀灭菊酯乳油、2.5% 功夫乳油、2.5% 天王星乳油、5% 来福灵乳油、10% 氯氰菊酯乳油等 2 000~4 000 倍液喷雾。

4. 烟青虫

烟青虫是鳞翅目夜蛾科。主要危害青椒(甜椒、灯笼椒、柿椒、大椒、辣椒)、番茄、烟草等植物。

(1)危害特点　以幼虫蛀食蕾、花、果,也食害嫩茎、叶和芽。果实被蛀引起腐烂,造成大量落果。

(2)形态特征　成虫体长 15~18 mm,翅展 27~35 mm,体黄褐至灰褐色。前翅的斑纹清晰,内、中、外横线均为波状的细纹;雄蛾前翅黄绿色,而雌蛾为黄褐至灰褐色。后翅近外缘有一条褐色宽带。卵半球形,表面有 20 多条长短相间的纵棱。初产时乳白色,后为灰黄色,近孵化时为紫褐色。老熟幼虫体长 31~41 mm,

头部黄褐色(图8-13)。

图8-13　烟青虫

（3）发生规律　在华北一年2代,安徽、云南、贵州、四川、湖北等地每年发生4～6代。烟青虫在各地均以蛹在土中7～13 cm处越冬,一般在4月底至6月中旬越冬蛹羽化为成虫,在各地经不同世代后于9～10月份化蛹入土越冬。成虫卵散产,前期多产在寄主植物上中部叶片背面的叶脉处,后期产在萼片和果上。成虫可在番茄上产卵,但存活幼虫极少。幼虫昼间潜伏,夜间活动危害。发育历期:卵3～4 d,幼虫11～25 d,蛹10～17 d,成虫5～7 d。

（4）防治方法

①农业防治。冬春及时耕翻土地,通过机械杀伤、恶化越冬环境、增加天敌取食机会等,达到减少越冬蛹的目的。及时打顶抹杈,可以降低田间虫口密度,减轻危害。

②物理防治。在幼虫危害期,早晨到田间检查心叶及嫩叶,在新鲜虫孔或虫粪附近找出幼虫并杀死;在成虫盛发期可采用杨树枝把、黑光灯、高压汞灯或性诱剂、食物诱杀等方法。杨树枝把的设置方法:取10～15枝两年生半枯萎杨树枝(长60～70 cm)捆成一束,竖立在田间地头,高出植株15～30 cm,用量每667 m²设7～10把,每天日出前用网袋套住枝把捕捉成虫。杨树枝把每周需换1次,以保持较强的诱虫效果。

性诱剂诱捕器的设置方法:取直径30～40 cm的水盆,盆中装满水并加少许洗衣粉,盆中央用铁丝串挂性诱芯,诱芯距水面1～2 cm,诱芯凹面朝下,将制成的诱捕器置于用木棍做成的简易三脚架上,然后放在植株行间,略高于植株。两个诱捕器相距50 m。诱芯每20 d更换1次。

另外,利用诱捕器可对烟青虫进行预测预报,根据诱蛾数量确定诱蛾高峰期,诱蛾高峰期后2～3 d后为卵孵化盛期,也是田间用药的适宜时间。

诱杀成虫在成虫盛发期,利用成虫趋化性,可用糖醋液(糖∶酒∶醋∶水＝6∶

1∶3∶10),或甘薯、豆饼发酵液加入少量敌百虫,放置烟田诱杀成虫。

③化学防治。幼虫 3 龄前,可选用下列药剂进行喷雾防治。90%晶体敌百虫 1 000 倍液,80%敌敌畏乳油 1 000~2 000 倍液,50%杀螟松乳剂 500~1 000 倍液,或 50%辛硫磷乳油 500~1 000 倍液,掌握多数幼虫在 3 龄以前施药,才能收到良好的效果。

④生物防治。注意保护天敌,充分发挥天敌的自然控制作用。利用生物制剂进行防治,如 Bt 制剂(每克含 1 亿活孢子)1 000 倍液喷雾。

5.茄二十八星瓢虫

茄二十八星瓢虫是鞘翅目瓢甲科。主要危害马铃薯、茄子、番茄、青椒、辣椒、扁豆、菜豆、大豆、黄瓜、南瓜、白菜、甜瓜、龙葵等植物。

(1)危害特点 均以幼虫、成虫危害寄主植物的叶片、果实和嫩茎。被害叶片仅残留上表皮,形成许多不规则透明的凹纹,后呈现褐色斑痕,叶片斑痕过多则导致枯萎;受害果、瓜,不仅减产,而且被啃食部分变硬,并有苦味,失去商品价值。

(2)形态特征 成虫体长 7 mm,半球形,赤褐色,全身密生黄褐色绒毛。共 28 个黑斑;卵长约 1.5 mm,纺锤形,初产时淡黄褐色,上有纵纹。卵块中卵粒排列较松散;幼虫体长 9 mm,淡黄色,纺锤形,中央膨大,背面隆起,每枝刺上有小刺 6~8 根,枝刺基部有黑斑。蛹为裸蛹,长 6~7 mm,椭圆形,背面隆起,体色淡黄(图 8-14)。

189

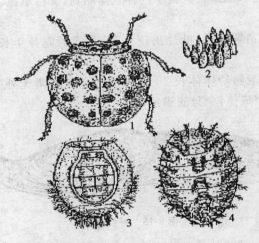

图 8-14 茄二十八星瓢虫

1.成虫 2.卵 3.幼虫 4.蛹

（3）发生规律　在一年发生多代,在北京地区一年发生 2 代,以成虫群集在背阴向阳的山洞中、石缝内、树皮下、屋檐下、篱笆下、土穴内及各种缝隙中越冬,也喜欢在背风向阳的山坡或半丘陵地群集越冬,土质以沙质壤土最适合。在土中越冬深度为 3～6 cm。

第二年 5 月中下旬,越冬代成虫恢复活动。先爬到附近杂草上栖居,以后相继飞到马铃薯、茄子、番茄、青椒上。6 月上中旬为产卵盛期,6 月下旬至 7 月上旬为第一代幼虫危害期,7 月中下旬为化蛹盛期,7 月底 8 月初为第一代成虫羽化盛期,8 月中旬为第二代幼虫危害盛期,8 月下旬开始化蛹,羽化的成虫自 9 月中旬开始寻找越冬场所,10 月上旬开始越冬。成虫产卵最适宜的温度为 22～28℃,30℃以上,即使产卵也不能孵化,16℃以下不产卵。

（4）防治方法

①人工防治。人工捕捉成虫,摘除卵块,利用成虫集中越冬和假死习性,早春在越冬场所可抓到大量过冬成虫。6 月份当成虫大量向马铃薯地迁移时,趁早晨有露水时,可在田间捕捉成虫。此虫产卵集中,颜色鲜艳,易于发现,易于摘除。

②药剂防治。应在幼虫分散前进行。可用 90％敌百虫晶体或 50％辛硫磷乳油 1 000 倍液,2.5％溴氰菊酯乳油 3 000 倍液,2.5％功夫乳油 4 000 倍液,40％菊杀乳油 3 000 倍液,40％菊马乳油 2 000～3 000 倍液喷雾。

6. 野蛞蝓

属腹足纲,柄眼目,蛞蝓科。属于一种软体动物,又称旱螺、黏液虫、鼻涕虫等。主要危害多种蔬菜。

（1）危害特点　苗期危害,叶片出现孔洞,严重时吃掉生长点,植株叶片出现孔洞。

（2）形态特征　老熟幼体体长 20～25 mm,柔软光滑无外壳,暗灰色、灰红色或黄白色。幼体形似成体,全身淡褐色(图 8-15)。

图 8-15　野蛞蝓

（3）发生规律　以成虫体或幼体在作物根部湿土下越冬。5～7 月在田间大量活动危害,入夏气温升高,活动减弱,秋季气候凉爽后,活动危害。完成一个世代约

250 d。野蛞蝓怕光,强光下 2～3 h 即死亡,因此均夜间活动,从傍晚开始出动,晚上 10～11 时达高峰,清晨之前又陆续潜入土中或隐蔽处。耐饥力强,在食物缺乏或不良条件下能不吃不动。阴暗潮湿的环境易于大发生,当气温 11.5～18.5℃,土壤含水量为 20%～30% 时,对其生长发育最为有利。

(4)防治方法　危害初期,每 667 m² 用 6% 蜜达颗粒剂 500～700 g,拌细沙 10～15 kg 撒施,只可施用 1 次,防治效果较好;或向苗床上洒茶枯液进行触杀(茶枯粉 1 kg 对水 10 kg 煮沸 30 min,揉撮过筛后取澄清液,再对水 60 kg 拌匀)。也可用 70～100 倍的氨水,于晚上撒于植株附近;或用 8% 灭蛭灵乳油 800～1 000 倍液喷施防治。

7. 茶黄螨

蜱螨目跗线螨科。主要危害黄瓜、番茄、茄子、青椒、豇豆、菜豆、马铃薯等多种蔬菜。

(1)危害特点　以成螨和幼螨集中在蔬菜幼嫩部分刺吸危害。受害叶片背面呈灰褐或黄褐色,油渍状,叶片边缘向下卷曲;受害嫩茎、嫩枝变黄褐色,扭曲变形,严重时植株顶部干枯;果实受害果皮变黄褐色。茄子果实受害后,呈开花馒头状。

(2)形态特征　雌成螨体长约 0.21 mm,呈椭圆形,淡黄至橙黄色,半透明。身体分节不明显,足较短,第 4 对足纤细,其跗节末端有端毛和亚端毛;腹面后足体部有 4 对刚毛;假气门器官向后端扩展。卵长 0.1 mm,长椭圆形,无色透明。卵面纵列 6 行气泡状小突起。幼螨椭圆形,淡绿色,头胸部近似成螨,腹部分为明显的 3 节,腹部末端呈圆锥形,有 1 对刚毛,3 对足。

(3)发生规律　茶黄螨的每个世代的历期都很短。当气温为 20～30℃时,完成 1 代只需 4～5 d;18～20℃时,也只需 7～10 d。露地甜椒受害远不及茄子严重。一般于 6 月下旬至 7 月中旬发生,8～9 月是危害高峰,10 月以后虫口数量随气温下降而减少。在露地条件下以成螨越冬;在温室内,可继续繁殖和危害。茶黄螨有明显的趋嫩性,成螨和幼螨开始多栖息在嫩叶背面啃食叶肉。严重时转向嫩果危害。茶黄螨生长发育和繁殖的最适温度为 16～23℃,最适空气相对湿度为80%～90%。30℃以上的高温不利于其繁殖,大雨可减少虫口数量。

(4)防治方法

①农业防治。清除渠埂和田园周围的杂草,蔬菜采收以后要及早拉秧,彻底清除田间的落果、落叶和残枝,并集中焚烧。在春季把白天的室温和棚温控制到 30℃以上,以减少露地的茶黄螨来源。

②药剂防治。喷药的重点要瞄准嫩茎、嫩叶、花和幼果,喷药时要喷头朝上,喷叶片背面。可用 20% 三氯杀螨醇乳油 600～1 000 倍液,35% 杀螨特乳油 1 000～

1 500 倍液,25%灭螨猛可湿性粉剂 1 000 倍液,5%尼索朗乳油 2 000 倍液,1.8%阿维菌素乳油 4 000 倍液喷雾。

8. 蝼蛄

蝼蛄为直翅目蝼蛄科。分为华北蝼蛄和东方蝼蛄,在形态上的区别见表 8-3。可危害多种蔬菜,如茄科、豆科、十字花科、百合科、葫芦科,以及菠菜、莴苣、茴香等。

(1)危害特点　以成虫、若虫在土中咬食种子和幼芽,或将幼苗咬断,使幼苗枯死。受害的根部呈乱麻状,造成田间缺苗断垄。

(2)形态特征(图 8-16)。

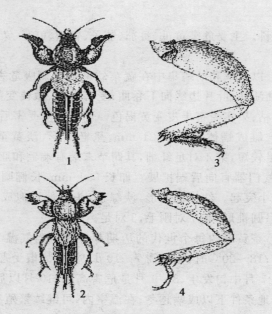

图 8-16　华北蝼蛄和东方蝼蛄
1. 华北蝼蛄　2. 东方蝼蛄　3. 华北蝼蛄后足　4. 东方蝼蛄后足

(3)发生规律　华北蝼蛄生活史长,3 年左右完成一代。以成虫或若虫在70 cm 以下土层深处越冬。3 月下旬至 4 月上旬蝼蛄开始活动。4 月中下旬至 6月中旬,是危害最重的时期。6～8 月下旬,气温升高,蝼蛄潜入土中越夏。成虫则进入产卵盛期。9 月上旬气温下降后,越夏蝼蛄又上升到地表面危害秋季作物,10月中旬以后,陆续入土越冬。蝼蛄昼伏夜出,以夜间 9～11 时活动最盛,多在表土层或地面活动。蝼蛄在盐碱潮湿的土壤、沙壤土上发生多,危害重。黏重土发生

表 8-3　华北蝼蛄和东方蝼蛄形态上区别

名　称		华北蝼蛄	东方蝼蛄
成虫	体长	身体粗大,体长 40～50 cm	体小,体长大 30～35 cm
	体色	淡黄褐到黄褐色	淡黄褐到黑褐色
	前胸背板	中央有 1 个不明显凹陷	中央有 1 个不明显凹陷
	后足	腿部下缘弯曲,胫节背侧内缘有刺 1 个或消失	腿部下缘平直,胫节背侧内缘有刺 3～4 个
若虫	体色	黄褐色	灰褐色
	前后足	5～6 龄以上同成虫	2～3 龄以上同成虫
卵	形状	椭圆形	长椭圆形

量少。

（4）防治方法

①农业防治。苗床施足腐熟的马粪肥,保持床土松软,防止招引蝼蛄进入苗床,危害幼苗。

②土壤处理。用 5％辛硫磷颗粒剂每 667 m² 用 1～1.5 kg 与 15～30 kg 细土混合后撒于床土上、播种沟或移栽穴内,待播种和菜苗移栽后覆土。

③毒饵诱杀。毒谷用 90％敌百虫晶体 0.15 kg,或 50％辛硫磷乳油 0.15 kg 对成 30 倍液,将谷秕子 1.5～2.5 kg 煮半熟,凉后拌药,可供 667 m² 用。温室苗床发现蝼蛄时,可将毒谷撒在蝼蛄活动的隧道处。对蝼蛄有良好的诱杀效果,并能兼治蛴螬。

④物理防治。鲜马粪或鲜草诱杀,苗床每隔 20 cm 左右挖一小土坑,放入鲜马粪,第二天早晨捕杀。

⑤药剂灌根。用 50％辛硫磷乳油 1 000 倍液灌根,也有一定效果,每次每穴 0.5 kg。

（二）茄果类病害

茄果类蔬菜种类较多,国内发现的茄果类蔬菜病害有 70 种,主要有番茄早疫病、番茄晚疫病、番茄灰霉病、番茄叶霉病、番茄斑枯病、番茄脐腐病、番茄疮痂病、辣椒炭疽病、辣椒灰霉病、辣椒疫病、茄子黄萎病、茄子褐纹病、茄子绵疫病等病害。

1. 番茄早疫病

（1）症状识别　番茄早疫病又称番茄轮纹病。苗期、成株期均可染病,主要侵害叶、茎、花果。受害叶片初呈针尖大的小黑点,后发展为不断扩展的轮纹斑,边缘多具浅绿色或黄色晕环,中部现同心轮纹,且轮纹表面生毛刺状不平坦物;茎部染病,多在分枝处产生褐色至深褐色不规则圆形或椭圆形斑,表面生灰黑色霉状物;

青果染病,始于花萼附近,初为椭圆形或不定形褐色或黑色凹陷病斑,直径 10～20 mm,后期果实开裂,病部较硬,密生黑色霉层(图 8-17)。

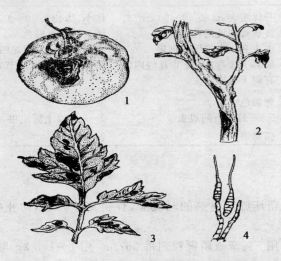

图 8-17 番茄早疫病
1～3. 补害状 4. 分生孢子及分生孢子梗

(2)病原 属半知菌亚门,枝孢霉[*Fulvia fulva* (Cooke) Cif]。分生孢子梗成整束由寄主气孔中伸出,多隔。分生孢子串生,孢子链通常分枝(图 8-17)。

(3)发病规律 以菌丝或分生孢子在病残体或种子上越冬,可从气孔,皮孔或表皮直接侵入,形成初侵染,经 2～3 d 潜育后现出病斑,3～4 d 产出分生孢子,并通过气流、雨水进行多次重复侵染。当番茄进入旺盛生长及果实迅速膨大期发病严重。当气温在 20～25℃,相对湿度在 80％以上或多阴雨天气,病害易流行。重茬地、瘠薄地、浇水过多或通风不良地块发病较重。

(4)防治方法

①种植耐病品种。如茄抗 5 号、奇果、矮立元、密植红等。

②农业防治。由于早春定植时昼夜温差大,白天 20～25℃,夜间 12～15℃,相对湿度高达 80％以上,易结露,利于此病的发生和蔓延。实行 3 年以上轮作。充分施足基肥,适时追肥,喷洒植宝素 7 500 倍液,提高寄主抗病力。

③药剂防治。防治早疫病应掌握在发病前即开始喷药预防;发病初期用 3％农抗 120 水剂 150 倍液或 2％武夷霉素水剂 150～200 倍液喷雾,隔 5～7 d 喷 1 次,连喷 2～3 次。

发病初期喷撒 5％百菌清粉尘剂,每 667 m² 次 1 kg,隔 9 d 喷 1 次,连续防治

3～4 次；施用 45％百菌清烟剂或 10％速克灵烟剂，每 667 m² 用 200～250 g。

发病前开始喷洒 50％扑海因可湿性粉剂 1 000～1 500 倍液或 75％百菌清可湿性粉剂 600 倍液、58％甲霜灵·锰锌可湿性粉剂 500 倍液、64％杀毒矾可湿性粉剂 500 倍液、40％扑可湿性粉剂 400 倍液、50％双扑可湿性粉剂 800 倍液。

2.番茄晚疫病

(1)症状识别　番茄晚疫病又称番茄疫病。主要危害叶片、茎秆和果实。幼苗染病时，初呈水浸状暗绿色，后变为黑褐色，严重时病苗枯死；叶片染病，多从植株下部叶尖或叶缘开始发病，初为暗绿色水浸状不整形病斑，扩大后转为褐色。高湿时，叶背病健交界处长白霉；茎上病斑呈黑褐色腐败状，引致植株萎蔫；果实染病主要发生在青果上，病斑初呈油浸状暗绿色，后变成暗褐色至棕褐色，稍凹陷，边缘明显，云纹不规则，果实一般不变软，湿度大时其上长少量白霉，迅速腐烂（图 8-18）。

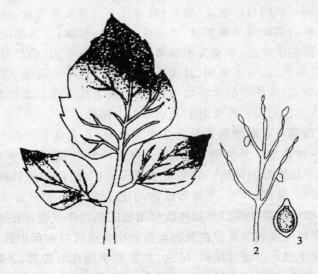

图 8-18　番茄晚疫病

(2)病原　为鞭毛菌亚门，疫霉属［*Phytophthora infestans*（Mont.）de Bary］。病菌生长适温为 20～30℃，此时在寄主体内潜育期最短（图 8-18）。

(3)发病规律　番茄晚疫病菌主要在冬季栽培的番茄及马铃薯块茎中越冬，或以菌丝体在落入土中的病残体上越冬。借气流或雨水传播到番茄植株上，从气孔或表皮直接侵入，在田间形成中心病株，借风雨传播蔓延，进行多次重复侵染，引起该病流行。降雨的早晚，雨日多少，雨量大小及持续时间长短是决定该病发生和流行的重要条件。地势低洼、排水不良，田间湿度大，易诱发此病。

195

（4）防治方法

①选用抗病品种。较抗病的品种有圆红、中蔬 4 号、中蔬 5 号、中杂 4 号、渝红 2 号等，可根据当地情况选用。

②农业防治。与非茄科作物实行 3 年以上轮作。避免在有番茄晚疫病的棚内育苗，定植前仔细检查剔除病株。雨季及时排涝，降低田间湿度。加强田间检查，发现中心病株，摘除病叶、病果。

③药剂防治。可用的药剂有 1∶1∶200 倍波尔多液，75％百菌清可湿性粉剂 500 倍液，72.2％普力克水剂 800 倍液；58％甲霜灵锰锌可湿性粉剂 500 倍液；40％甲霜铜可湿性粉剂 700～800 倍液；47％加瑞农可湿性粉剂 800 倍液，以上各种药剂可轮换选用，视病情每隔 7 d 喷 1 次，连续防治 2～3 次。

3. 番茄灰霉病

（1）症状识别　该病可危害花、果实、叶片及茎。青果受害重，残留的柱头或花瓣多先被侵染，后向果面或果柄扩展，果皮呈灰白色，软腐，发病部位长出大量灰绿色霉层，即病原菌的子实体，果实失水后僵化；叶片多自叶尖，病呈"V"字形向内扩展，初水浸状、浅褐色、边缘不规则、具深浅相间轮纹，后干枯表面生有灰色霉层，导致叶片枯死；茎染病，开始亦呈水浸状小点，后扩展为长椭圆形或长条形斑，湿度大时病斑上长出灰褐色霉层。严重时引起病部以上枯死。

（2）病原　番茄灰霉病的病原是属于半知菌亚门，灰葡萄孢菌（*Botrytis cinerea* Pers.），是一种真菌。分生孢子梗细长，有分隔和分枝，灰至灰褐色。病菌还可产生黑褐色、不规则形的菌核。病菌寄主范围较广，除侵染茄科蔬菜外，还可侵染瓜类、甘蓝、菜豆、莴苣、洋葱、苹果等作物，引起灰霉病。

（3）发病规律　病菌主要以菌丝体或微菌核随病残体或遗留在土壤中越冬，成为下一个生长季初侵染的菌源。在我国南方的病菌也可以在保护栽培设施内终年存活。病菌的分生孢子可通过风雨、昆虫、甚至农事操作而传播，条件适宜时即萌发，多从伤口或衰老、坏死组织侵入。初侵染发病后又长出大量新的分生孢子，通过传播可不断进行再侵染。保护设施内环境潮湿，不通风，20～24℃，有利于此病发生和流行。

（4）防治方法

①农业防治。保护地番茄采用生态防治法，加强通风管理；发现病株、病果应及时清除销毁；收获后彻底清园，翻晒土壤，可减少病菌来源。

②药剂防治。在定植前用 50％速克灵可湿性粉剂 1 500 倍液或 50％多菌灵可湿性粉剂 500 倍液喷淋番茄苗，要求无病苗进棚；在蘸花时用药，做法是第一穗果开花时，在配好的 2,4-D 或防落素稀释液中，加入 0.1％的 50％速克灵可湿性粉

剂或 50％扑海因可湿性粉剂、50％多菌灵可湿性粉剂,进行蘸花或涂抹,使花器着药;此外,也可单用"保果灵"可湿性粉剂,每克对热水 0.5 L 充分搅拌冷却后蘸花,每 667 m² 用 13 g;在浇催果水前一天用药,以后视天气情况确定,正常年份,可停药,如遇连阴雨天气,气温低,可再防 1～2 次,间隔 7～10 d。在棚室番茄灰霉病始发期,施用特克多烟剂,每 100 m² 用量 50 g(1 片);或 10％速克灵烟剂、45％百菌清烟剂,每 667 m² 用 250 g 熏一夜,隔 7～8 d 熏 1 次。

4.番茄叶霉病

(1)症状识别 可危害叶片、茎、花、果实等。叶片是主要被害对象,被害时,叶面出现椭圆形或不规则形淡黄褪绿斑,叶背面病斑上长出灰紫色至黑褐色的绒状霉层,温湿度合适时,病斑正面也可长出霉层。病情发展严重时,叶片由下向上逐渐卷曲,植株呈黄褐色干枯。果实染病,果蒂附近或果面形成黑色圆形或不规则形斑块,硬化凹陷,不能食用。嫩茎或果柄染病,症状与叶片相似(图 8-19)。

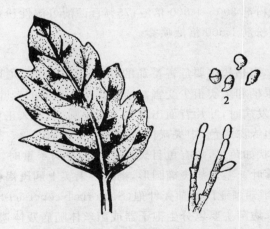

图 8-19 番茄叶霉病

(2)病原 属半知菌亚门,枝孢霉[*Fulvia fulva* (Cooke) Cif]。分生孢子梗成整束由寄主气孔中伸出,多隔。分生孢子串生,孢子链通常分枝(图 8-19)。

(3)发病规律 病菌随病残体或在种子上越冬,第二年条件适宜时产生分生孢子借气流传播。冬季病菌在保护地番茄上可继续繁殖危害,直接传播到苗床或露地番茄上危害。病菌孢子萌发后一般从寄主叶背气孔侵入,菌丝在细胞间隙生长蔓延,也可从萼片、花梗等部分侵入,并可进入子房,潜伏在种皮上。病菌发育的最适温度为 20～25℃,相对湿度 80％以上,有利于病斑扩展,并形成分生孢子。一般地势低洼,通风不良,种植过密的地块,多雨高湿,温度适宜的条件下,病害易发生严重。

（4）防治方法

①选用抗病品种。如佳粉 15、佳粉 16、佳粉 17 高抗叶霉病,双抗 2 号。

②农业防治。番茄与瓜类、豆类实行 3 年以上的轮作。保护地番茄应适当控制灌水,加强通风,以降低温湿度。大田也要注意田间通风透光,不宜种植过密,并适当增施磷钾肥,以提高植株的抗病性。雨季要及时排水,以降低田间湿度。

③种子处理。若种子带菌,可用 52℃ 的温水浸种 30 min,晾干备用。

④温室消毒。连年发病的温室,在番茄定植前应进行消毒处理。具体办法是:每 37 m³ 用硫磺和锯末各 500 g,分放几处,点火后密闭熏烟一夜,可起到杀菌作用。

⑤药剂防治。发病初期,可先摘除下部叶片,接着喷药保护。每隔 7～10 d 喷 1 次,连续喷在叶片背面。可用药剂有 70% 甲基托布津可湿性粉剂 1 000 倍液;50% 多菌灵可湿性粉剂 800～1 000 倍液;75% 百菌清可湿性粉剂 600～800 倍液;50% 扑海因可湿性粉剂 1 500 倍液喷雾。

5. 番茄斑枯病

（1）症状识别　斑枯病主要危害番茄的叶片、茎和花萼,尤其在开花结果期的叶片上发生最多,果柄和果实很少受害。通常是接近地面的老叶最先发病,以后蔓延到上部叶片。初发病时,叶片背面出现水渍状小圆斑,不久正反两面都出现圆形和近圆形的病斑,边缘深褐色,中央灰白色,凹陷,一般直径 2～3 mm,密生黑色小粒点。由于病斑形状如鱼目,故有鱼目斑病之称。发病严重时,叶片逐渐枯黄,植株早衰,造成早期落叶。茎上病斑椭圆形,褐色。果实上病斑褐色,圆形。

（2）病原　属半知菌亚门番茄壳针孢(Septoria lycopersici Speg)菌。

（3）发病规律　病菌主要以分生孢子器或菌丝体随病残体遗留在土中越冬,也可以在多年生的茄科杂草上越冬。第二年病残体上产生的分生孢子是病害的初侵染来源。分生孢子器吸水后从孔口涌出分生孢子团,借雨水溅到番茄叶片上,所以接近地面的叶片首先发病。此外,雨后或早晚露水未干前,在田间进行农事操作时可以进行传播。菌丝生长的适宜温度为 25℃ 左右,最低 15℃,最高 28℃。在温度为 25℃ 和饱和的相对湿度下,48 h 内病菌即可侵入寄主组织内。在温度为 20℃ 或 25℃ 时,病斑发展快。温暖潮湿和阳光不足的阴天,有利于斑枯病的产生。当气温在 15℃ 以上,遇阴雨天气,同时土壤缺肥、植株生长衰弱,病害容易流行。在高温干燥的情况下,病害的发展受到抑制。斑枯病常在初夏发生,到果实采收的中后期蔓延很快。

（4）防治方法

①选抗病品种。番极佳、以色列二号、佳粉 15、16、17 号等抗病品种。

②农业防治。发病严重地块与非茄科蔬菜实行 3～4 年轮作。应避免与番茄、马铃薯轮作。培育壮苗，苗床用新土或两年未种过茄科蔬菜的地块育苗。

③种子清毒。须从无病植株上选留种子，并进行种子消毒，在 52℃ 温水中浸泡 30 min，晾干后催芽播种。

④药剂防治。发病初期喷药保护，可选用 70％ 代森锰锌可湿性粉剂 500 倍液、75％ 百菌清可湿性粉剂 600 倍液、50％ 多菌灵可湿性粉剂 500 倍液、50％ 扑海因可湿性粉剂 600～800 倍液、58％ 甲霜灵锰锌可湿性粉剂 600～800 倍液、77％ 可杀得可湿性粉剂 600～800 倍液、50％ 托布津可湿性粉剂 600 倍液、1∶1∶（200～240）波尔多液喷雾。每周用药 1 次，连续 2～3 次。

6. 番茄脐腐病

（1）症状识别　该病一般发生在果实上。最初表现为脐部出现水浸状病斑，后逐渐扩大，致使果实顶部凹陷、变褐。病斑通常直径 1～2 cm，严重时扩展到小半个果实。在干燥时病部为革质，遇到潮湿条件，表面生出各种霉层，常为白色、粉红色及黑色。发病的果实多发生在第 1、2 穗果实上，这些果实往往长不大，发硬，提早变红。

（2）病原　该病属于一种生理病害。一般认为是由于缺钙引起，即植株不能从土壤中吸收足够的钙素，加之其移动性较差，果实不能及时得到钙的补充。当果实含钙量低于 0.2％ 时，致使脐部细胞生理紊乱，失去控制水分能力而发生坏死，并形成脐腐。在多数的情况下土壤中不缺乏钙元素，主要是土壤中氮肥等化学肥料使用过多，使土壤溶液过浓，钙素吸收受到影响。

（3）发病规律　一般雨后干旱；或前期灌水过多，后期不灌水；或在土壤潮湿、植株根部发育不良时，突然遇强风、热风，叶部蒸腾量远远超过根部吸水量；或偏施氮肥发病均严重。土壤碱性过重，施用未腐熟的肥料或施肥过浓引起烧根以及根系发育不良，影响水分的正常吸收，也会导致病害的发生。果实中钙的含量低于 0.2％ 时，易表现出病症。

（4）防治方法

①选用抗脐腐病品种。可选用长春 1 号、橘黄佳橙等品种。

②农业防治。加强田间管理，及时均衡浇水，施足底肥，氮、磷、钾肥配合使用。在番茄施氮量上，凡是每 667 m² 超过 30 kg 纯氮以后，发病率就会严重。所以，一要控制氮肥用量。在番茄底肥中以腐熟的有机肥加磷、钾化肥，如用普钙和硫酸钾或者用中氮、中磷富钾的复合肥做底肥。在基肥和追肥的比例上，增加追肥中的氮肥，减少基肥氮的比例。在第一花穗开花期或第一果穗坐果初期，喷洒 1％ 过磷酸

钙浸出液,或 0.5％氯化钙、0.1％硝酸钙溶液加 5 mg/kg 萘乙酸,每 15 d 左右 1 次,喷 1～2 次。

7. 番茄疮痂病

(1)症状识别　番茄的叶、茎、果均可染疮痂病。初生病斑为水浸状暗绿色斑点,扩大后形成近圆形或不整形边缘明显的褐色病斑,四周具黄色环形窄晕环,内部较薄,具油脂状光泽;茎部染病发生浸状暗绿色至黄褐色不规则形病斑,病部稍隆起,裂开后呈疮痂状;果实染病主要危害着色前的幼果和青果,初生圆形四周具较窄隆起的白色小点,后中间凹陷呈暗褐色或黑褐色,形成边缘隆起的疮痂状病斑。

(2)病原　该病由(野油菜黄单胞菌辣椒斑点病致病型,或称疤病黄单胞杆菌)引起,属于细菌病害。菌体短杆状,两端钝圆,大小(1.0～1.5)μm×(0.6～0.7)μm,端部具 1 根鞭毛。革兰氏染色阴性;发育适温 27～30℃,最高 40℃,最低 5℃,56℃经 10 min 致死。除侵染番茄外,还危害甜(辣)椒。

(3)发病规律　病原细菌在病残体中或种子表面越冬。条件适宜时,病菌通过风雨或昆虫传播到番茄叶、茎或果实上,从气孔或伤口侵入。在叶片上自侵入到发病潜育期 3～6 d,在果实上潜育期 5～6 d。发育适温 27～30℃,最高 40℃,最低 5℃,在 56℃下经 10 min 致死。高温、高湿、阴雨天气是发病重要条件。管理粗放,植株衰弱会促使发病加重。

(4)防治方法

①农业防治。重病田实行 2～3 年轮作,轮作时要避开辣椒。合理密植,增加田间通风透光,及时防治虫害,减少再侵染源。防止雨后积水,降低地下水位和保护地棚内湿度,控制发病环境。在病害盛发期及时摘除病老叶,收获后清洁田园,清除病残体,并带出田外深埋或烧毁,深翻土壤,加速病残体的腐烂分解,减少再侵染菌源。加强管理,及时整枝打杈,打杈时不要在有露水或雨水的情况下进行。

②种子处理。从无病留种株上采收种子,选用无病种子。引进商品种子在播前要做好种子处理,可用 55℃温汤浸种 10 min,捞出移入冷水中冷却后,晾干催芽播种。

③药剂防治。发病初期开始喷洒硫酸链霉素或新植霉素 4 000～5 000 倍液、50％琥胶肥酸铜可湿性粉剂 400～500 倍液,或 77％可杀得可湿性粉剂 400～500 倍液、25％络氨铜水剂 500 倍液,隔 7～10 d 喷 1 次,防治 1～2 次。

8. 辣椒炭疽病

辣椒炭疽病是一种世界性病害,是辣椒上的主要病害之一。我国各辣椒产区几乎都有发生。

(1)症状识别　此病主要危害叶片和果实,特别是近成熟期的更易发生。一般引起叶部炭疽的主要是黑色炭疽病,红色炭疽病。

①黑色炭疽病。果实及叶片均能受害,特别是成熟的果实及老叶易受侵染。果实受害,初为褐色、水浸状小斑点,褐色小斑点很快扩展成圆形或不规则形的凹陷病斑,斑面具隆起的同心轮纹,其上密生轮纹状排列的黑色小点。

②红色炭疽病。幼果及成熟果实均能受害,产生黄褐色、水渍状、凹陷病斑,其上密生轮纹状排列的橙红色小点,潮湿时病斑表面溢出淡红色黏质物,凹陷病斑。

③黑点炭疽病。以成熟果实受害严重。病斑与黑色炭疽病相似,但其上的小黑点较大,色更黑,潮湿时溢出黏质物。

(2)病原　属于半知菌亚门黑盘孢目真菌。

(3)发病规律　病菌以分生孢子附着在种子表面,或以菌丝潜伏在种子内部越冬。播种带菌种子或播种于带菌的土壤上,环境条件适宜时产生分生孢子,进行初侵染。病菌多由寄主的伤口侵入,红色炭疽病菌还可从表皮直接侵入。以后病斑上产生新的分生孢子,通过风雨、昆虫、农事操作等传播,频繁再侵染。

病菌发育温度为 12～33℃,最适 27℃;适宜相对湿度为 95％左右,相对湿度低于 70％,即使温度适宜也不适其发育。分生孢子萌发适温 25～30℃,适宜相对湿度在 95％以上。

(4)防治方法

①种植抗病品种。开发利用抗病资源,培育抗病高产的新品种。一般辣味强的品种较抗病,可因地制宜选用。如铁皮青、皖椒 1 号、长丰等。

②农业防治。加强栽培管理合理密植,避免连作,发病严重地区应与瓜类和豆类蔬菜轮作 2～3 年;适当增施磷、钾肥,促使植株生长健壮,提高抗病力。果实采收后,清除田间遗留的病果及病残体,集中烧毁或深埋,并进行一次深耕,将表层带菌土壤翻至深层,促使病菌死亡。可减少初侵染源、控制病害的流行。

③选用无菌种子及种子处理。从无病果实采收种子,作为播种材料。可用 55℃温水浸种 10 min,或用 70％代森锰锌可湿性粉剂或 50％多菌灵可湿性粉剂 1 000 倍药液浸泡 2 h,进行种子处理。

④药剂防治。在发病始期、始盛期和盛发期 3 次施药防治效果最好。可选用 70％代森锰锌可湿性粉剂 800 倍、75％百菌清可湿性粉剂 500～600 倍、70％甲基托布津可湿性粉剂 500 倍、50％多菌灵可湿性粉剂 600 倍等药剂。每隔 7～10 d 施 1 次,连续用药 2～3 次,可有效控制病害的流行。

9.辣椒灰霉病

(1)症状识别　辣椒灰霉病自苗期至成株期均可染病,主要危害叶片、茎秆、花、果实。

苗期发病,初始子叶顶端褪绿变黄,后扩展至幼茎,幼茎变细缢缩,使幼苗病茎折断枯死。

叶片发病,初始叶外沿褪绿变黄并产生灰白色霉层,发病末期可使整叶腐烂而死。茎秆发病,初始在茎秆产生水渍状小斑,扩展后成长椭圆形或不规则形,病部呈淡褐色,表面生灰白色的霉层。严重时,病斑可绕茎秆一周,引起病部上端的茎、叶萎蔫枯死。

果实发病,初期被害部位的果皮呈灰白色水浸状,后发生组织软腐,后期在病部表面密生灰白色的霉层。

(2)病原　为半知菌亚门,葡萄孢菌属。

(3)发病规律　病菌以菌丝、菌核或分生孢子在病残体上或遗留在土壤里过冬。病菌发育适温 23℃,最高 31℃,最低 2℃;病菌对湿度要求很高,一般 12 月至次年 5 月连续湿度 90% 以上的多湿状态易发病。病菌喜温暖高湿的环境,最适发病环境温度为 20～28℃,相对湿度 90% 以上,最适感病生育期为始花期至坐果期。

辣椒灰霉病的主要发病盛期在冬春季 12 月中、下旬至 5 月间。早春温度偏低、多阴雨、光照时数少的易发病。连作地、排水不良、与感病寄主间作、种植过密、生长过旺、通风透光差、氮肥施用过多的易发病,保护地春季阴雨连绵、气温低、关棚时间长、棚内湿度高、通风换气不良,极易引发病害。

(4)防治方法

①农业防治。精细整地,畦面应做成鱼背式的深沟高畦,确保浇水畦面不积水。在雨季前,抓好温室、大棚四周清理沟系,防止雨后积水,降低地下水位和棚室内湿度,控制发病环境。适时通风换气,调节大棚空气湿度,抑制病害的重要手段。

②药剂防治。50% 敌力脱水乳剂 2 000～2 500 倍;50% 速克灵可湿性粉剂 800～1 000 倍液;50% 农利灵可湿性粉剂 1 000 倍液;50% 扑海因可湿性粉剂 1 000 倍。防治时如遇阴雨天气或低温而不便喷药时,宜选用一薰灵或百菌清烟剂防治,每标准中管棚 3～4 只。

10.辣椒疫病

(1)症状识别　幼苗期染病可使嫩茎基部出现似热水烫伤状、不定形的暗褐色斑块,逐渐软腐,幼苗倒伏死亡;主根染病初出现淡褐色湿润状斑块,逐渐变黑褐色湿腐状,可引致地上部茎叶萎蔫死亡;茎染病多在近地面或分叉处,先出现暗绿色、湿润状不定形的斑块,后变为黑褐色至黑色病斑。病部常凹陷或缢缩,致使上端枝叶枯萎;叶片染病出现污褐色,边缘不明显的病斑,病叶很快湿腐脱落;果实染病多从蒂部开始,出现似热水烫伤状、暗绿至污褐色、边缘不明显的病斑,可使局部或整个果实腐烂,逐渐失水后成为黑褐色僵果可残留在枝条上。上述各染病部位的病斑在天气潮湿时,表面可长出一层稀疏的白色霉层,这是病菌的孢囊梗和孢子囊。

(2)病原　属于鞭毛菌亚门,辣椒疫霉菌（*Phytoph-thora capsici* Leonian）的真菌。病菌孢囊梗简单,菌丝状,淡色。孢子囊顶生,长椭圆形,淡色,顶端有乳头状突起。萌发时产生多个有双鞭毛的游动孢子。卵孢子圆球形,黄褐色。病菌还能产生球形的厚壁孢子,淡黄色、单胞。辣椒疫霉菌的寄主范围较广,除辣椒外还能寄生番茄、茄子和一些瓜类作物（图 8-20）。

图 8-20　辣椒疫霉菌孢子囊

(3)发病规律　病菌以卵孢子或厚壁孢子随病残体在土壤中越冬,成为次年发病的初侵染菌源;当温湿度条件适宜,卵孢子萌发,长出孢子囊,孢子囊通过气流或风雨溅散传播,萌发时产生多个游动孢子,游动孢子萌发后进行初侵染。初侵染发病后又长出大量新的孢子囊,通过传播,在一个生长季节可进行多次的再侵染。疫病是一种流行性很强的病害,条件适宜时,短时间内就可以流行成灾。

(4)防治方法

①选用抗病品种。如长春尖椒、麻辣椒、沈椒 1 号、丹椒 2 号、辽椒 5 号和早丰 1 号等。

②农业防治。实行轮作,重病田与豆科、十字花科等非茄科作物进行 2～3 年以上轮作。有条件的覆膜栽培。施足底肥,密度适当,合理用水,避免大水漫灌,雨后排水,有条件的实行滴灌可减轻病害发生。及时摘除病果清除病残。

③种子消毒。可用 52℃温水浸种 15 min,或 20％甲基立枯磷乳油 1 000 倍液浸种 12 h,或用种子重量 0.3％的 50％克菌丹可湿性粉剂拌种。

④床土消毒。定植前每 667 m² 用 25％甲霜灵可湿性粉剂 0.5 kg 加水 70 kg 消毒土壤。

⑤药剂防治。发病初期喷药防治,应地面、茎基、植株普遍喷药,可用 58％甲霜灵锰锌可湿性粉剂 500 倍液,或 40％乙磷铝可湿性粉剂 300 倍液、64％杀毒矾可湿性粉剂 500 倍液、72.2％普力克水剂 600 倍液、72％克霜氰可湿性粉剂 600 倍液等。保护地还可用百菌清烟雾剂等熏烟防治。

11. 茄子黄萎病

(1)症状识别　茄子黄萎病、茄子褐纹病和绵疫病,在北方菜区被称为茄子三大病害。黄萎病又称黑心病、半边疯,主要危害茄子成株,一般在茄子坐果以后发

203

病。病株叶片由下往上变黄,从半边向全株发展,终致病株叶片全部枯黄脱落、死亡,仅剩茎秆立于田中。本病与枯萎病容易混淆,诊断时往往需要镜检病原菌,或剖检病株根、茎,观察维管束变色情况才能确定。黄萎病病株根、茎维管束变色特点是:木质部先由内部开始变色,逐渐向外扩展,变色部呈间断的细线条状,黄褐色。此有别于枯萎病先由皮下开始变色,逐渐向内扩展,变色部呈连续粗线条状,棕黑色(图 8-21)。

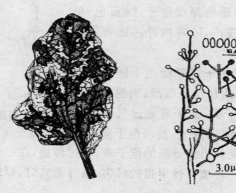

图 8-21　茄子黄萎病

（2）病原　病原为半知菌亚门的轮枝菌属[*Vexticillium* spp.],包括大丽花轮枝菌[*V. dahliae* Kleb]和黄萎轮枝孢[*V. albo-atrum* Reinke],或称棉黄萎菌(图 8-23)。

（3）发病规律　病菌均以菌丝体、厚垣孢子和微菌核随病残体遗落在土中越冬,可存活 6～8 年之久。本病与枯萎病发病特点基本相同。病菌借助流水、灌溉水、人畜活动等传播,从伤口或幼根侵入,在维管束内繁殖、扩展,破坏寄主输导组织的正常机能而导致发病。病菌发育适温为 19～24℃。通常连作地、低洼潮湿地、根部伤口多、施用未充分腐熟的土杂肥等,发病早而重。品种间抗性有差异。

（4）防治方法

①选用抗病品种。如:齐茄 3 号(黑龙江)、长茄 1 号(吉林)、辽茄 3 号(辽宁)、冀茄 2 号(河北)、台湾金钟茄、紫长茄(江西)、丰研 1 号(北京)等对黄萎病表现抗耐病。其他抗逆性表现较强的品种,如龙茄 1 号(黑龙江)、苏州条茄(江苏)、青选长茄(山东)、安阳大红茄(河南)、龙杂茄 2 号(黑龙江)、华茄 1 号(湖北)、济丰 3 号和鲁茄 1 号(山东)、楚茄杂 1 号(云南)、长虹早茄(杭州)等。

②农业防治。苗床要施用净粪,做好苗床温、湿、光、气管理,培育无病壮苗,最好培养钵育苗。重病地区停种茄子及其他茄科蔬菜 3～4 年,与韭菜、葱蒜类轮作

较好,如与水稻轮作一年即可收到明显效果。

③种子消毒。一般种子要做严格的消毒处理,可用 55℃温水浸种 15 min,或 50%多菌灵可湿性粉剂 500 倍液浸种 1 h,直播时,可用种子重量 0.2%的 80%福美双可湿性粉剂或 50%克菌丹可湿性粉剂拌种。

④苗床土壤消毒。黄萎病重地区苗床最好用棉隆消毒,每平方米用 40%棉隆 10～15 g 与 15 kg 干细土充分拌匀制成药土,撒施于床面并耙入 15 cm 土层中,整平后浇水覆地膜,使其发挥熏蒸作用,隔 10～15 d 后再播种。

⑤药剂防治。定植地已发病,可在定期植时穴施 50%多菌灵药土,每公顷用多菌灵 15～22.5 kg。田间初见发病可用 50%多菌灵可湿性粉剂 500 倍液,或 12.5%增效多菌灵可溶剂 250 倍液,或 50%琥胶肥酸铜可湿性粉剂 350 倍液灌根,每株灌药液 0.5 kg。

12. 茄子褐纹病

(1)症状识别　主要危害茎、叶、果实。幼苗发病,茎基部出现梭形褐色凹陷病斑,表面有黑色小粒点,条件适宜时,病斑迅速扩展,幼苗猝倒、立枯。叶片发病,从下部叶片开始,叶上产生灰白色水浸状的圆形病斑,渐变褐色,表面轮生许多黑色小点,后期病斑扩大连片,常造成叶片干裂,穿孔,脱落。果实受害初现浅褐色椭圆形凹陷斑,后扩展为黑褐色,病斑有同心轮纹状排列的小粒点,后期果实腐烂,脱落或挂在茄枝上(图 8-22)。

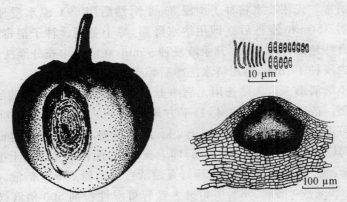

图 8-22　茄子褐纹病

(2)病原　本菌属半知菌亚门,拟茎点霉属(*Phomopsis. vexans*(Sacc. et Syd.)Harter)真菌。分生孢子器单独地生于子座上,球形或扁球形,壁厚而黑,有凸出的孔口,初期埋生在寄主表皮下,成熟后突破寄主表皮而外露,外观呈黑色小粒点。

(3)发病规律　以菌丝体和分生孢子器在土表病残体组织上，或以菌丝潜伏在种皮内，或以分生孢子附着在种子上越冬，一般存活2年。带菌种子引起幼苗发病，土壤带菌引起茎基部溃疡。越冬病菌产出分生孢子进行初侵染，后病部又产生分生孢子通过风、雨及昆虫进行传播和再侵染，引起流行。分生孢子萌发适温28℃。苗期潜育期3～5 d，成株期7～10 d。田间气温28～30℃，相对湿度高于80%，持续时间比较长，或连续阴雨，此病易流行。病情与栽培管理和品种有关，一般多年连作或苗床播种过密。幼苗瘦弱，定植田块低洼，土壤黏重，排水不良，偏施氮肥发病重。

(4)防治方法

①选用抗病品种。目前生产上尚缺乏免疫或高度抗病的品种，但品种间抗病性仍有差异。如北京线茄、天津二抿、成都竹丝、吉林羊角、铜川牛角茄、吉林白、盖县紫水、旅大紫长茄、白荷包茄(北京)、科选一号(长春)、通选二号(通化)、早丰产(山东)等。

②农业防治。合理轮作。在南方应进行3年以上的轮作，北方要4～5年轮作；清除病株残余物，茄子生长期间发现病枝、病果应及时摘除烧毁。茄子收后亦应及时清除病株残体，并立即深耕，以减少下年发病来源；合理密植，施足底肥，避免偏施氮肥，要与磷、钾肥配合使用。

③种子消毒。先用冷水将种子预浸3～4 h，然后用59℃温水浸种40 min，或55℃温水浸种15 min，浸种后立即用冷水降温，晾干备用。种子消毒也可用药剂处理。南方有些地区常用9.1%升汞液浸种5 min，在清水中充分漂洗后，再在1%高锰酸钾液内浸种40 min，再用清水洗净后晾干备用。

④苗床土壤消毒。苗床要选用无病净土，最好是用多年没种过茄的葱、蒜或粮食作物的土壤。苗床消毒；播种时，每平方米用50%多菌灵可湿性粉剂10 g，或50%福美双可湿性粉剂8～10 g拌细土2 kg制成药土，取1/3撒在畦面上，然后播种，播种后将其余药土覆盖在种子上面，即上覆下垫，使种子夹在药土中间。

⑤药剂防治。结果后开始喷洒75%百菌清可湿性粉剂600倍液、40%甲霜铜可湿性粉剂600～700倍液、58%甲霜灵·锰锌可湿性粉剂500倍液、64%杀毒矾可湿性粉剂500倍液、70%乙磷·锰锌可湿性粉剂500倍液、50%苯菌灵可湿性粉剂800倍液，或1∶1∶200波尔多液，视天气和病情隔10 d左右1次，连续防治2～3次。

13. *茄子绵疫病*

(1)症状识别　幼苗、成株均可受害。幼苗被害引致苗猝倒；成株期主要危害果实,也能危害茎叶等部位。发病多从植株下部的老熟果实开始,病果初现水渍状小圆斑,很快扩大为圆形至不定形黄褐色或暗褐色大斑,稍凹陷,严重时蔓延全果,致病果收缩、变软,青皮呈现皱纹,内部果肉变褐腐烂。在高湿条件下,病部表面长出茂密的白色棉毛状物,有时棉毛状物下塌,状如湿水棉絮。

(2)病原　为鞭毛菌亚门的疫霉菌属〔*Phytophthora* spp.〕。

(3)发病规律　病菌主要以卵孢子随病残体遗落在土中越冬,越冬卵孢子成为第二年病害主要初次侵染接种体,借助灌溉水和雨水而传播。通常在高温(28～30℃)、高湿的条件下,病菌可在 72 h 内完成一个病程。雨季来得早、降雨频繁、降雨量大、天气闷热的年份和地区,本病往往发生早而重。连作地、低洼潮湿地,土质黏重地、过分密植通透不良地以及偏施过施氮肥地块,会加重发病。品种间抗病性有差异。通常圆茄类比长茄类品种抗病;早熟品种比晚熟的抗病;果实含水量低的比含水量高的抗病;厚皮品种比薄皮品种抗病。

(4)防治方法

①因地制宜地选育和选用抗耐病高产良种。对绵疫病表现抗耐病的品种有龙茄 1 号(黑龙江)、苏州条茄(江苏)、青选长茄(山东)、内茄 2 号(包头)、安阳大红茄(河南)、龙杂茄 2 号(黑龙江)、华茄 1 号(湖北)、紫长茄(江西,耐绵疫病)、济丰 3 号(山东)、楚茄杂 1 号(云南楚雄)、湘茄 2 号(湖南)、长虹早茄(杭州)。

②农业防治。实行轮作。加强肥水管理,为防止和减少土壤病菌孢子对茄果的溅射传染,有条件的地方应铺草或铺盖薄膜。

③药剂防治。药剂可选用 40% 甲霜铜可湿粉性剂 600～800 倍液或 64% 杀毒矾可湿粉性剂 600 倍液,2～3 次或更多,7～15 d 喷 1 次,交替喷施。

[作业单 2]

(一)阅读资料单后完成表 8-4 和表 8-5。

表 8-4　茄科害虫种类、形态特征、发生规律、防治要点

序号	害虫名称	目、科	形态特征	发生规律				防治要点
				世代数	越冬虫态	越冬场所	危害盛期	
1								
2								
3								
4								
5								

表 8-5　茄科病害种类、症状、病原、发病规律、防治要点

序号	病害名称	症状	病原	发病规律				防治要点
				越冬场所	传播途径	侵入途径	发病条件	
1								
2								
3								
4								
5								

(二)阅读资料单后完成番茄病虫害周年防治历制定。

[案例 12]　番茄病虫害周年防治历

1. 播种前

(1)土壤消毒

①选用抗病品种。各地的主要病害不同,品种特性也不尽相同,选用抗病品种时,要根据本地的主要病害,结合丰产优质条件,因地制宜的选用。如:佳粉 15、佳粉 16、佳粉 17、双抗 2 号、长春 1 号、橘黄佳橙等品种。

②日光消毒。先深翻 25 cm,每 667 m² 撒施 500 kg 切碎的稻草或麦秸,加入 100 kg 熟石灰,与土壤混合均匀,地周围起垄,灌透水,铺地膜。在 7 月份的高温天气保持 20 d,能消灭土壤中的病菌和害虫。

③药剂消毒。50%的多菌灵粉剂 1 kg,与 100 kg 细土拌匀,每平方米地面撒毒土 1.25 kg,撒后与土壤拌匀,或用 70%的甲基托布津可湿性粉剂每平方米加 10 g、500 倍液的福尔马林喷湿地表,盖膜 1 周,放风 2 周后播种或定植。用穴盘或营养钵育苗时,每平方米用 50%的福美双可湿性粉剂或 50%的多菌灵可湿性粉剂 150 g 消毒。

(2)种子消毒

①温水浸种。用 55℃温水浸种 10～15 min,不断搅拌待水温降到 30℃时,继续浸泡 6～8 h,即可催芽。

②药剂处理种子。用 10%的磷酸三钠溶液,常温下浸种 20 min,捞出后清水洗净催芽,可预防病毒病。50%多菌灵可湿性粉剂 500 倍液浸种 2 h 或 300 倍液的福尔马林浸种 30 min、25%甲霜灵可湿粉剂用种子重量的 0.3%拌种,都能预防真菌病害。

2.幼苗期

此时期主要虫害包括蚜虫、斑潜蝇、粉虱。主要病害包括猝倒病、灰霉病、枯萎病、青枯病。

(1)农业措施　与非茄科作物实行 3～4 年轮作。出苗后撒适当土或草木灰填缝,逐步通风降温。露地育苗盖防虫网,防止蚜虫、粉虱传毒。发现病苗,立即拔除,带出田外深埋。苗床温度白天保持 25～27℃,夜间不低于 15℃。

(2)生物措施　定植前和定植缓苗后各喷 1 次 10％NS-83 增抗剂 50～80 倍液或用 0.9％的阿维菌素 3 000 倍液喷雾,防治斑潜蝇。

(3)化学防治　防治猝倒病可用 72.2％普力克水剂 800 倍液或 64％杀毒矾可湿性粉剂 500 倍液喷雾,可兼治灰霉病、枯萎病、青枯病。防治蚜虫用 10％的吡虫啉可湿性粉剂 2 500 倍液或 2.5％功夫菊酯乳油 2 500 倍液,还可兼治斑潜蝇、粉虱。

3.定植至结果期

此时期主要虫害包括蚜虫、斑潜蝇、粉虱、棉铃虫、茶黄螨和叶螨。主要病害包括灰霉病、叶霉病、早疫病。灰霉病、枯萎病、青枯病。

(1)农业措施　摘除病叶、病花、病果和下部老叶,带出田外销毁。田间整枝前用磷酸皂水洗手或肥皂水洗手。适时通风降湿,控制浇水。保护地通风口设 30 目的尼龙纱作防虫网。

(2)物理措施　保护地设黄板或黄条诱杀蚜虫、粉虱、潜叶蝇。黄板长 60 cm,宽 30 cm,涂黄色,外盖塑膜,塑膜上涂机油.钉木棍插在田间,要高出作物。每 667 m² 放 30～40 块。黄条是用黄纸剪成长 1 m,宽 15 cm 的纸条,涂上机油,挂在大棚内。也可在大棚周围褂银灰膜,条宽 15 cm,间距 15～20 cm,纵横拉成网眼状。

(3)生物措施　在棉铃虫孵化盛期喷施标准的 Bt 乳剂 100 倍液或 0.9％阿维菌素乳油 2 000 倍液、5％卡死克乳油 1 500 倍液,还可兼治粉虱、斑潜蝇、防治茶黄螨和叶螨等。

用 2％宁南霉素水剂 200 倍液防治病毒病;用 1％武夷菌素水剂 150 倍液防治灰霉病、叶霉病、早疫病。施用 10％浏阳霉素水剂 1 500 倍液,用 72％的硫酸链霉素可溶性粉剂 4 000 倍液或 1％新植霉素可湿性粉剂 3 000 倍液,防治细菌性病害。

(4)化学防治

①防治病毒病。用 5％植病灵乳剂 1 000 倍液或 20％病毒 A 可湿性粉剂 500 倍液喷雾。

209

②防治灰霉病、叶霉病。适用药剂有 50％速克灵可湿性粉剂 800 倍液。28％灰霉克可湿性粉剂 500～600 倍液、65％甲霉灵可湿性粉剂 800 倍液。在蘸花液中加入 0.1％的速克灵或扑海因,待第一果穗坐果后喷 50％速克灵可湿性粉剂或 50％扑海因可湿性粉剂 600～800 倍液,重点喷在果上。

③防治早疫病。适用药剂有 75％百菌清可湿性粉剂 600 倍液、72％克露可湿性粉剂 600～800 倍液、80％喷克可湿性粉剂 500～600 倍液、58％甲霜灵锰锌可湿性粉剂 800～1 000 倍液、72.2％的普立克可湿性粉剂 800 倍液,还可兼治晚疫病、绵疫病、绵腐病。也可用 5％霜克粉尘剂或 5％霜霉威粉尘剂每 667 m^2 1 kg。

④防治蚜虫、粉虱。选用药剂有 22％敌敌畏烟剂每 667 m^2 加 500 g 熏蒸或 10％吡虫啉可湿性粉剂 1 000 倍液、40％菊杀乳油 2 000～3 000 倍液、防治蚜虫可用 50％辟蚜雾可湿性粉剂 3 000 倍液喷雾。

⑤防治斑潜蝇。用 48％乐斯本可湿性粉剂 600～800 倍液喷雾。

⑥防治棉铃虫。适用药剂有 15％安打水悬浮剂 3 500 倍液或 2.5％功夫菊酯乳油 2 000 倍液、50％辛硫磷乳油 800 倍液。

⑦防治茶黄螨。可用 73％克螨特乳油 2 000～2 500 倍液。在摘果前 7 d,不能施用化学农药。

4. 收获期

果实采收后,清除田间遗留的病果及病残体,集中烧毁或深埋,并进行一次深耕,将表层带菌土壤翻至深层,促使病菌死亡。可减少初侵染源、控制病害的流行。

[案例 13]　辣(甜)椒病虫害周年防治历

1. 播种期

(1)选用抗病虫品种　我国地域广阔,各地都有辣(甜)椒种植,各地的主要病害虫害各异,种植方式不同,所以,选用抗病虫品种要因地制宜,灵活掌握。

甜(辣)椒品种:中椒 3 号、中椒 4 号、中椒 5 号、中椒 7 号、中椒 12 号、甜杂 2 号、甜杂 6 号、甜杂 7 号、海丰 1 号、海丰 2 号、双丰、萨菲罗(荷兰瑞克斯旺化司)、格鲁西亚等品种。

(2)土壤日光高温消毒　保护地栽培可在夏季高温季节,深翻地 25 cm,每 667 m^2 撒施 500 kg 切碎的稻草或麦秸。加入 100 kg 熟石灰,四周起垄,灌水后盖地膜,保持 20 d,可消灭土壤中的病菌。

(3)种子消毒　商品包衣种子按照技术要求进行。另外,下列方法任选其 50％多菌灵可湿性粉剂 500 倍液浸种 2 h,40％福尔马林 300 倍液浸种 30 min、1％高锰酸钾溶液浸种 20 min。10％磷酸三钠溶液浸种 20 min。浸种后都要用清水冲洗干净再催芽,然后播种。

(4)土壤处理　用 50％多菌灵可湿性粉剂与细土 1∶100 配比混合均匀,每平方米苗床用毒土 1.25 kg 或用 70％甲基托布津每平方米用 28～10 g 加适量土拌均匀撒于地面,与土壤拌匀。也可用 70％代森锰锌可湿性粉剂每平方米 28～10 g,对土 1 kg 拌匀,播种时,床苗铺 2/3,种子上盖 1/3。

2.幼苗期

主要虫害包括蚜虫、潜叶蝇、粉虱、茶黄螨。主要病害包括猝倒病和炭疽病、病毒病。

(1)农业措施　露地育苗苗床要盖防虫网,保护地育苗通风口要设尼龙纱为挡虫网,防止蚜虫、潜叶蝇、粉虱进入危害传毒。出苗后要撒于土或草木灰填缝。苗床温度白天控制在 25～27℃,夜晚不低于 15℃。

(2)生物措施　定植前喷 1 次 10％NS-83 增抗剂 50～80 倍液;用 0.9％的阿维菌素乳油 3 000 倍液防治害螨、粉虱和斑潜蝇。

(3)药剂防治　防治猝倒病和炭疽病用 70％甲基托布津可湿性粉剂 600～800 倍液;防治蚜虫用 2.5％的功夫菊酯乳油 2 000～3 000 倍液。

(4)定植前棚室消毒　用福尔马林 500 倍液,按每平方米地面喷药液里 1～1.5 kg,闭棚 24 h,放风 7～10 d 后定植,也可用 50％多菌灵可湿性粉剂 500 倍液,对棚室土壤、屋顶及四周和室内架材喷雾消毒。

3.定植至结果期

主要虫害包括蚜虫、害螨、粉虱、斑潜蝇、棉铃虫;主要病害包括灰霉病、炭疽病、软腐病、青枯病、疫病、疮痂病。

(1)农业措施　及时摘除病叶、病花、病果,拔除病株深埋或烧毁。及时通风、降湿、降温,控制浇水,不要大水漫灌,防止积水。

(2)物理措施　在温室大棚插黄板或褙黄条诱杀蚜虫、粉虱、斑潜蝇。

(3)生物措施　用 0.9％阿维菌素乳油 3 000 倍液,防治蚜虫、害螨、粉虱、斑潜蝇、棉铃虫。用 2 000 IU 的 Bt 乳剂 500 倍液,防治棉铃虫。用 72％的农用硫酸链霉素水剂 4 000 倍液,防治各种细菌性病害。用 1％的武夷菌素水剂 150～200 倍液,防治灰霉病、炭疽病。

(4)化学防治

①病毒病。发病初期,用 1.5％植病灵乳剂 1 000 倍液或 20％病毒 A 可湿性粉剂 500 倍液、50％菌毒清水剂 200 倍液喷雾。

②防治疫病。可用 72％克露可湿性粉剂 600～800 倍液或 80％的大生 M-45 可湿性粉剂 500 倍液、70％乙磷铝锰锌可湿性粉剂 500 倍液喷雾。

③防治根腐病。用50％多菌灵可湿性粉剂500倍液或40％乙磷铝可湿性粉剂400倍液灌根。

④防治灰霉病。可用50％扑海因可湿性粉剂800倍液或50％速克灵可湿性粉剂800倍液喷雾。

⑤防治细菌性病害。可用50％琥胶肥酸铜(DT)可湿性粉剂500倍液或72％农用硫酸链霉素水剂4 000倍液喷雾。

⑥防治棉铃虫。可用2.5％的功夫乳油2 000倍液或2.5％的高效氯氰菊酯油剂2 000倍液喷雾。

4.收获期

采收前7 d禁止施用化学农药。果实采收后,清除田间遗留的病果及病残体,集中烧毁或深埋,并进行一次深耕,将表层带菌土壤翻至深层,促使病菌死亡。可减少初侵染源、控制病害的流行。

[案例14] 茄子病虫害周年防治历

1.播种前

(1)整地施肥　清除病残体,深翻减少菌、虫源。施肥以有机肥为主,施用优质、腐熟的有机肥料,增施磷、钾肥,提高抗耐病虫能力。

(2)合理轮作　北方与非茄科作物轮作3年以上,能预防多种病害,特别是黄萎病。

(3)日光消毒　对苗床或定植田进行日光消毒。在夏季高温季节,土壤深翻25 cm,每667 m² 撒施50 kg切碎的稻草或麦秸,加100 kg熟石灰混匀后四周起垄,灌水铺地膜,密闭20 d,能消灭大部分土壤中的细菌或害虫。

(4)选用抗病良种　选用抗病虫、适应能力强、高产优质的良种。如:丰研2号(丰台农科所)、天津快圆、五叶茄(抗性差)、北京六叶茄(抗绵疫病、褐纹病能力强、易受红蜘蛛、茶黄螨危害)、七叶茄(抗绵疫病能力差)、圆杂2号、尼罗(荷兰瑞克斯旺化司果实长形)、10-702(荷兰瑞克斯旺化司果实长形)等品种。

(5)种子处理

①温水浸种。将种子先在冷水中预浸3～4 h,然后用50℃温水浸种30 min或用55℃温水浸种15 min,立即用凉水降温备用。

②福尔马林(40％甲醛)消毒。用300倍液福尔马林浸种子5 min,用清水洗净,晾干备用。

③用50％的多菌灵可湿性粉剂种子重量的0.3％拌种。如预防病毒病,可用10％的磷酸三钠浸种20～30 min,洗净后催芽。可以用一种浸种方法再拌多菌

灵,对多种病害起预防作用。

（6）苗床消毒　用 50％多菌灵可湿粉剂与 50％福美双可湿粉剂按 1∶1 混合或用 25％甲霜灵可湿粉剂与 70％的代森锰锌可湿粉剂按 9∶1 混合,每平方米苗床用药 8～10 g,对细土 4～5 kg,2/3 用于铺床面,1/3 用于盖种子,能预防黄萎病、猝倒病、菌核病、白绢病多种病害。

2.苗期

主要虫害包括蚜虫、粉虱;主要病害包括黄萎病、猝倒病、菌核病、白绢病、青枯病、病毒病等。

（1）农业措施　要控制好苗床温度,适当控制浇水,保护地要撒干土或草木灰降湿。摘除病叶,拔除病株,带出田外处理。及时分苗,加强通风。温室大棚通风口罩尼龙纱,防止蚜虫、粉虱进入危害和传毒。嫁接防治黄萎病,接穗用本地良种,砧木用野茄 2 号或日本赤茄,当砧木 4～5 片真叶,接穗 3～4 片真叶,采用靠接法嫁接。

（2）化学防治　大棚用 5％白菌清粉尘剂每 667 m² 加 1 kg 喷粉或 45％百菌清烟剂每 667 m² 加 250 g 熏蒸。适用的喷雾药剂有 78％百菌清可湿粉剂 600 倍液、80％喷克可湿粉剂 800 倍液、64％杀毒矾可湿粉剂 500 倍液,可预防多种病害。

防治蚜虫用 10％的吡虫啉可湿粉剂 2 500 倍液或 2.5％功夫菊酯乳油 2 500 倍液,还可兼治斑潜蝇、粉虱。

3.结果期

主要虫害包括红蜘蛛、斑潜蝇和烟粉虱等;主要病害包括褐纹病、绵疫病、灰霉病、黄萎病等。

（1）农业措施

①及时摘除病叶、病果和失去功能的叶片,清除田间及周围的杂草。在斑潜蝇的蛹盛期中耕松土或浇水灭蛹。这些措施可防止病害再侵染,减少害虫数量。

②适时追肥,大棚注意通风降湿,适当控制浇水,防止大水漫灌,使茄子健壮,不利病害发生。

（2）生物措施　用 2％的武夷菌素 200 倍液或 40％纹霉星 200 倍液防治灰霉病;用 72％农用硫酸链霉素水剂 4 000 倍液或 50％琥胶肥酸铜（DT）500 倍液,喷雾防治青枯病;用 0.9％阿维菌素 3 000 倍液防治红蜘蛛、斑潜蝇和烟粉虱。

（3）化学防治

①褐纹病和绵疫病同时发生时,可用易保可湿性粉剂 800～1 200 倍液或 64％杀毒矾可湿性粉剂 400～500 倍液、10％世高水分散粒剂 1 500 倍液、58％甲霜灵锰锌 500～600 倍液,喷雾。

②以绵疫病为主的地块用 72％克露 600～800 倍液或 58％甲霜灵锰锌 500～600 倍液、50％乙磷铝锰锌 500～600 倍液喷雾。

③以灰霉病为主的地块可用 6.5％万霉灵粉尘剂每 667 m² 1 kg 喷粉或 50％速克灵可湿性粉剂 1 500 倍液、50％扑海因可湿性粉剂 1 000 倍液喷雾。用激素蘸花时，可加入 0.1％的 50％速克灵可湿性粉剂可兼治灰霉病。

④青枯病可用 50％琥胶肥酸铜（DT）可湿性粉剂 500 倍液灌根，每株 300～400 mL。

⑤螨类可用 73％克螨特乳油 2 000 倍液或 15％哒螨酮乳油 1 500 倍液喷雾。

4. 收获期

采收前 7 d 禁止施用化学农药。果实采收后，清除田间遗留的病果及病残体，集中烧毁或深埋，并进行一次深耕，将表层带菌土壤翻至深层，促使病菌死亡。可减少初侵染源、控制病害的流行。

［资料单 3］　葫芦类蔬菜病虫害

（一）瓜类虫害

瓜类虫害种类较多，主要有瓜蚜、温室白粉虱、黄守瓜、美洲斑潜蝇、小地老虎、蛴螬等。

1. 瓜蚜

瓜蚜是同翅目蚜科，俗称腻虫、蜜虫。主要危害黄瓜、南瓜、西葫芦、西瓜等葫芦科蔬菜，也危害豆类、茄子、菠菜、葱、洋葱等蔬菜。

（1）危害特点　瓜蚜的成虫、若虫均以刺吸式口器吸食植物汁液。当瓜蚜群集在幼叶上，可使叶片变黄、卷曲。也可危害花梗和嫩茎，使花梗扭曲变形，影响结实。还可传播多种病毒病，只要蚜虫吸食过感病植株，再飞到无病植株上，短时间即可完成传毒，因而瓜蚜传毒造成的损失和危险性大于它本身危害所造成的损失。

（2）形态特征　大翅胎生雌蚜体长 1.5～1.9 mm，夏季黄绿色，春秋季墨绿色。若蚜体黄色，也有蓝灰色。卵椭圆形，产时橙黄色，后变漆黑色有光泽。

（3）发生规律　瓜蚜一年发生 10～20 代，以卵在花椒、木槿、石榴、鼠李等枝条和夏枯草的基部越冬。无滞育现象。越冬卵于翌年春季，当 5 d 平均气温达 6℃以上便开始孵化。也能以成蚜和若蚜在温室、大棚中繁殖危害越冬。瓜蚜最适繁殖温度为 16～22℃。密度大时产生有翅蚜迁飞扩散。高温高湿和雨水冲刷，不利于瓜蚜生长发育，危害程度也减轻。夏季在 25～27℃以上时，瓜蚜的发育和繁殖受抑制,相对湿度超过 75% 时,对瓜蚜会产生不利的影响。

(4)防治方法

①生物防治。蚜虫的天敌很多,作用较大的有瓢虫、草蛉、蚜茧蜂、食蚜蝇等。

②物理防治。在棚室中设置黄板(20 cm×30 cm),每 667 m² 为 10～15 块,可诱杀蚜虫。并可根据诱到的数量来指导用药时期。蚜虫对银灰色有忌避性,在棚室上覆盖银灰色遮阳网或田间悬挂银灰色薄膜条,可驱除蚜虫,收到一定的效果。

③药剂防治。春、秋两季大发生,由于瓜蚜多着生在心叶及叶背皱缩处,药剂难于喷到,因此要求喷药周到细致。如用 0.04% 苦参碱水剂 400 倍液,在发生初期喷雾,隔 3～5 d 喷 1 次,连喷 2～3 次。用 3% 除虫菊素乳油,对水稀释成 800～1 200 倍液喷雾。生产有机蔬菜、绿色蔬菜可采用上述防治方法。如果生产无公害蔬菜除上述方法之外还可以在施药时期应用有机氮类、有机磷类、菊酯类低毒高效农药。如 50% 辟蚜雾(抗蚜威)可湿性粉剂 2 000～3 000 倍液;2.5% 溴氰菊酯乳油 2 000～3 000 倍液;20% 速灭杀丁乳油 2 000～3 000 倍液;10% 吡虫啉可湿性粉剂 2 000 倍液;5% 高效大功臣可湿性粉剂 1 500 倍液;20% 好年冬乳油 2 000 倍液。

保护地可用杀蚜烟剂,每 667 m² 加 400～500 g,点燃冒烟,密闭 3 h。

2. 温室白粉虱

白粉虱为同翅目粉虱科。主要危害黄瓜、菜豆、茄子、番茄、青椒、甘蓝、花椰菜、萝卜、油菜、白菜、莴苣、芹菜等各种蔬菜。

(1)危害特点　以成虫、若虫在叶片背面吸食植物汁液,使叶片褪绿、变黄,植株长势衰弱,甚至全株萎蔫、死亡。此外,还能分泌蜜露,污染叶片和果实,引起煤污病。也可传播某些病毒病。一般可使蔬菜减产 10%～30%,个别严重的可造成绝产。

(2)形态特征　雌成虫体长 1～1.5 mm,雄虫略小,虫体和翅上覆盖白色蜡粉。卵为椭圆形,初产淡绿色,覆有蜡粉,后渐变褐色,孵化前变成黑色。若虫扁平,圆形,淡黄或黄绿色(图 8-23)。

(3)发生规律　白粉虱每年发生 6～11 代,主要在温室的蔬菜和花卉上继续繁殖危害,第二年春和初夏由移栽的菜苗携带和由温室飞出的成虫为塑料棚和露地蔬菜的虫源。露地蔬菜白粉虱在春末夏初数量上升,而秋季数量迅速上升达高峰。以危害秋棚蔬菜最重。10 月下旬以后,气温下降,虫口数量逐渐减少,并开始向温室内迁移危害。卵散产于叶背,以卵柄从气孔插入叶片组织中,极不易脱落。成虫活动最适温度为 25～30℃,温度超过 40.5℃时,成虫活动能力显著下降。

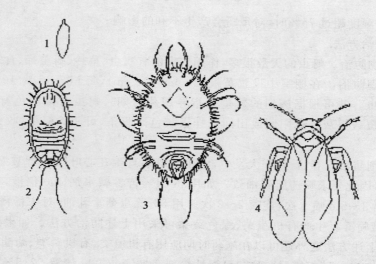

图 8-23　温室白粉虱
1. 卵　2,3. 若虫　4. 成虫

（4）防治方法

①农业防治。温室、塑料棚,在秋冬茬栽植白粉虱不喜食的芹菜、油菜、韭菜等耐低温蔬菜,结合整枝打杈,摘除带虫老叶,带出田外集中销毁。

②物理防治。利用白粉虱成虫对黄色有趋集作用,在温室（棚）内设置黄板。

③生物防治。人工繁殖释放丽蚜小蜂,当瓜类上白粉虱成虫在 0.5～1 头/株时,释放丽蚜小蜂"黑蛹"3～5 头/株,每隔 10 d 左右放一次,共放 3～4 次。如果放蜂前虫量稍高,可先喷 25％扑虱灵可湿性粉剂 1 500 倍液或 25％灭螨猛 1 000 倍液,压低虫口后再放蜂。

④药剂防治。当黄瓜成虫密度在 2.7 头/株以下时,用 25％扑虱灵可湿性粉剂或稻虱净可湿性粉剂 2 000 倍液,成虫 5～10 头/株时用 1 000 倍液;如果虫量更多时,应在 1 000 倍液中加入少量拟除虫菊酯类药剂混用。喷雾 1～2 次可有效控制其危害。还可选用 2.5％天王星乳油 2 000 倍液。在历年白粉虱发生较轻地区,可选用 2.5％功夫菊酯乳油或 20％灭扫利乳油 2 000～3 000 倍液或 20％速灭菊酯乳油,或 2.5％敌杀死乳油 1 000～2 000 倍液。

保护地每 667 m² 用 22％敌敌畏烟剂 500 g 密闭熏烟,傍晚收工前进行,可杀灭成虫。

3. 黄守瓜

黄守瓜为鞘翅目叶甲科。主要危害黄瓜、南瓜、西葫芦、西瓜等葫芦科蔬菜。

（1）危害特点　黄守瓜成虫、幼虫都能危害。成虫喜食瓜叶和花瓣,还可危害南瓜幼苗皮层,咬断嫩茎和幼果。叶片被食后形成圆形缺刻,影响光合作用。

(2)形态特征　成虫体长7~8 mm。体为橙黄或橙红色,有时略带棕色;卵圆形,淡黄色,卵壳背面有多角形网纹;幼虫长约12 mm。初孵时为白色,以后头部变为棕色;蛹为纺锤形(图8-24)。

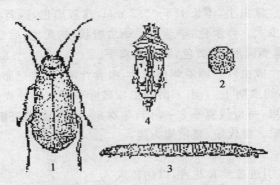

图8-24　黄守瓜
1. 成虫　2. 卵　3. 幼虫　4. 蛹

(3)发生规律

黄守瓜每年发生代数因地而异。我国北方每年发生1代。各地均以成虫在避风向阳的田埂土缝、杂草落叶或树皮缝隙内越冬。翌年春季温度达6℃时开始活动,10℃时全部出蛰,瓜苗出土前,先在其他寄主上取食,待瓜苗生出3~4片真叶后就转移到瓜苗上危害。越冬成虫寿命长,在北方可达一年左右,活动期5~6个月,但越冬前取食未满1个月者,则在越冬期就会死亡。

(4)防治方法

①物理防治。黄守瓜首先要抓住成虫期,可利用趋黄习性,用黄盆诱集,以便掌握发生期,及时进行防治。

②农业防治。瓜类与甘蓝、芹菜及莴苣等蔬菜间作;合理安排播种期,以避过越冬成虫危害高峰期;地膜栽培或在瓜田地面撒草木灰、烟草粉、木屑、糠秕等防止成虫产卵。

③药剂防治。瓜苗生长到4~5片真叶时,视虫情及时施药。防治越冬成虫可用90%晶体敌百虫1 000倍液、50%敌敌畏乳油1 000~1 200倍液;喷粉可用2%~5%敌百虫每667 m²加1.5~2 kg。防治幼虫可用90%敌百虫1 500~2 000倍液或50%辛硫磷乳油1 000~1 500倍液灌根。

4.美洲斑潜蝇

美洲斑潜蝇是双翅目潜蝇科。主要危害黄瓜、番茄、茄子、辣椒、豇豆、蚕豆、大豆、菜豆、芹菜、甜瓜、西瓜、冬瓜、丝瓜、西葫芦、蓖麻、大白菜等22科110多种植物。

（1）危害特点　成、幼虫均可危害。雌成虫飞翔把植物叶片刺伤，进行取食和产卵，幼虫潜入叶片和叶柄危害，产生不规则蛇形白色虫道，叶绿素被破坏，影响光合作用，受害重的叶片脱落，造成花芽、果实被灼伤，严重的造成毁苗。

（2）形态特征　成虫小，体长1.3～2.3 mm，浅灰黑色，胸背板亮黑色，体腹面黄色，雌虫体比雄虫大。卵米色，半透明。幼虫蛆状，初无色，后变为浅橙黄色至橙黄色，长3 mm。蛹椭圆形，橙黄色，腹面稍扁平。

（3）发生规律　成虫以产卵器刺伤叶片，吸食汁液，雌虫把卵产在部分表皮下，卵经2～5 d孵化，幼虫期4～7 d，末龄幼虫咬破叶表皮在叶外或土表下化蛹，蛹经7～14 d羽化为成虫，每世代夏季2～4周，冬季6～8周，美洲斑潜蝇在我国南方周年发生，无越冬现象。世代短，繁殖能力强。

（4）防治方法

①严禁从疫区引进蔬菜和花卉，以防传入。

②农业防治。一是把斑潜蝇嗜好的瓜类、茄果类、豆类与其不危害的作物进行套种；二是瓜类、茄果类、豆类与其不危害的作物进行轮作；三是适当疏植，增加田间通透性；四是及时清洁田园，把被斑潜蝇危害作物的残体集中深埋、沤肥或烧毁。

③采用灭蝇纸诱杀成虫。在成虫始盛期至盛末期，每667 m² 设置15个诱杀点，每个点放置一张诱蝇纸诱杀成虫，3～4 d更换一次。

④科学用药。在受害作物某叶片有幼虫5头时，掌握在幼虫2龄前（虫道很小时），1.8%阿维菌素乳油3 000倍液、48%乐斯本乳油800～1 000倍液、25%杀虫双水剂500倍液、50%蝇蛆净粉剂2 000倍液。防治时间掌握在成虫羽化高峰的8～12时效果好。

5. 小地老虎

小地老虎为鳞翅目夜蛾科。食性极杂，可危害多种蔬菜，如茄科、豆科、十字花科、百合科、葫芦科，以及菠菜、莴苣、茴香等；还可危害玉米，高粱等禾本科作物及棉花、烟草等经济作物。

（1）危害特点　小地老虎三龄前，栖于植株地上部分，取食顶芽和嫩叶，被咬食的叶片呈半透明的白斑或小孔。3龄以后，幼虫白天躲在土表2～6 cm深处，夜间到地面危害，咬断作物近地面的嫩茎，或将咬断的嫩茎拖到附近的土穴内，上部叶片则露在穴外。5～6龄食量骤增，危害加重，常造成缺苗断垄。

（2）形态特征　成虫暗褐色中型蛾子，体长16～23 mm。翅展40～50 mm。前翅前缘及外横线间呈黑褐色，后翅灰白色，无斑纹，翅脉及边缘呈黑褐色，腹部灰色；卵为半圆球形，初产时乳白色后变黄色，近孵化时发紫色；老熟幼虫体长37～

47 mm。头黄褐色,体灰褐色,背面有淡色纵带,体表面粗糙,布满圆形黑色小颗粒;蛹为赤褐色,有光泽(图 8-25)。

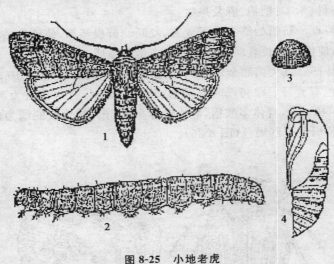

图 8-25 小地老虎
1. 成虫 2. 幼虫 3. 卵 4. 蛹

(3)发生规律 一年发生 1～7 代,以蛹或老熟幼虫越冬。越冬代成虫多在 3 月下旬开始发生,4 月初为第一次高峰期,4 月下旬为第二次高峰。产卵盛期多在 4 月中下旬。第一代幼虫发生盛期为 5 月上中旬。

成虫白天隐蔽,夜间活动,尤以黄昏以后活动最强,并交配产卵。成虫活动受气候条件影响很大,10～16℃时活动最盛,低于 3℃或高于 20℃时很少活动。夜间微风或阴天活动强,但遇有大风或降雨活动减弱或停止活动。成虫有趋光性。小地老虎成虫对酸甜物质有强烈的趋性。

(4)防治方法

①农业防治。春耕多耙,消灭土面上的卵粒。秋季土壤翻耕晒垡,可杀死大量幼虫和蛹。进行秋耕冬灌,破坏小地老虎越冬场所。

②诱杀成虫。利用黑光灯或糖醋酒液诱杀成虫,糖醋酒液配比为糖:醋:白酒:水为 6:3:1:10 加适量敌百虫;毒饵诱杀(4 龄以下的幼虫)5 kg 麦麸炒香拌入 90%敌百虫热溶液 10 倍液。

③药剂防治。小地老虎在 3 龄前危害作物地上部分,应及时喷药。可用2.5%敌百虫粉喷粉,每 667 m² 用 1.5～2 kg,或 90%敌百虫晶体 800～1 000 倍液,或40%菊马乳油 2 500 倍液,或 40%菊杀乳油 2 000～3 000 倍液喷雾。

219

6. 蛴螬

蛴螬是鞘翅目金龟甲科，是金龟类害虫幼虫总称。多食性害虫，能危害多种作物，如豆科、茄科、禾本科、棉、麻及果树。

(1)危害特点　蛴螬始终在地下危害，咬断幼苗根茎部，使植株枯黄而死，或啃食块根、块茎，使作物生长衰弱并直接影响产量和品质。

(2)形态特征　以大黑鳃金龟为例，成虫 体长约 20 mm，宽约 10 mm。鞘翅革质坚硬，黑褐色有光泽；卵初产时椭圆形，后期圆球形，近孵化时为黄白色；老熟幼虫体长 35～45 mm，身体多皱褶，静止时体呈"C"形；初化成的蛹为白色，逐渐变黄色，最后变黄褐色至红褐色(图 8-26)。

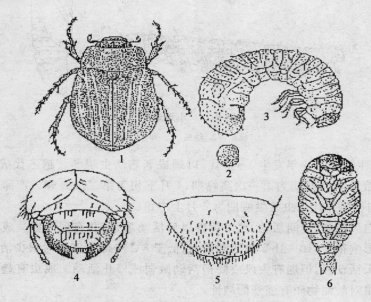

图 8-26　大黑鳃金龟
1. 成虫　2. 卵　3. 幼虫　4. 幼虫头部　5. 幼虫臀节腹面　6. 蛹

(3)发生规律　华北大黑鳃金龟在黄淮海地区 2 年 1 代，在北京地区 1～2 年完成一代。以幼虫和成虫在土中越冬，成虫越冬深度 30～50 mm，到 4 月中旬，开始出土活动，5 月末是成虫出现盛期。成虫有假死性、趋光性，还对未腐熟的厩肥有强烈的趋性。6 月下旬开始出现小蛴螬，7 月中旬为孵化盛期，10 月中下旬幼虫在入土 80～100 cm 处越冬，第二年春季土壤化冻前开始上升，升温到 10℃ 以上时，可上升至耕作层。开始危害各种蔬菜幼苗。幼虫期可达 340～400 d，蛹期约 20 d。

（4）防治方法

①农业防治。秋翻地可把越冬的成虫、幼虫翻至地表，使其被冻死、砸死或被天敌捕食。

②毒土防治。用 50% 辛硫磷乳油或 25% 辛硫磷胶囊缓释剂，药剂 1.5 kg/hm² 加水 7.5 kg 和细土 300 kg 制成毒土，撒于种苗穴中防治幼虫。

③药剂防治。在成虫盛发期。用 90% 敌百虫晶体 800～1 000 倍液喷雾，或用 90% 敌百虫晶体每 667 m² 加 0.1～0.15 kg，加少量水稀释后拌细土 15～20 kg 撒施；防治幼虫施用毒土，即用 2.5% 敌百虫粉，按每 667 m² 加 1.5～2 kg，拌细土 10 kg 左右，撒于播种穴内，毒土上面覆一层土，把种子和毒土隔开，避免产生药害。对幼虫发生量大的地块，可用 90% 敌百虫 800 倍液，或用 50% 辛硫磷乳油 1 000 倍液或 25% 西维因可湿性粉剂 800 倍液灌根，每株灌药液 0.25 kg，效果较好。

（二）瓜类病害

瓜类病害种类很多，迄今国内已发现近百种。主要有黄瓜霜霉病、黄瓜黑星病、黄瓜白粉病、黄瓜菌核病、黄瓜细菌性角斑病、黄瓜蔓枯病、黄瓜灰霉病、黄瓜猝倒病、黄瓜病毒病、瓜类蔬菜根结线虫病、西瓜枯萎病等。

1.黄瓜霜霉病

（1）症状识别　苗期、成株期均可发病。主要危害叶片。子叶被害初呈褪绿色黄斑，扩大后变黄褐色。真叶染病，叶缘或叶背面出现水浸状病斑，早晨尤为明显，病斑逐渐扩大，受叶脉限制，呈多角形淡褐色或黄褐色斑块，湿度大时叶背面或叶面长出灰黑色霉层，后期病斑破裂或连片，致叶缘卷缩干枯，严重的田块一片枯黄（图 8-27）。

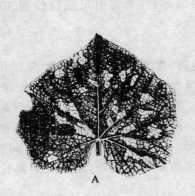
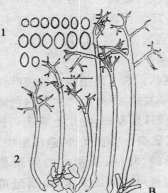

图 8-27　黄瓜霜霉病
A. 症状病叶　B. 病原：1. 孢子囊　2. 孢子

（2）病原　属鞭毛菌亚门，古巴假霜霉菌属（*Pseudoperonospora cubensis* (Berk. et Curt.)Rostov），真菌。孢囊梗自气孔伸出，单生或2～4根束生，无色，基部稍膨大，上部呈3～5次锐角分枝，分枝末端着生一个孢子囊，孢子囊卵形或柠檬形，顶端具乳状突起，淡褐色，单胞（图8-27）。

（3）发病规律　南方或北方有温室、塑料棚地区周年均可种植黄瓜，病菌在病叶上越冬或越夏；夜间由20℃逐渐降到12℃，叶面有水6 h，或夜温由20℃逐渐降到10℃，叶面有水12 h，此菌才能完成发芽和侵入。田间始发期均温15～16℃，流行气温20～24℃；低于15℃或高于30℃发病受抑制。

（4）防治方法

①选用抗病品种。露地可选津研2号、4号、6号、7号，露地2号，早丰1号等新品种。保护地可选用津杂2号、4号，津春2号、3号，济杂1号，8102，甘杂828，沪5号，503，中农5号，中农7号，鲁黄瓜4号，农城3号，山东87-2，碧春等品种。

②农业防治。采用电热或加温温床育苗，温度较高湿度低，无结露发病少；定植要选择地势高、平坦、易排水地块，采用地膜覆盖，降低棚内湿度；生产前期，尤其是定植后结瓜前应控制浇水，并改在上午进行，以降低棚内湿度；适时中耕，提高地温。

③药剂防治。保护地棚室可选用烟雾法或粉尘法。烟雾法，在发病初期每667 m²用45%百菌清烟剂200 g，分放在棚内4～5处，暗火点燃，发烟时闭棚，熏一夜。发现中心病株后首选70%乙膦·锰锌可湿性粉剂500倍液或72.2%普力克水剂800倍液、72%杜帮克露可湿性粉剂或克霜氰或霜脲锰锌可湿性粉剂600～700倍液、72%霜霸可湿性粉剂700倍液、72%霜疫清或56%霜霉清可湿性粉剂750倍液、75%百菌清可湿性粉剂600倍液、64%杀毒矾可湿性粉剂400倍液，667 m²喷药液60～70 L，隔7～10 d喷一次。

2. 黄瓜黑星病

（1）症状识别　黑星病可危害叶片、茎蔓、卷须和瓜条，嫩叶、嫩茎、幼果被害严重。幼苗期发病，子叶上产生黄白色圆形斑点，心叶枯萎，幼苗停止生长，严重时全株枯死。成株期发病，叶片上病斑近圆形，直径1～2 mm，淡黄褐色，后期病斑扩大，易星状破裂。叶脉受害，病部组织坏死，褐色，周围组织继续生长，致使叶片扭皱。茎、卷须、叶柄、果柄上的病斑长梭形，大小不等，淡黄褐色，中间开裂、下陷，有时病斑可连接成长条状，病斑可分泌琥珀色胶状物，潮湿时病部长出灰黑色霉层。

（2）病原　属半知菌亚门枝孢属（*Cladosporium cucumerinum* Ell. et Arthur)。菌丝白色至灰色，有隔，分生孢子梗细长，丛生，暗绿色至淡褐色，有隔膜，顶端有分枝;分生孢子串生,椭圆形或柠檬形,淡褐色,单胞,少数双胞。病菌生长适温 15~25℃,低于 5℃或高于 30℃不生长。适宜生长的 pH 5~7,分生孢子发芽必须有水滴,否则,即使相对湿度 100%,孢子也不发芽。

(3)发病规律 病菌以菌丝体随病残体在土壤中或随有病的卷须越冬。病菌的主要传播途径是靠田间风雨、气流、农事作业重复侵染传播。发病的适宜温度为 9~30℃,相对湿度 85%以上;发病最适宜温度为 17℃,相对湿度 90%以上。夏季连续冷凉多雨,容易发病,秋季多雨的秋茬黄瓜,病害也重。

(4)防治方法

①选用抗病品种。如中农 7 号、中农 11 号、中农 13 号、吉杂 2 号、宁阳大刺等抗病抗品种。

②种子及苗床消毒。用 55℃温水浸种 15 min,或 25%多菌灵可湿性粉剂 300 倍液浸种 1~2 h,洗净后催芽播种,或用种子量 0.3%的 50%多菌灵可湿性粉剂拌种。苗床土每平方米用 25%多菌灵可湿性粉剂 16 g,均匀撒在土里再播种。

③药剂防治。发病初期用 40%福星乳油 8 000~10 000 倍液、50%多菌灵可湿性粉剂 600 倍液、50%扑海因可湿性粉剂 1 000 倍液、70%代森锰锌可湿性粉剂 500 倍液或 30%特富灵可湿性粉剂 1 500 倍液喷雾,每隔 7~10 d 喷 1 次,连续防治 2~3 次。

3.黄瓜白粉病

(1)症状识别 主要危害黄瓜的叶片,也危害叶柄、茎蔓,而瓜果则较少染病。幼苗期即可受侵染,两片子叶开始出现星星点点的褪绿斑,逐渐发展可使整个子叶表面覆盖一层白色粉状物。幼茎也有相似症状(图 8-28)。

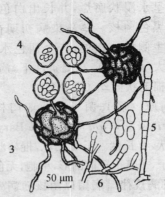

图 8-28 黄瓜白粉病

症状:1.病叶 2.病苗

病原:3.子囊壳 4.子囊 5.分生孢子 6.分生孢子梗

223

（2）病原　瓜类白粉病的病原［*Sphaer-otheca cucurbitae*（*Jacz.*）Z. Y. Zhao］，属于子囊菌的一种真菌。菌丝在植株的表面寄生，它的无性繁殖体分生孢子梗结构简单，在其上以串生的方式产生椭圆形的分生孢子，很易脱落随风飘散。其有性生殖产生圆球形的闭囊壳，外表有菌丝状的附丝。闭囊壳内有一个椭圆形的子囊，子囊内有 8 个子囊孢子。

（3）发病规律　病菌随病株残体组织遗留在田间越冬或越夏。在环境条件适宜时，病菌通过气流传播或雨水反溅至寄主植物上，从寄主表皮直接侵入，引起初次侵染。病菌喜温暖潮湿的环境，适宜发病的温度为 10～35℃，最适发病环境为日均温度 20～25℃，相对湿度 45%～95%，最适感病生育期在成株期至采收期。发病潜育期 5～8 d。

（4）防治方法

①选用抗、耐病品种。如宝杨 5 号、津研 4 号、协作 17 号等。

②农业防治。高畦种植，合理密植，有利于通风透光。

③药剂防治。在发病初期开始喷药，每隔 7～10 d 喷 1 次，连续 2～3 次，药剂可选用 10%世高水溶性颗粒剂 1 000～1 200 倍液（每 667 m² 用量 80～100 g）；40%福星乳油 4 000～6 000 倍液（每 667 m² 用量 15～20 g）；62.25%大生可湿性粉剂 600 倍液；15%粉锈宁可湿性粉剂 1 000 倍液（每 667 m² 用量 100 g）；40%达科宁悬浮剂 600～700 倍液（每 667 m² 用量 170～140 g）；隔 7～10 d 喷 1 次，连续喷 3～4 次。

4.黄瓜菌核病

（1）症状识别　主要危害果实和茎蔓。果实染病先呈水浸状腐烂，并长出白色菌丝，后菌丝结成黑色菌核。茎蔓染病初期在近地面的茎部或主侧枝分权处，产生褪色水浸状斑，后逐渐扩大呈淡褐色，高湿条件下，病茎软腐，长出白色棉毛状菌丝（图 8-29）。

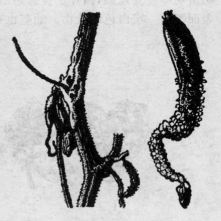

（2）病原　属真菌子囊菌亚门核盘菌属［*Sclerotinia sclerorum*（Lib.）de Bary］子囊盘盘状或杯状，有长柄。子囊无色，棍棒状，内生 8 个子囊孢子，子囊孢子椭圆形，单胞，无色。

（3）发病规律　病菌以菌核随病残体遗落土壤中，或混杂种子中越冬。第二年遇到适宜条件，萌发出子囊盘伸出土表，萌发的子囊孢子，多从寄主下部衰老的叶和花瓣侵染，使其腐烂、脱落。脱落的病叶和花瓣附着

图 8-29　黄瓜菌核病病蔓及病瓜

在无病的茎、叶上，引起新的侵染而发病。菌核还可以生长菌丝，直接侵染寄主接近地面的茎和叶。黄瓜菌核病只要土壤湿润，平均气温 5～30℃、相对湿度 85％以上，均可发病。

（4）防治方法

①农业防治。夏季把病田灌水浸泡半个月，或收获后及时深翻，深度要求达到 20 cm。

②物理防治。播前用 10％盐水漂种 2～3 次，汰除菌核。

③种子处理。种子用 50℃温水浸种 10 min，即可杀死菌核。

④药剂防治。棚室出现子囊盘时采用烟雾。用 10％速克灵烟剂或 45％百菌清烟剂，每 667 m² 一次 250 g，熏一夜，隔 8～10 d 熏 1 次。露地喷洒 50％速克灵可湿性粉剂 1 500 倍液或 50％扑海因可湿性粉剂 1 500 倍液、70％甲基硫菌灵（甲基托布津）可湿性粉剂 1 000 倍液、40％菌核净可湿性粉剂 800 倍液、60％防霉宝超微粉 600 倍液喷雾，每 667 m² 使用药液 60 L，隔 8～9 d 喷 1 次，连续防治 3～4 次。

5. 黄瓜细菌性角斑病

（1）症状识别　可侵染叶片、叶柄、茎、瓜条，苗期发病时，子叶上形成圆形和半圆形的褐色斑，稍凹陷，后期叶干枯，成株期叶片上初见水渍状圆形褪绿斑点，稍扩大后因受叶脉限制呈多角形褐色斑，外绕黄色晕圈。潮湿时，病斑背面溢出白色菌脓，干燥时病斑干裂，形成穿孔（孔洞），茎和瓜条上的病斑裂溃烂，瓜条蒂部受害，甚至烂到种子上，有臭味，干燥后呈乳白色，并留有裂痕（图 8-30）。

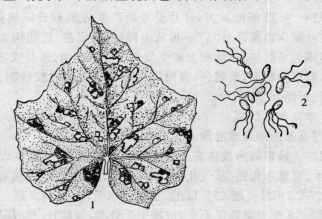

图 8-30　黄瓜细菌性角斑病
1. 症状　2. 病原菌

（2）病原　是由假单胞杆菌属[*Pseudomonas syringae pv. lachrymans*（Smith et Bry-an）Young Dye et Wilkie]的一种细菌引起的。菌体短杆状，连接成链状，

有荚膜,无芽孢,端生鞭毛,革兰染色阴性(图8-30)。

(3)发病规律 病菌在种子上或随病残体在土壤越冬。土壤中的细菌靠灌水时飞溅传播,新产生的细菌靠风雨、农事操作、昆虫等传播。病苗从伤口、气孔、水孔侵入寄主,发生为害。黄瓜细菌性角斑病适宜温度为25～28℃,空气相对湿度在75%以上;温度高于35℃或低于12℃不易发病。在高温多雨、地势低洼积水、重茬、过于密植、肥水管理不严都易引起发病。

(4)防治方法

①选用抗病品种。如津春1号,津研4号,中农11号、13号,新泰密刺等抗病品种。

②浸种消毒。用50℃的温水浸种20 min,然后捞出放在凉水中4～6 h,再催芽播种;也可用72%农用链霉素3 000～4 000倍液浸种2 h或用40%甲醛150倍液浸种90 min,清水冲洗后催芽插种,均可起到对种子消毒作用。

③农业防治。与非瓜类作物实行2年以上轮作,冬季棚室生产时,注意调温调湿,有利于控制病情,可减轻危害。

④药剂防治 发病初期及时进行药剂防治。可选用72%农用链霉素水剂4000倍液;新植霉素可湿性粉剂4000倍液;50%DT粉剂800倍液;50%绿得保可湿性粉剂500倍液;27%铜高尚悬浮剂400倍液,进行喷雾,每7～10d喷1次,连喷2～3次。

6.黄瓜蔓枯病

(1)症状识别 叶茎都能被害,叶片受害后产生近圆形或不规则形的大型病斑,有的病斑自叶缘向内发展呈"V"字形或半圆形,淡褐色,后期病斑易破碎,常龟裂,干枯后呈黄褐色至红褐色,病斑上密生黑色小点。叶柄、瓜蔓或茎基部被害时,病斑呈油浸状,圆形至梭形,黄褐色,有时溢出琥珀色树脂样胶状物。病害严重时茎节变黑,腐烂、折断。

(2)病原 半知菌亚门真菌的壳二孢菌(*Ascochytacitallina Smith*)。有性时期为子囊菌亚门真菌的甜瓜球腔菌。

(3)发病规律 病菌随病残体在土中,或附在种子、架杆、温室大棚架上越冬。第二年通过雨水、灌溉水传播,从气孔、水孔或伤口侵入。种子带菌直接侵染子叶。平均温度18～25℃,相对湿度85%以上,土壤含水量高,容易发病。北方夏秋季、南方春夏季流行。大棚温室通风不良,植株生长势差,或陡长,都容易发病。

(4)防治方法

①无病株采种,种子消毒,用55℃温水浸种15 min,或40%甲醛100倍溶液浸种30 min,清水洗净后播种。

②施足基肥,增施磷钾肥,保护地注意通风降湿,增强植株抗性。

③发病初期喷洒 75％百菌清可湿性粉剂 600 倍液、或 65％代森锌可湿性粉剂 500 倍液，或 50％甲基托布津可湿性粉剂 500 倍液，或 50％多菌灵可湿性粉剂 500 倍液，大棚温室可用 30％百菌清烟剂每 667 m^2 加 250 g 熏烟，7～10 d 施药 1 次，连续防治 2～3 次。

7. 黄瓜灰霉病

（1）症状识别　主要危害果实。先侵染花，花瓣受害后易枯萎、腐烂，而后病害向幼瓜蔓延，花和幼瓜蒂部初呈水浸状，病部退色，渐变软，表面生有灰褐色霉层，病瓜腐烂。叶部病斑初为水浸状，后呈浅灰褐色，病斑中间有时生出灰色斑，潮湿时被害部可见到灰褐色霉状物。

（2）病原　为半知菌亚门真菌的灰葡萄孢菌（*Botrytiscinerea* Pers.）病部的灰褐色霉层为病菌的分生孢子梗和分生孢子。

（3）发病规律　病菌以附着在病残体上，或遗留在土壤中越冬成为第二年的初侵染源。病菌靠风雨、气流、灌溉水等农事作业传播蔓延。光照不足、高湿、较低温（20℃左右）是灰霉病蔓延的重要条件。北方春季连阴天多的年份，气温偏低、棚室内湿度大，病害重。长江流域 3 月中旬以后棚室温度在 10～15℃，加上春季多雨，病害蔓延迅速。气温高于 30℃或低于 4℃，相对湿度 94％以下病害停止。

（4）防治方法

①清除病残体。收获后彻底清除病残株，深翻 20 cm 以上。发病初期摘除病花、病瓜、病叶，及时深埋。

②药剂防治。发病初期开始药剂喷雾，可选用 50％速克灵可湿性粉剂 2 000 倍液、50％扑海因可湿性粉剂 1 500 倍液、50％福美双可湿性粉剂 600 倍液、75％百菌清可湿性粉剂 600 倍液、50％多菌灵可湿性粉剂 500 倍液、2％武夷菌素水剂 150 倍液，每隔 7～10 d 喷 1 次，连续 2～3 次。

8. 黄瓜猝倒病

（1）症状识别　幼苗未出土或出土后均可发病。未出土时发病，胚茎和子叶腐烂。出土后幼苗发病，幼茎基部初呈水渍状病斑，后变褐色，缢缩成线状，幼苗倒地死亡，死亡时子叶尚未凋萎，仍为绿色。高温高湿时，病株附近的表土，可长出一层白色棉絮状菌丝。

（2）病原　为鞭毛菌亚门真菌的瓜果腐霉菌。

（3）发病规律　病菌以卵孢子在土壤中越冬，条件适宜时，萌发产生游动孢子或直接侵入寄主，病菌腐生性很强，可在土壤中的病残体或腐殖质中以菌丝体长期存活。病菌借雨水或灌溉水的流动传播。幼苗发病后，病部不断产生孢子囊，借灌溉水向四周重复侵染，使病害不断蔓延。苗床低温、高湿是猝倒病发生蔓延的主要条件，连续 15℃以下的低温数天以上时，则易发生猝倒病。苗床光照弱，通气性差则发病严重。子叶苗到第一真叶阶段,最易发病,其真叶长大后发病较轻。

（4）防治方法

①选用抗病品种。可选用长春密刺,津研 6 号、7 号,津杂 2 号、3 号、4 号,津早 3 号,西农 58 号,早青 2 号,中农 5 号,龙杂黄 1 号,郑黄 2 号,湘黄瓜 1 号,郑黄 2 号,湘黄瓜 1 号、2 号、宁丰 1 号、2 号、鲁黄 1 号、早丰 1 号、春丰 2 号等均较抗病品种。

②选用无病新土育苗。采用营养钵或塑料套分苗。改传统的土方育苗为营养钵或自制的塑料套分苗,便于培育壮苗,定植时不伤根,定植后缓苗快,增强抗病性。

③选择 5 年以上未种过瓜类蔬菜的土地,与其他蔬菜实行轮作。

④嫁接防病。选择云南黑籽南瓜或南砧 1 号作砧木,取计划选用的黄瓜品种做接穗,采用靠接或插接法,进行嫁接后置于塑棚中保温、保湿。白天控制温度 28℃,夜间 15℃,相对湿度 90% 左右,经半个月成活后,转为正常管理。采用靠接法的,成活后要把黄瓜根切断,定植时埋土深度掌握在接口之下,以确保防效。

⑤加强栽培管理。施用充分腐熟肥料,减少伤口。提高栽培管理水平,浇水做到小水勤浇,避免大水漫灌,适当多中耕,提高土壤透气性,使根系苗壮,增强抗病力;结瓜期应分期施肥,切忌用未腐熟的人粪尿追肥。

⑥药剂防治。用有效成分 0.1% 的 60% 的防霉宝(多菌灵盐酸盐)超微粉浸种 60 min,捞出后冲净催芽;苗床消毒每平方米苗床用 50% 多菌灵可湿性粉剂 8 g 处理畦面;用 50% 多菌灵可湿性粉剂每 667 m² 加 4 kg,混入细干土,拌匀后施于定植穴内土壤消毒;在发病前或发病初期,用 50% 多菌灵可湿性粉剂 500 倍液,50% 苯菌灵可湿性粉剂 1 500 倍液、50% 甲基硫菌灵(甲基托布津)可湿性粉剂 400 倍液倍液灌根,每株灌药液 0.3~0.5 L,此外,于定植后开始喷洒细胞分裂素 500~600 倍液,隔 7~10 d 喷 1 次,共喷 3~4 次,可明显提高抗性,如能加入 0.2% 磷酸二氢钾,或 0.5% 尿素或喷洒喷施宝每毫升加入 11~12 L、或植宝素 7 500 倍液效果更好。

9.西瓜枯萎病

（1）症状识别　本病从苗期、伸蔓期至结果期都可以发生,以开花坐果期和果实膨大期为发病高峰,果实开始成熟时病害又趋于稳定。幼苗发病,子叶萎蔫或全株枯萎,呈猝倒状。开花结果后发病,病株叶片逐渐萎蔫,似缺水状,中午更为明显,早晚尚能恢复,数日后整株叶片呈褐色枯萎下垂,不能再恢复正常,叶片干枯,全株死亡。患病部位褐色腐烂,稍缢缩,茎基部纵裂,裂口处有时溢出琥珀色胶状物,将病茎纵部切开,可见维管束呈黄褐色。在潮湿环境下,病部表面常产生白色及粉红色霉状物(图8-31)。

(2)病原　属于半知菌亚门,镰孢属,尖镰孢菌黄瓜专化型(*Fusarium oxysporum* Schl. f. sp. cucumeri-nrm Owen.)。大型分生孢子镰刀形,无色,多3隔;小型分生孢子长椭圆形,无色,一般无隔。老熟菌丝上可产生菌核(图8-31)。

(3)发病规律　病菌主要以菌丝和厚垣孢子在土壤、病残体、种子及未腐熟的带菌粪肥中越冬,成为翌年的初侵染来源。病菌的生活力极强,在土壤中可存活5～6年。病菌通过根部伤口或直接侵入,枯萎病在田间的传播主要靠灌溉水、土壤耕作及地下害虫和土壤线虫。瓜类枯萎病是一种土传病害,其发生与土壤性质,耕作栽培,灌水施肥等密切相关。连作地病重,轮作地病轻;酸性土壤,土质黏重,地势低洼,排水不良,土壤冷湿,土层瘠薄,耕作粗放,整地不平,平畦栽培,浇水过多等均有利于发病。不同品种的抗病性有一定差异。

图8-31　瓜类枯萎病
1. 症状　2. 大型分生孢子
3. 小型分生孢子

(4)防治方法

①选用抗病品种。因地制宜筛选一些较抗病的良种。黄瓜品种有:津研5号、津研7号,春丰2号,早丰2号,中农5号等。西瓜品种有伊姆、多利、京欣1号,京抗1号、京抗2号、京抗3号,郑抗1号、郑抗2号、郑抗3号等。

②农业防治。合理轮作,最好与非瓜类作物轮作6～7年,一般地应达到3年以上。增施腐熟的有机肥。目前,黄瓜采用黑籽南瓜作砧木进行嫁接防病,多采用靠接或插接法进行;西瓜除用黑籽南瓜作砧木外,还可采用葫芦进行嫁接。

③种子处理。用52℃温水浸种10 min,催芽播种。

④药剂防治。播前重病地或苗床地要进行药剂处理,每平方米苗床用50%多菌灵8 g处理畦面;用多菌灵或苯莱特或重茬剂:水(1:100)的比例配成药土施于定植穴内。在发病前或发病初用药液灌根,用25%苯来特可湿性粉剂、25%多菌灵可湿性粉剂400倍液、70%甲基托布津可湿粉剂1 000～1 500倍液、40%瓜枯宁1 000倍液,隔7～10 d灌1次,每株灌0.25 L。

229

10.黄瓜病毒病

(1)症状识别

①花叶病毒病。幼苗期感病,子叶变黄枯萎,幼叶为深浅绿色相间的花叶,植株矮小。成株期感病,新叶为黄绿相间的花叶,病叶小,皱缩,严重时叶反卷变硬发脆,常有角形坏死斑,簇生小叶。病果表面出现深浅绿色镶嵌的花斑,凹凸不平或畸形,停止生长,严重时病株节间缩短,不结瓜,萎缩枯死。

②皱缩型病毒病。新叶沿叶脉出现浓绿色隆起皱纹,叶形变小,出现蕨叶、裂片;有时沿叶脉出现坏死。果面产生斑驳,或凹凸不平的瘤状物,果实变形,严重病株引起枯死。

③绿斑型病毒病。新叶产生黄色小斑点,以后变淡黄色斑纹,绿色部分呈隆起瘤状。果实上生浓绿斑和隆起瘤状物,多为畸形瓜。

④黄化型病毒病。中、上部叶片在叶脉间出现褪绿色小斑点,后发展成淡黄色,或全叶变鲜黄色,叶片硬化,向背面卷曲,叶脉仍保持绿色。

(2)病原　主要有黄瓜花叶病毒(CMV)、甜瓜花叶病毒(MMV)及烟草花叶病毒(TMV)。CMV粒体球形,致死温度为70℃ 10 min。

(3)发病规律　病毒可在种子、多年生杂草、保护地中越冬。靠蚜虫、田间操作和汁液接触传播。在高温、干旱、日照强的条件下发病重。

(4)防治方法

①选用抗病品种。北京大刺瓜、碧春、宁丰4号、夏盛、中农6号、京旭2号、鲁春32号、宁丰1号、2号。

②在无病区或无病植株上留种。播种前用55℃温汤浸种40 min;或把种子在70℃恒温下处理72 h。

③施足有机肥。增施磷、钾肥,适当多浇水,增加田间湿度;及时防治蚜虫;及时清洁田园。

④药剂防治。移栽后立即用"天达2116"1 000倍液＋天达裕丰1 000倍液喷雾和灌根,促苗防病。用7.5％克毒灵水剂600倍液、20％病毒宁可溶性粉剂500倍液、2％宁南霉素水剂500倍液、0.5％抗毒剂1号水剂300倍液、20％毒克星水剂500倍液、83增抗剂100倍液、6.5％菌毒清水剂800倍液等在定植后、初果期、盛果期各喷施一次。收获前5 d停止用药。

11.瓜类蔬菜根结线虫病

(1)症状识别　线虫主要危害根部。受害后,地上部轻者症状不明显,重者生长缓慢,植株矮缩黄化,结瓜小且少。在中午气温高时,植株呈萎蔫状态。拔出幼苗观察,在侧根和须根上有许多大大小小不同的肿瘤,也叫根结。根结一般为白色,后期变成淡褐色。剖开根结,病部组织有很小的乳白色线虫埋于其内部(图8-32)。

(2)病原　线虫为根结线虫属,雌雄虫体各异,幼虫呈细长蠕虫状。雄虫白色,尾端稍圆,细长行动范围大。雌虫二龄后体躯逐渐肥大,由豆荚形变成梨形,在植株组织内固定不动。

(3)发病规律　以老龄幼虫排出的卵团在土壤中越冬。卵孵出的幼虫,即二龄幼虫在地温接近 20℃时,开始危害植株的幼根。如土壤墒情适中,通透气又好,线虫可反复危害。线虫主要分布在 5～30 cm 深的土层,其中95%的线虫在表土 20 cm 以内。主要通过病土、病苗、灌水和农事操作传播。线虫喜温,但不喜过湿的土壤。一般线虫生存的土壤适宜温度为 25～30℃,湿度为 40%～70%,高于 40℃或低于 5℃时很少活动。55℃下经 1 min 致死。根结线虫具好气性,地势高、质地疏松、盐分低、潮热的沙土或壤土有利于线虫活动。

图 8-32　瓜类线虫病

(4)防治方法

①农业防治。轮作换茬。在线虫病发生严重地块,可将芹菜、黄瓜和番茄等高感蔬菜与大葱、大蒜、韭菜、辣椒等抗(耐)病蔬菜轮作;培育无病壮苗;及时清除病残体;保护地换土。针对线虫主要集中在土表以下 0～35 cm 的特性,将保护地0～35 cm 的土层换成无根结线虫的土壤层,有较好的效果。

②物理防治。

▨水淹杀虫。对重病田灌水 10～15 cm,保持 1～3 个月,使线虫缺氧窒息而死,可有效抑制线虫的侵染和繁殖。

▨高温杀虫。前茬收获后深翻菜地,利用七、八月的高温,用塑料薄膜平铺地面压实保持 10～15 d,使土壤 10 cm 深处地温达 30～40℃,可有效杀灭各种虫态的线虫。

③药剂防治。在作物定植以后若发现线虫,可用 50%的辛硫磷乳油 1 000 倍液,或 2.5%阿维菌素乳油 2 000 倍液灌根,每株用药剂 300～500 mL。往年发病严重的田块,秧苗定植前有每 667 m² 用 3%米乐尔颗粒剂 5 kg 混细土 50 kg 均匀撒施,深耙 25 cm。

231

[作业单3]

（一）阅读资料单后完成表8-6和表8-7。

表8-6 葫芦科害虫种类、形态特征、发生规律、防治要点

序号	害虫名称	目、科	形态特征	发生规律				防治要点
				世代数	越冬虫态	越冬场所	危害盛期	
1								
2								
3								
4								
5								

表8-7 葫芦科害种类、症状、病原、发病规律、防治要点

序号	病害名称	症状	病原	发病规律				防治要点
				越冬场所	传播途径	侵入途径	发病条件	
1								
2								
3								
4								
5								

（二）阅读资料单后完成绿色黄瓜病虫害周年防治历。

[案例15] 黄瓜病虫害综合防治历制定

1．播种前

（1）选择非瓜类连作田育苗　清除前茬作物的残枝烂叶及病虫残体，施足基肥。

（2）棚室消毒

①每 667 m² 用硫磺粉 2～3 kg 加 50％敌敌畏 0.25 kg，拌锯木粉分堆点燃，闭棚熏蒸一昼夜后放风或每 667 m² 百菌清烟剂 200～300 g 熏蒸，隔 5 d 再熏 1 次。操作用的农具同时放入棚内消毒。

②保护地栽培可在夏季高温季节深翻地 25 cm 以上，然后铺地膜，持续 10～15 d。消毒用 50％多菌灵 1∶100 配成毒土，每平方米用 1.25 kg，撒于地面与土

壤拌匀。或用 25％甲霜灵可湿性粉剂与 70％代森锰锌可湿性粉剂按 9∶1 混合，每平方米用药 8～10 g 与 10～30 kg 细土混合，播种时 1/3 铺作苗床土，2/3 盖在种子上。使用穴盘和营养钵育苗，应用从未种过瓜类的新土，同时进行土壤消毒。

（3）选用抗病、耐病品种　根据当地病虫发生情况选用相应抗耐病品种。深冬一茬黄瓜品种有新泰密刺（山东品种、品质好、抗枯萎病，对霜霉病、白粉病耐性强）；山东密刺（抗枯萎病、疫病和细菌性角斑病，对霜霉病耐性强）；长春密刺（抗枯萎病，对霜霉病、白粉病抗性较弱）；津春 3 号（抗枯萎病，对霜霉病、白粉病、细菌性角斑病抗性一般）；津优 3 号（抗枯萎病、霜霉病、白粉病）。

塑料大棚黄瓜秋后栽培：生育期 110～120 d。适合春季小棚、地膜覆盖、春秋露地及秋后栽培，主要品种有：津研 4 号（较抗霜霉病、白粉病，不抗枯萎病、疫病）；秋棚 1 号（北京农大品种较抗霜霉病、白粉病，对枯萎病抗性不如津研 4 号）；津杂 2 号（抗霜霉病、白粉病、疫病，注意防细菌性角斑病）；津春 4 号（抗霜霉病、白粉病、枯萎病）；津春 5 号（抗霜霉病、白粉病、枯萎病）。

（4）种子消毒

①温汤浸种。55℃温水浸种 15 min 或 50℃温水浸种 20～30 min，可杀灭多种病菌。

②药剂处理。用 50％多菌灵可湿性粉剂 500 倍液浸种 2 h 或按种子重量的 0.4％拌种，也可用 50％福美双可湿性粉剂或 75％百菌清。25％甲霜灵可湿性粉剂、58％甲霜灵锰锌可湿性粉剂按种子重量的 0.3％～0.4％拌种以预防多种真菌性病害。预防细菌性病害，可用 72％农用硫酸链霉素可溶性粉剂 5 000 倍液浸 2 h。

2.幼苗期

主要虫害有蚜虫、白粉虱、美洲斑潜蝇、黄守瓜；主要病害有猝倒病、立枯病、疫病、枯萎病。

（1）农业措施

①控制苗床温度和湿度。白天温度 25～27℃，夜间不低于 12℃。采用高畦育苗，不要大水漫灌，苗床可撒少量干土或草木灰去湿，并适当通风，相对湿度控制在 90％以下。

②设防虫网阻虫。温室大棚通风口用尼龙纱网罩住，防止害虫进入。

③嫁接换根。以黑籽南瓜做砧木，黄瓜做接穗。黄瓜比南瓜早播种 2～3 d，当南瓜子叶完全展平，真叶初露，黄瓜有第一片真叶时进行嫁接。靠接或插接；嫁接口离开地面，预防枯萎病。

④露地育苗盖防虫网。防蚜虫、白粉虱，以预防病毒病。

233

⑤发现病苗,立即拔除。

(2)物理措施　铺银灰色地膜避蚜,每 667 m² 铺 5 kg,或把银灰膜制成 10～15 cm宽的膜条,纵横拉网于植株上面。

(3)化学防治　可用 75％百菌清可湿性粉剂 500 倍液或 25％甲霜灵可湿性粉剂 600～800 倍液、40％乙磷铝可湿性粉剂 300～400 倍液、64％杀毒矾可湿性粉剂 500 倍液,喷雾。每 667 m² 保护地可使用 5％百菌清粉尘剂 1 kg 或 45％百菌清烟剂 250 g,兼防猝倒病、疫病、枯萎病。

3.定植至开花前期

主要虫害有蚜虫、白粉虱、美洲斑潜蝇;主要病害有霜霉病、白粉病、灰霉病、枯萎病、黑星病、炭疽病、疫病、菌核病、细菌角斑病、蔓枯病等。

(1)农业措施

①彻底清理田园,去除残枝败叶,深翻土 30 cm 以上,减少菌源。

②保护地栽培采用消雾无滴膜覆棚。

③施用腐熟有机肥,并适时追肥。

④高畦栽培,降低土壤湿度。铺地膜或铺麦秸、麦糠降低空间相对湿度。

⑤选壮苗定植,带土带药移植,避免伤根。

⑥发现病叶及时摘除,带出田外集中处理。

(2)生物措施

①保护地内可释放丽蚜小蜂控制白粉虱。定植后当发现粉虱成虫时,即可开始放蜂卡。一般每 667 m² 每次放蜂量不少于 10 000 头。单株粉虱成虫超过 5 头时,可用药剂 1 次,压低基数,一周后再放蜂。

②可选用 1％农抗武夷菌素水剂 150～200 倍液,喷雾防治灰霉病、白粉病兼治黑星病。

③72％农用硫酸链霉素可湿性粉剂 4 000～5 000 倍液或新植霉素可湿性粉剂 4 000 倍液,喷雾防治细菌性病害。

(3)化学防治

①在定植前视病害发生种类喷药保护,带药定植。

②保护地防治灰霉病。可用 5％灭克粉尘剂,每 667 m² 用 1 kg,可兼治蔓枯病。防治霜霉病选用 5％霜克粉尘剂或 5％霜霉威粉尘剂,每 667 m² 用 1 kg,可兼治疫病、炭疽病。还可用 5％百菌清烟雾剂,每 667 m² 用 200～250 g,于棚内分放5～6 处,傍晚点燃闭棚,次日早晨通风。间隔 7 d 用 1 次,连用 2～3 次。

③防治灰霉病、白粉病。可选用 65％甲霜灵可湿性粉剂 800 倍液或 28％灰霉克可湿性粉剂 500 倍液、50％速克灵可湿性粉剂 800～1 000 倍液、50％扑海因

可湿性粉剂 600 倍液喷雾。防治蔓枯病可用 10%世高水分散粒剂 1 500～2 000 倍液或 50%甲基硫菌灵可湿性粉剂 600～800 倍液,兼治黑星病、蔓枯病、炭疽病、菌核病。防治疫病、霜霉病可选用 72%克露乳油 600～800 倍液或加瑞农 1 500～2 000 倍液,可兼治黑星病。

④防治细菌性病害。选用 25%青枯灵可湿性粉剂 500 倍液喷雾。

4. 开花结瓜期

主要虫害有蚜虫、白粉虱、美洲斑潜蝇;主要病害有霜霉病、白粉病、灰霉病、枯萎病、黑星病、炭疽病、疫病、细菌角斑病等。

(1)农业措施

①高温闷棚。保护地霜霉病普遍发生初期,选择晴天上午,摘掉离地面 20 cm 的重病叶,将植株较高的"龙头"下压,关闭大棚,温度计挂在黄瓜生长点同样高的位置,棚温 44～46℃保持 2 h,然后适当通风,使温度降到正常温度。闭棚前必须先浇水,且棚内的植株必须是经高温锻炼的壮苗。

②科学施肥。保护地晴天 10～11 时用二氧化碳肥,增加光合作用。结瓜可喷洒 0.2%磷酸二氢钾、1%尿素并加等量糖液,再加水稀释(1∶1∶100)补充营养。

③加强管理。结瓜期(25 叶后)及时打顶尖(越冬茬除外),结瓜后及时打掉失去功能的叶片,并摘除病叶、病瓜,减少菌源。

(2)生物措施　保护地内设置黄板诱杀白粉虱、蚜虫、美洲斑潜蝇。方法是在田间悬挂黄色硬纸板条,上涂一层机油,挂在高于植株顶部的地方。每 667 m² 放 30～40 块,当黄板粘满虫子时,再涂一次机油。一般 7～10 d 重涂 1 次;用 1%农抗武夷菌素水剂 150～200 倍防治白粉病、灰霉病、黑星病;用 0.9%虫螨克可溶性水剂 3 000 倍防治叶螨,兼治美洲斑潜蝇;防治根结线虫。用 1.8%阿维菌素乳油 3 000 倍液灌根,每株 300 mL。

(3)生态控制　控制保护地栽培温湿度,上午温度控制在 28～32℃,最高不超过 33℃,湿度 60%～70%;下午温度 20～25℃,湿度 60%左右;上半夜湿度低于 85%,温度 15～20℃,下半夜湿度超过 85%时,温度降到 13℃以下。采用上述管理可有效抑制霜霉病、灰霜病、细菌性角斑病的发生。

(4)化学防治

①防治白粉病、霜霉病、灰霉病等真菌性病害及细菌性病害。方法同定植至开花期。

②枯萎病。发生初期,可用 50%多菌灵可湿性粉剂 500 倍或 50%甲基托布津可湿性粉剂 800 倍、70%甲基托布津 1 200 倍灌根。每株灌药液 0.25 kg。

235

③防治疫病。可用 72.2%普力克水剂 800 倍液或 64%杀毒矾可湿性粉剂 500 倍液、70%甲基硫菌灵可湿性粉剂与 50%扑海因可湿性粉剂 1∶1 混合 500 倍液喷雾。防治细菌性叶枯病可用 50%琥胶肥酸铜(DT)可湿性粉剂 500 倍液。

④防治蚜虫、美洲斑潜蝇。可用 10%大功臣可湿性粉剂 1 000 倍液或 2.5%功夫乳油 2 000 倍液、10%吡虫啉可湿性粉剂 3 000 倍液喷雾。

［资料单 4］ 豆科蔬菜病虫害防治

(一)豆类虫害

1.豆荚螟

(1)危害特点　豆荚螟是鳞翅目螟蛾科。以幼虫在豆荚内蛀食豆粒,被害籽粒重则蛀空,仅剩种子柄;轻则蛀成缺刻,几乎都不能作种子;被害籽粒还充满虫粪,变褐以致霉烂。

(2)形态特征　成虫全身灰褐色,前翅狭长,色灰紫,后翅灰白色。幼虫背部紫红色,腹部绿色,背板上有"人"字形黑斑,全身腺体明显,气门黑色(图8-33)。

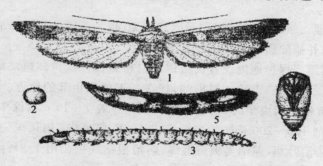

图 8-33　豆荚螟
1.成虫　2.卵　3.幼虫　4.蛹　5.被害状

(3)发生规律　每年发生的世代数因地而异,一般西北、华北发生 3～4 代。以老熟幼虫或蛹在土中越冬。全年以 6 月中旬至 8 月下旬危害最严重,田间有明显的世代重叠现象。

成虫多在夜间羽化,昼伏夜出,有趋光性。成虫产卵前需取食花蜜补充营养。卵散产,多产在花蕾、花瓣或苞叶、花托上,少数产在嫩荚和嫩茎上,花蕾上卵量占总卵量 80%以上。交尾、产卵均在傍晚。产卵前期 2～5 d,少数 1 d。雌虫每头平均产卵 80 粒左右,最高达 400 粒。成虫停息在植株丛中较高处,稍有惊动则迅速散开。

（4）防治方法

①农业防治。合理轮作，可采用大豆与水稻等轮作，或玉米与大豆间作的方式，减轻豆荚螟的危害。

②生物防治。于产卵始盛期释放赤眼蜂，对豆荚螟的防治效果可达80％以上；老熟幼虫入土前，田间湿度高时，可施用白僵菌粉剂，减少化蛹幼虫的数量。

③药剂防治。老熟幼虫脱荚期，毒杀入土幼虫，以粉剂为佳，主要有2％杀螟松粉剂和12％倍硫磷粉等，每667 m^2 使用1.5～2 kg。花期是最易受害的时期，也是防治的关键时期。从6月中旬至8月，凡地处盛花期豇豆田用药1～2次，始花期开始用药，用药两次，间隔5～7 d，则能控制危害。豆野螟低龄幼虫主要危害花器，3龄后转移危害荚。因此，喷药部位主要是花和荚。可用2.5％溴氰菊酯乳油，或2.5％三氟氯氰菊酯乳油、10％氯氰菊酯乳油、20％氰戊菊酯乳油375 mL，5％定虫隆乳油375～750 mL，对水1 125 L喷雾。此外，还可用Bt制剂（每克菌粉含100亿芽孢）800倍液在盛花期喷雾，对低龄幼虫有较好的防效。

2. 豆野螟

（1）危害特点　豆野螟是鳞翅目螟蛾科。幼虫危害叶片时，常吐丝把两叶粘在一起，躲在其中咬食叶肉、残留叶脉，叶柄或嫩茎被害时，常在一侧被咬伤而萎蔫至凋萎。被害蕾易脱落，被害荚的豆粒蛀孔口常有绿色粪便，虫蛀荚常因雨水灌入而腐烂。

（2）形态特征　成虫是一种蛾子，体色黄褐，前翅黄褐色，后翅白色、半透明。幼虫头黄褐，前脑背板黑褐色（图8-34）。

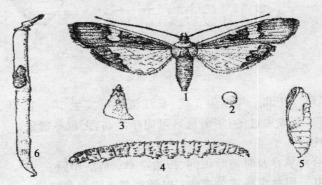

图8-34　豆野螟
1.成虫　2.卵　3.产于花瓣上的卵　4.幼虫　5.蛹　6.被害状

（3）发生规律　一年发生4～5代。以蛹在土壤中越冬，越冬代成虫出现于6

237

月中、下旬，基本是 1 个月 1 代，第 1、2、3 代分别在 7 月、8 月和 9 月上旬出现，第 4 代在 9 月上旬至 10 月上旬出现成虫，10 月下旬以蛹越冬。

（4）防治方法

①农业防治。及时清理田园。

②物理防治。设黑光灯诱杀成虫。

③药剂防治。在发生的田块中，最好从发现初孵幼虫时即开始喷药，可选用 300 倍液的杀螟松或 3 000～4 000 倍液的杀灭菊酯或 800 倍液的敌敌畏，每 10 d 左右喷施 1 次。

3. 豌豆潜叶蝇

（1）危害特点　豌豆潜叶蝇为双翅目潜蝇科。幼虫潜叶危害，蛀食叶肉形成曲折隧道。

（2）形态特征　成虫头部黄褐色，触角短小，黑色。胸部隆起，前翅半透明，白色带有紫色闪光。胸、腹部灰黑色。幼虫蛆形，初为乳白色，后变黄白色，头小（图 8-35）。

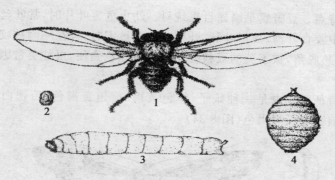

图 8-35　豌豆潜叶蝇
1.成虫　2.卵　3.幼虫　4.蛹

（3）发生规律　华北一年发生 5 代，长江流域可发生 10～13 代。以蛹越冬为主，也有少数幼虫或成虫过冬；华南地区可周年活动，无越冬现象。

（4）防治方法

①农业防治。早春及时清除田间、田边杂草；清洁田园。

②诱杀成虫。用粘虫板诱杀成虫；以诱杀剂点喷部分植株。诱杀剂以甘薯或胡萝卜煮液为诱饵，加 0.5% 敌百虫为毒剂制成。每隔 3～5 d 喷 1 次，共喷 5～6 次。

③药剂防治。喷药宜在早晨或傍晚，注意交替用药，最好选择兼具内吸和触杀

作用的杀虫剂,如20%康福多乳油2 000倍液,或40%绿菜宝乳油1 000～1 500倍液。

(二)豆类病害

1.豆类锈病

(1)症状识别 发病初期,叶背产生淡黄色小斑点,后变锈褐色,隆起呈小脓疱病斑,扩大后表皮破裂,散出红褐色粉末,叶正面则形成褐绿斑点(图8-36)。

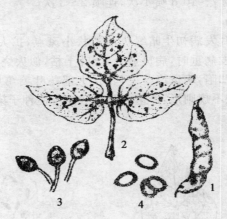

图8-36 豆类锈病
1,2症状 3,4病原菌

239

(2)病原 担子菌亚门,担子菌豇豆单胞锈属菌(*Uromyces vignae* Barel)真菌,疣顶单胞锈菌夏孢子淡黄褐色,近圆形,表面生微刺,芽孔1～3个,(18～28)μm×(18～24) μm。冬孢子栗褐色,近圆形至椭圆形,外表平滑,顶端有乳突,柄长与孢子相当,(24～41) μm×(19～30) μm。豇豆单胞锈菌、蚕豆单胞锈菌与疣顶单胞锈菌类似(图8-36)。

(3)发病规律 在我国南方,菜豆锈菌主要以夏孢子周年辗转危害,无明显越冬现象。在我国北方,病菌主要以冬孢子在病株残体上越冬。翌年冬孢子萌发产生担孢子,借气流传播,引起初次侵染。而后在作物生长期间,主要以夏孢子进行多次重复侵染。夏孢子萌发产生芽管,从气孔或表皮直接入侵,主要通过气流传播,雨水也可传播。高温高湿有利于病害的发生,一般日平均气温24℃,再遇频繁降雨,则可能导致豇豆锈病的流行。地势低洼、排水不良、种植密度大,早晚多露多雾易发病。

(4)防治方法
①选用抗病品种。福三长丰、新秀1号,九粒白、春丰4号、细花等。

②农业防治。清除田间病株残体,并集中烧毁,及时摘除棚内中心病叶,防止病菌扩展蔓延。实行轮作并与禾本科作物间作。合理密植,注意排水,降低田间湿度,注意棚室通风。

③药剂防治。发病初期可选用50%萎锈灵乳油800倍液,或50%硫磺悬浮剂200倍液,或40%敌唑酮可湿性粉剂4 000倍液,或12.5%速保利可湿性粉剂4 000倍液,或70%代森锰锌可湿性粉剂1 000倍液加15%粉锈宁可湿性粉剂2 000倍液等喷雾,每隔7～10 d喷1次,连喷2～3次。

2.菜豆细菌性疫病

(1)症状识别　叶片发病初生暗绿色油渍状小斑点,扩大后呈不规则形,深褐色,周围有黄色晕环。发病重时,病斑愈合,全叶干枯,似火烧状。茎蔓发病呈红褐色溃疡状条斑,中央略凹陷,病斑绕茎一周后,上部茎叶萎蔫后枯死。荚上病斑红褐色,稍凹陷,近圆形或不规则形,严重的豆荚皱缩可使种子染病,产生暗褐色或黄色凹陷斑(图8-37)。

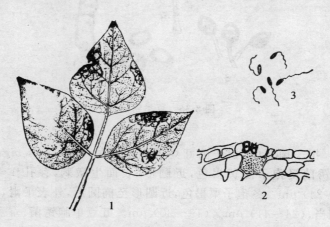

图8-37　菜豆细菌性疫病

(2)病原　病原为细菌,黄单胞菌属,地毯草黄单胞菌菜豆致病变种[*Xanthomonas campestris pv. phaseoli* (E. F. Smith)Dye]。菌体短杆状,两端钝圆,极生单鞭毛,不形成芽孢荚膜,革兰氏染色反应阴性。病菌生长适温为28～30℃,最低4℃,超过40℃不能生长。适宜的pH范围为5.6～8.5,最适pH值为7.4。(图8-37)。

(3)发病规律　病菌在种子内或随病株残体在土壤中越冬。带菌种子是病害的主要侵染源。病菌从气孔、水孔、虫口或伤口侵入。高温高湿有利于病害的发生。气温24～32℃,天气潮湿,受害部位有水滴则可发病。暴风雨、结露、大雾有利于发病。36℃以上病害受到抑制。田间管理不当,肥力不足、排水不良、偏施氮肥、植株生长势弱,发病较重。雨后或天气潮湿时采摘豆荚,有利于病害的传播和蔓延。

(4)防治方法

①农业防治。适当早播。加强栽培管理,合理密植,增加通风透光,避免田间积水,不可大水漫灌。摘除病叶,深耕翻土,实行轮作,避免连作。

②选用抗病品种。一般矮生菜豆易感病,而蔓生品种较抗病。

③选用无病种子。播种前用 55℃温水浸种 15 min 后捞出放在清水中冷却,晾干后播种。也可用硫酸链霉素 500 倍液浸种 12 h,或用种子重量的 0.3% 的 50% 福美双粉剂或者 95% 敌克松原粉拌种。

④药剂防治。发病初期选用 14% 络氨铜水剂 300 倍液,1∶1∶200 波尔多液,2% 春雷霉素水剂 26～54 mg/L,40% 细菌快克可湿性粉剂 600 倍液,77% 氢氧化铜微粒可湿性粉剂 500 倍液,每 7 d 喷 1 次,连喷 2～3 次。

3. 菜豆白绢病

(1)症状识别 发病部位主要是在近地面的茎基部。初呈暗褐色病斑,后逐渐扩大,稍凹陷,其上有白色绢丝状的菌丝体,病株下部叶片开始变黄或枯萎,严重时植株的茎基完全腐烂,全株茎叶萎蔫枯死。后期病部或根部周围土层中,产生大量茶褐色油菜籽大小的菌核。染病豆荚软腐,其上长出白色绵霉。

(2)病原 白绢菌病菌属担子菌亚门,白绢薄膜革菌属[*Pellicularia rolfsii* (*Sacc.*) West]真菌,无性世代为齐整小核菌(*Sclerotium rolfsii* Sacc)属半知菌亚门小核菌属真菌。

(3)发病规律 主要以菌核在土壤中越冬或以菌丝体附着在病株残体上越冬。环境条件适宜时,菌核萌发产生菌丝,从根部或近地面的茎基部的伤口侵入或直接侵入,病株周围土壤中的菌丝可以沿着土壤缝隙或地面蔓延到邻近植株,雨水及农事操作也可传播。菌核抗逆力非常强,室内可存活 10 年,田间存活 5～6 年,通过牲畜的消化道仍能存活,所以厩肥也可传病。高温高湿且空气充足的条件下利于发病。6～7 月份高温多湿,有利于此病的发生。酸性土壤有利于发病。

(4)防治方法

①农业防治。利用夏季高温地膜覆盖湿润土 2～4 周,结合施哈茨木霉菌生物制剂(7.5～15 kg/hm²),处理后整地秋植。适当增施石灰,改良土壤酸性。

②药剂防治。定植后至初花期淋施 5% 田安水剂或井冈霉素水剂 600～1 000 倍液 2～3 次,见病后用哈茨木霉生物制剂(15 kg/hm²)配成毒土撒施病穴及周围土面,封锁发病中心。

241

4.豇豆煤霉病

（1）症状识别　叶正面初现边缘模糊的褪黄小斑，叶背相应部位则出现淡红褐色霉斑，外围有黄晕。后扩大为多角形紫褐色病斑，斑面出现暗灰色霉层，叶背斑面尤为明显。严重时叶片病斑密布，导致叶片干枯、脱落（图8-38）。

（2）病原　豇豆煤霉病的病原是豇豆尾孢菌（*Cercospora vignae* Rac.），属于半知菌的一种真菌。

（3）发病规律　病菌以菌丝附在病残体上或以分生孢子随同病叶于田间越冬，翌年春遇适宜条件，菌丝上产出分生孢子，通过气流传播进行初侵染。分生孢子借气流传播到菜株的叶片上，萌发产生芽管，从气孔侵入危害。随后在发病部

图8-38　豇豆煤霉病

位产出分生孢子，在菜株生长期间不断进行再侵染。病菌发育的温度范围是7～35℃，最适温度为30℃。因而田间高湿或高温多雨是发病的重要条件，连作地或播种过晚的菜田发病重。春播豇豆比夏播豇豆发病重，其中尤以春播较晚的豇豆发病重。

（4）防治方法

①农业防治。选用抗病高产良种。增施磷钾肥，适时喷施叶面肥；雨后及时清沟排渍。合理密植和搭架，改善株间通透性，并注意收集病残落叶烧毁。

②药剂防治。及时喷药预防控病。应于抽蔓上架时病害发生前开始，迟也应于初见病期喷药控病。可选喷30%百科乳油1 000～1 500倍液，隔7～15 d喷1次，前密后疏，交替喷施，喷匀喷足。

［作业单4］

（一）阅读资料单后完成表8-8和表8-9。

表8-8　豆科害虫种类、形态特征、发生规律、防治要点

序号	害虫名称	目、科	形态特征	发生规律				防治要点
				世代数	越冬虫态	越冬场所	危害盛期	
1								
2								
3								
4								
5								

表 8-9　豆科病害种类、症状、病原、发病规律、防治要点

序号	病害名称	症状	病原	发病规律				防治要点
				越冬场所	传播途径	侵入途径	发病条件	
1								
2								
3								
4								
5								

（二）阅读资料单后完成菜豆病虫害周年防治历制定。

[案例 16]　菜豆病虫害综合防治历制定

1. 播种期

（1）农业措施

①清理田园。前茬收获后,清除残留枝叶,立即深翻 20 cm 以上,晒垄 7～10 d,压低虫口基数和病菌数量。

②品种选择。秋抗 6 号、优胜者、早熟 14 号、芸丰、春丰 4 号、早白羊角、吉农引快豆、长白 7 号、扬白 313 等品种。

③合理密植。矮生菜豆穴行距 30 cm×40 cm,每穴 3～4 粒,蔓生菜豆穴行距 30 cm×（65～75）cm,每穴 3～4 粒,盖土厚 3～5 cm。

④增施根瘤菌。根瘤菌可用菜豆收后的老根,在暗室中洗净泥土,在低于 30℃暗室中阴干、捣碎作菌种,干燥贮存,一年内有效。播种时用水湿润,含水量达到 35％,再同浸湿种子拌种,每 667 m² 用干菌种 50 g,增产效果明显。

⑤插架引蔓。蔓生菜豆甩蔓前结合浇水插架,两行一架成"人"字形,高 1.8 m 以上,上端用横杆相互联结固定,引蔓上架。

（2）种子处理　种子消毒:用 50℃温水浸种 15 min 再播种,或用种子重 0.3％的 58％甲霜灵锰锌可湿性粉剂拌种。

2. 苗期

这个时期防豌豆潜叶蝇、豌豆蚜、菜豆细菌性疫病、菜豆黑斑病、菜豆花叶病、菜豆菌核病等。

（1）农业措施

①合理密植,株行间通风透光;雨后注意排水,降低田间湿度。

②避免田间积水和湿度过大,应与非豆科蔬菜轮换使用架材,及早插架绑蔓,摘除下部病叶,及时中耕、除草和灭虫。

(2)生物药剂防治

喷药宜在早晨或傍晚,注意交替用药,最好选择兼具内吸和触杀作用的杀虫剂。如20%康福多乳油2 000倍液,或1.8%爱福丁乳油2 000倍液,或40%绿菜宝乳油1 000~1 500倍液,可防治豌豆潜叶蝇等。

可用每枚50克的灭杀烟剂,每667 m² 用4枚,或用20%氰戊菊酯2 000~3 000倍液进行叶面喷雾防治。喷雾时做到均匀不漏,药剂交替使用,可防治豌豆蚜。

发病初期喷洒80%代森锰锌可湿性粉剂600倍液、或64%杀毒矾可湿性粉剂500倍液交替使用,隔7~10 d喷1次,防治2~3次,可防治菜豆黑斑病。

发病初期喷洒7.5%克毒灵水剂700倍液、20%病毒宁水溶性粉剂500倍液,视病情防治1次或2次,可防治菜豆花叶病。

发病初期可选喷30%DT可湿性粉剂500倍液、2%新植霉素可湿性粉剂200 IU,或1∶1∶200波尔多液,可防治菜豆细菌性疫病。

发病初期喷5%扑海因可湿性粉剂1 500倍液或70%甲基托布津可湿性粉剂600倍液,每隔7 d喷1次,连喷3次,可防治菜豆菌核病。

3.开花结荚期

这个时期主要虫害有豆荚螟、豆野螟等;病害主要有菜豆白绢病、菜豆绵腐病、菜豆灰霉病、豆类锈病等。

(1)农业措施 清洁田园,消灭病残体,收获后清除田间病残体并集中烧毁。合理轮作,可采用大豆与水稻等轮作,或玉米与大豆间作的方式,减轻豆荚螟的危害。

(2)药剂防治 可选用50%杀螟松乳油500倍液或20%杀灭菊酯3 000~4 000倍液或50%敌敌畏乳油800倍液,每10 d左右喷施1次,可防治豆野螟、豆荚螟。

发病初期喷洒50%萎锈灵乳油800倍液,或50%硫磺悬浮剂200~300倍液,隔7~8 d防治1次。如用15%粉锈宁可湿性粉剂2 000~3 000倍液,或40%三唑酮可湿性粉剂4 000倍液,隔20 d喷洒1次,可防豆类锈病。

定植后至初花期淋施5%田安水剂或5%井冈霉素水剂600~1 000倍液2~3次,可防治菜豆白绢病。

75%百菌清可湿性粉剂600倍液,80%大生可湿性粉剂500倍液。着重喷洒植株中下部位,每 10 d 左右喷药 1 次,共 2～3 次,可防治菜豆绵腐病。

计划实施 8

(一)工作过程的组织

5～6 个学生分为一组,每组选出一名组长。共同研究讨论。

(二)材料与用具

各类蔬菜病虫害图书、录像、图片、笔记本、农药、喷雾器、天平、量筒等。

(三)实施过程

1.对蔬菜虫害形态特征、危害特点、发生规律进行熟悉;

2.对蔬菜病害症状、病原、发生规律进行熟悉;

3.收集与制定综合防治历相关蔬菜栽培知识;

4.每人制定一种蔬菜病虫害综合防治历;

5.小组对每人蔬菜病虫害综合防治历进行评定;

6.对评定出蔬菜病虫害综合防治历进行实施。

评价与反馈 8

完成蔬菜病虫害防治历工作任务后,进行自我评价、小组评价、教师评价。考核指标权重:自我评价占 20%,小组互评价占 40%,教师评价占 40%。

(一)自我评价

根据自己的学习态度、完成蔬菜病虫害防治历任务后进行实事求是地自我评价。

(二)小组评价

组长根据组员完成任务情况对组员进行评价。主要从小组成员蔬菜病虫害防治历。完成情况进行评价。

(三)教师评价

教师评价是根据学生学习态度、蔬菜病虫害防治作业单填写、蔬菜病虫害防治历制定完成情况、出勤率四个方面进行评价。

(四)综合评价

综合评价是把个人评价,小组评价,教师评价成绩进行综合,得出每个学生完成一个工作任务的综合成绩。

(五)信息反馈

每个学生对教师进行评议,提出对工作任务建议。

工作任务9 果树病虫害综合防治历制定

工作任务描述

　　掌握安全果树病虫害防治历制定的内容和形式;安全果树病虫害防治历制定的依据和原则,正确制定果树病虫害防治历与组织实施。

目标要求

　　完成本学习任务后,你应当能:(1)知道各类果树病虫害种类;(2)明确各类果树病虫害发生时期;(3)明确各类果树虫害形态特征、危害特点、发生规律;(4)明确各类果树病害症状、病原、发生规律;(5)找出各类果树有效防治方法;(6)完成一种果树综合防治历的制定。

内容结构

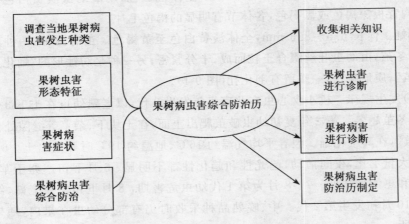

相关资料

　　(1)调查当地果树病虫害发生种类;(2)各类果树虫害形态特征、危害特点、发生规律;(3)各类果树病害症状、病原、发生规律;(4)果树栽培知识;(5)制定一种果树病虫害综合防治历方法。

[资料单1] 苹果病虫害

(一)苹果害虫

苹果害虫种类很多,大约有769种,北京地区其中以食心虫类、叶螨类、卷叶蛾类、蚜虫类危害严重。

1.桃小食心虫

(1)危害状 桃小食心虫属鳞翅目,蛀果蛾科。幼虫入果后在皮下潜食果肉,果面上出现凹陷的潜痕,果实变形,成畸形果。又叫"猴头果"。幼虫发育后期,食量增加,在果内纵横潜食,粪排在果实内,造成所谓"豆沙馅",果实失去食用价值,损失严重。

(2)形态特征

①成虫。体长5~8 mm,翅展13~18 mm,全体灰白色或浅灰褐色,前翅近前缘中部有一个蓝黑色近乎三角形的大斑,基部及中央部分有7簇黄褐色或蓝褐色的斜立鳞片。

②卵。深红色,桶形。

③幼虫。老龄幼虫体长13~16 mm,全体桃红色,幼龄幼虫淡黄白色。头褐色,前胸背板深褐色或黑褐色,各体节有明显的褐色毛片。

④蛹。体长6.5~8.6 mm,全体淡黄白色至黄褐色。茧有两种:一种是扁圆形的越冬茧,由幼虫吐丝缀合土粒而成,十分紧密;另一种是纺锤形的"蛹化茧",又叫"夏茧",质地疏松,一端留有羽化孔(图9-1)。

(3)发生规律 桃小食心虫在北京每年发生2代,以老熟幼虫在土下3~6 cm深处作冬茧越冬。第2年夏初幼虫破茧爬出土面,在土块下、杂草等缝隙处作纺锤形"夏茧",在其中化蛹。翌春平均气温约16℃、地温约19℃时开始出土。6~7月间成虫大量羽化,夜间活动,趋光性和趋化性都不明显。6月下旬产卵于苹果、梨的萼洼和枣的梗洼处。7~8月为第1代幼虫危害期,8月下旬幼虫老熟,结茧化蛹,8~10月初发生第2代。中、晚熟品种采收时仍有部分幼虫在果内,随果带入贮存场所。

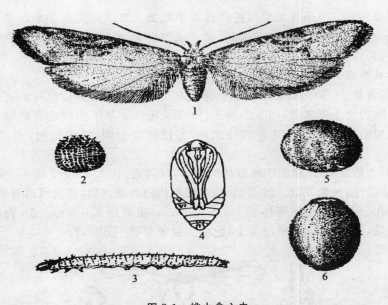

图 9-1　桃小食心虫

1. 成虫　2. 卵　3. 幼虫　4. 蛹　5. 冬茧　6. 夏茧

（4）防治方法

①消灭越冬出土幼虫子。秋冬深翻埋茧，根据桃小食心虫过冬茧集中在根际土壤里的习性，在越冬幼虫出土前夕或蛹期，在根际方圆 1 m 地面培土约 30 cm 厚，使土壤过冬幼虫或蛹 100% 窒息死亡。也可结合秋季开沟施肥，把树盘下 3～10 cm 表土填入 30 cm 深沟内，将底土翻到表面。

②生物防治。桃小食心虫天敌有 10 余种，其中有 2 种寄生蜂和 1 种寄生性真菌控制作用较大。

③药剂防治。

土壤处理：越冬幼虫出土前夕，用 50% 二嗪农乳油每次 667 m² 用药量 500 mL，配成药土或稀释成 450 倍水溶液，均匀施于树冠下地面。

加强树上防治：控制卵和初孵幼虫数量，树上喷药应在成虫羽化产卵和卵的孵化期进行。常用药剂有 1% 阿维菌素可湿性粉剂 4 000～6 000 倍液，20% 杀灭菊酯乳油 4 000～5 000 倍液，2.5% 溴氰菊酯乳油 2 500～5 000 倍，对幼虫效果好；2.5% 功夫乳油 6 000 倍液，20% 灭扫利乳油 2 000～4 000 倍液，10% 天王星乳油 30～50 mg/kg，对卵和初孵幼虫有很好效果，并兼治叶螨。

④其他防治方法。从 6 月下旬开始，每隔半个月摘除一次虫果，并加以处理，消灭虫源。成虫发生期用性外激素诱集。幼虫出土期和脱果期果园放鸡。

⑤苹果套袋。有条件的果园可进行苹果套袋。方法是先对苹果疏花疏果,一律留单果,在桃小食心虫产卵前套袋,果子成熟前 25～30 d 去袋,让苹果着色,可收到很好的防治效果。

2.苹果绵蚜

(1)危害状　苹果绵蚜属同翅目,绵蚜科。是国内及国外检疫对象之一。

绵蚜除寄生于苹果外,尚有山荆子、海棠及花红。苹果绵蚜危害的结果,严重影响苹果树的生长发育和花芽的分化,因而使树势衰弱,树龄缩短,产量及品质减低。

(2)形态特征　无翅胎生雌蚜体卵圆形,红褐色,长 1.8～2.2 mm。头部无额瘤,复眼暗红色,触角 6 节。腹部肥大,背面堆积白色绵状物,揭去可以看到 4 条纵列的泌蜡孔。有翅胎生雌蚜体长 1.7～2.0 mm,翅展约 5.5 mm。头、胸部黑色,额瘤不明显,复眼暗红色,单眼 3 个,色深。触角 6 节(图 9-2)。

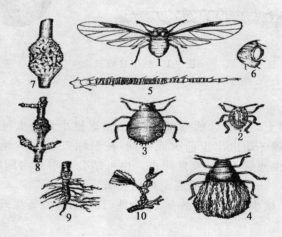

图 9-2　苹果绵蚜

1.有翅胎生雌蚜　2.若虫　3.无翅雌蚜(蜡毛全去掉)　4.无翅雌蚜(胸部蜡毛没全去掉)
5.有翅雌蚜触角腹面观　6.有翅雌蚜腹管　7～10.被害状

(3)发生规律　一年发生 10～13 代。越冬部位较分散,地上部多在树干粗皮裂缝中、腐烂病病疤刮口边缘、剪锯口边缘处,地下部多在根瘤的皱褶中。翌年 4 月上旬越冬若蚜开始活动危害,5 月上旬开始繁殖,以孤雌生殖产生无翅胎生雌蚜,繁殖最盛期的 5 月下旬至 7 月上旬,完成一代仅 8 d。7～8 月,9 月中旬以后,日光渐少,气温下降有利于苹果绵蚜的繁殖,发生量又逐渐增多。10 月间又出现繁殖盛期。11 月份,若蚜陆续进入越冬。除无翅胎生雌蚜以外,还有有翅胎生雌蚜危害,有翅胎生雌蚜前期(5～6月)发生少,危害轻,8月下旬以后逐渐增多,以9月下旬至10月中旬最多。

(4)防治方法

①严格检疫。苹果绵蚜是检疫对象,对此虫要实行检疫措施,禁止从疫区往保护区调运苗木、接穗,防止苹果绵蚜传播。

②刮除翘皮。早春苹果发芽前,枝干刮除翘裂老树皮之后,再涂40%蚜灭多与黄泥浆(以40%蚜灭多0.5 kg,细黄黏土15 kg,水15 kg,适量鲜牛粪配制成)。

③药剂防治。开花前落花后结合防治螨类和其他蚜虫,可喷40%蚜灭多乳油1 500倍液杀灭活动绵蚜。

3.苹果小卷叶蛾

(1)危害状 苹果小卷叶蛾属鳞翅目,卷叶蛾科。简称"小卷",俗名卷叶虫。早春越冬幼虫危害嫩芽,轻者将嫩芽吃得残缺不全,流出大量胶滴,重者嫩芽枯死,影响抽梢开花。吐蕾时,幼虫不但咬食花蕾,并吐丝缠绕花蕾,使花蕾不能开放,影响坐果。展叶后,小幼虫常将嫩叶边缘卷曲,在其内舔食叶肉,以后吐丝缀合嫩叶,啃食叶肉,并多次转移到新梢吐丝卷叶危害嫩叶,妨碍新梢生长。

(2)形态特征

①成虫。体长5～8 mm,翅展16～20 mm,个体间体色变化较大,一般以黄褐色为多,下唇须较长,伸向前方。前翅略呈长方形,静止时覆盖在体躯背面,呈钟罩状。

②卵。扁平椭圆形,淡黄色,半透明,近孵化时,出现黑褐色小点。卵块多由数十粒卵排列成鱼鳞状。

③幼虫。老熟幼虫体长13～18 mm,体色浅绿色至翠绿色。头部黄绿色,前胸盾片、胸足黄色或淡黄褐色。

④蛹。体长7～10 mm,黄褐色。第2～7腹节背面有两列刺突,后面一列小而密,尾端有8根钩状刺毛(图9-3)。

(3)发生规律 苹果小卷叶蛾在北京地区一年发生4代。以小幼虫(以2龄幼虫)潜藏在树皮裂缝、老翘皮下,剪锯口周围的死皮中,枯叶与枝条贴合处等部位作长形白色薄茧越冬。越冬幼虫在翌年4月中旬至5月上旬开始出蛰,盛期在金冠品种盛花期,前后连续25 d左右。苹果小卷叶蛾各代成虫发生期:越冬代自5月下旬至7月上、中旬,盛期在6月中、下旬;第1代自7月中旬至8月中、下旬,盛期在8月上、中旬;第2代自8月下旬至9月下旬,盛期在9月上、中旬。由于成虫羽

251

化后只经1~2 d(越冬代为2~4 d)即可产卵,因此各代卵的发生期与其相应各代成虫发生期基本一致。

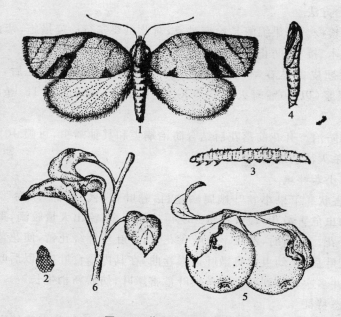

图9-3 苹果小卷叶蛾
1.成虫 2.卵 3.幼虫 4.蛹 5.被害果 6.被害叶片

(4)防治方法

①农业防治。果树休眠期,结合冬季修剪,剪除被害新梢,人工刮除粗老树皮和枝干上的干叶,集中处理,消灭越冬幼虫。春季结合疏花疏果,摘除虫苞,进行处理。

②涂杀幼虫。果树萌芽初期,幼虫尚未大量出蛰以前,用50%敌敌畏乳油200倍液涂抹剪锯口和枝杈等部位杀死出蛰幼虫。此法在树皮光滑的幼树上进行效果尤为显著。

③诱杀成虫。各代成虫发生期,利用黑光灯、糖醋液、性诱剂,挂在果园内诱捕成虫。

④树冠喷药。重点防治越冬代和第一代,减少前期虫口数量,避免后期果实受害。常用药剂有2.5%溴氰菊酯乳油5 000倍液,20%杀灭菊酯乳油2 000~4 000倍液,10%氯氰菊酯乳油1 500~2 000倍液。

⑤保护和利用天敌。在卷叶蛾卵孵化初盛期释放松毛虫赤眼蜂防治。

4. 美国白蛾

（1）危害状　美国白蛾又名秋幕毛虫，属鳞翅目，灯蛾科。美国白蛾食性杂，传播快，危害猖獗，是重要的世界性检疫害虫。主要危害果树、行道树和观赏阔叶树。

幼虫群集吐丝在树上结成大型网幕，网幕直径有的达 1 m 以上，幼虫在网幕内将叶片叶肉吃光，重者将叶片吃光。

（2）形态特征

① 成虫。雌蛾为纯白色中型蛾，体长 9 ～12 mm，翅展 24 ～35 mm。雄蛾触角黑色，双栉齿状，前翅散生几个或多个黑褐色斑点。雌蛾触角褐色。锯齿状，前翅纯白色，后翅常为白色或近缘处有小黑点。前足基节、腿节为橘黄色，胫节、跗节内侧白色，外侧黑色；中、后足腿节白色或黄色，胫节，跗节上常有黑斑。

② 卵。圆球形，初产时淡黄绿色或浅绿色，后变为灰绿色，孵化前变为灰褐色，有较强光泽，卵面布有规则的凹陷刻纹。卵单层成块，有 500～600 粒，卵块上覆盖白色鳞毛。

③ 幼虫。有"黑头型"和"红头型"之分（图 9-4）。

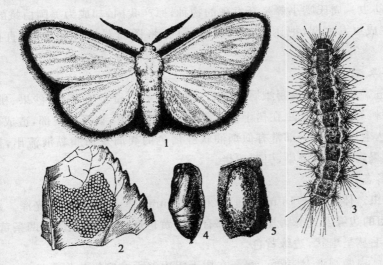

图 9-4　美国白蛾
1. 成虫　2. 卵　3. 幼虫　4. 蛹　5. 茧

（3）发生规律　在北京地区一年发生 2 代。以蛹结茧在树皮下、地面枯枝落叶及表土内越冬。成虫发生期越冬代在 5 月中旬至 6 月下旬，第 1 代在 7 月下旬至 8 月中旬；幼虫发生期分别在 5 月下旬至 7 月下旬，8 月上旬至 11 月上旬。幼虫危害盛期分别在 6 月中旬至 7 月下旬，8 月下旬至 9 月下旬。在平均气温 18～28℃时，卵期 4～11 d，平均 7 d；幼虫期 34～47 d，平均 40 d；蛹期 9～11 d，平均 10 d。幼虫 7 龄，幼虫孵化几小时后即可拉丝结网，3～4 龄时，网幕直径可达 1 m 以上，最大网幕可长达 3 m 以上。美国白蛾除成虫飞翔自然扩散外，主要以幼虫、蛹随苗木、果品、材料及包装器材等进行远距离传播。

（4）防治方法

①加强检疫。疫区苗木不经处理严禁外运，疫区内积极防治，并加强对外检疫。

②人工防治。对 1～3 龄幼虫随时检查并及时剪除网幕，集中烧毁。5 龄后在离地面 1 m 处的树干上，围草诱集幼虫化蛹，然后集中烧毁。

③药剂防治。药剂选用 Bt 乳剂 400 倍液、2.5% 溴氰菊酯乳油 2 500 倍液、80% 敌敌畏乳油 1 000 倍液、5% 来福灵乳油 4 000 倍液喷药防治，5% 定虫隆乳油 1 000～2 000 倍液、20% 灭幼脲胶悬剂 1 000 倍液等。

④生物防治。可用苏云金杆菌、美国白蛾病毒（以核型多角体病毒的毒力较强）防治幼虫。周氏啮小蜂是新发现的物种，原产我国，却成为美国白蛾的天敌。

⑤在成虫发生期，把诱芯放入诱捕器内，将诱捕器挂设在林间，直接诱杀雄成虫。

5. 苹果透翅蛾

（1）危害状　苹果透翅蛾属鳞翅目，透翅蛾科。寄主有苹果、沙果、桃、梨、李、杏、梅、樱桃等果树。幼虫在树干枝杈等处蛀入皮层下，食害韧皮部，造成不规则的虫道，深达木质部，被害部常有似烟油状红褐色的粪屑及树脂黏液流出，被害伤口易遭受苹果腐烂病菌侵染，引起溃烂。

（2）形态特征

①成虫。体长 12～16 mm，翅展 25～32 mm，体为蓝黑色，有光泽。翅大部分透明，仅翅的边缘及翅脉为黑色，腹部有两个黄色环纹，雌蛾尾部有两条黄色毛丛，雄蛾尾部毛丛呈扇状，边缘黄色。

②卵。扁椭圆形，淡黄色，卵产在树干粗皮缝中或腐烂病伤疤处。

③幼虫。老熟幼虫体长 20～25 mm，头黄褐色，胴部乳白色，微带黄褐色，背线淡红色，各体节脊侧疏生细毛，头部及尾部较长。

④蛹。黄褐色，腹部 3～7 节背面前后缘各有一排刺突。在蛀孔内化蛹（图 9-5）。

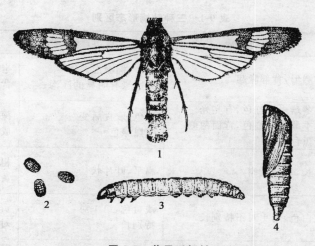

图 9-5　苹果透翅蛾
1.成虫　2.卵　3.幼虫　4.蛹

（3）发生规律　每年发生 1 代,以 3～4 龄幼虫在树干皮层下的虫道中越冬。次年 4 月上旬天气转暖,越冬幼虫开始活动,继续蛀食危害,5 月下旬至 6 月上旬幼虫老熟化蛹。6 月中旬至 7 月上旬是成虫羽化盛期。成虫白天活动,交尾后 2～3 d 产卵,1 头雌蛾产卵 22 粒。将卵产在树干或大枝的粗皮、裂缝,伤疤等处。幼虫 7 月孵化,孵化后即蛀入皮层危害,直到 11 月开始做茧越冬。

（4）防治方法

①刮治与涂药。秋季和早春结合刮治腐烂病,用刀挖幼虫,发现有红褐色的虫粪和黏液时,涂抹煤油敌敌畏混液(20∶1)。

②抹白涂剂。成虫发生期,在树干和主枝上涂抹白涂剂,可防止成虫产卵。

③加强管理。增强树势,做好腐烂病的防治工作,可减轻危害。

6.叶螨类

（1）危害状　叶螨又叫红蜘蛛,属蛛形纲、蜱螨目、叶螨科。在我国北方危害苹果的叶螨主要有三种,即山楂叶螨、苜蓿苔螨、苹果全爪螨。

三种叶螨均吸食叶片及初萌发芽的汁液。芽受害严重,不能萌发而死亡;叶片受害,最初呈现很多失绿小斑点,随后扩大连成片,最后全叶焦黄脱落。

（2）形态特征(表 9-1)

255

表 9-1　三种叶螨形态区别

种类		山楂叶螨	苜蓿苔螨	苹果全爪螨
雌成虫	体形	椭圆形,背部隆起	扁平,椭圆形。体背边缘有明显的浅沟	半卵圆形,整个体背隆起
	体色	越冬雌虫鲜红色,有亮光。夏季雌虫深红色,背面两侧有黑色斑纹	褐色,取食后变成黑绿色	深红色,取食后变成变成红褐色
	刚毛	细长,基部无瘤	扁平,叶片状	粗长,刚毛基部有黄白色瘤
	足	黄白色,第1对不特别长	浅黄色,第1对特别长	黄白色稍深,第1对不特别长
卵		圆球形,淡红色和黄白色	圆球形,深红色有亮光	圆形稍扁,顶部有1短柄

（3）发生规律　　山楂叶螨一年发生 6～10 代,以受精雌螨在树上、主侧枝粗皮缝隙、枝权和树干附近的土缝内越冬。第二年 3 月下旬苹果树萌芽时,越冬成螨开始出蛰,是药剂防治的第一个关键时期,越冬雌虫 4 月中下旬产卵,第一代成螨 5 月中、下旬发生,全年以第一代发生期比较整齐。正常年份,6 月中旬以前虫量增加缓慢,随气温逐渐升高,发育随之加快。6、7、8 三个月,每月发生 2～3 代,7 月中旬至 8 月上旬形成全年危害高峰,往往造成树叶焦枯。

山楂叶螨越冬代雌螨,集中在树的内膛危害,以后各代逐渐向外迁移,扩散主要靠爬行,也可借风力、流水、昆虫、农业机械和苗木接穗传播。有吐丝结网习性,多集中叶背危害。可营两性生殖,也可孤雌生殖,每雌产卵 52～112 粒。

（4）防治方法

①人工防治。结合果园各项农事操作,消灭越冬叶螨。如结合刮病斑,刮除老翘皮下的冬型雌性成螨;刷除、擦除树上越冬成螨和冬卵;挖除距树干 30～40 cm以内的表土,以消灭土中越冬成螨;或用新土埋压地下叶螨,防止其出土上树;清扫果园等。

②药剂防治。果树发芽前在树干基部及其周围地面上喷布波美 3～5 度石硫合剂,可消灭部分越冬雌性成螨。常用的为 5% 柴油乳剂,配比为柴油 1 kg：洗衣粉 0.15 kg：软水 18.5 kg：花前、花后防治山楂叶螨的关键时期是越冬雌虫出蛰期和第 1 代卵孵化期;苜蓿苔螨和苹果全爪螨则是越冬卵和第 1 代卵孵化盛期。常用杀螨剂有 0.3～0.5 度石硫合剂,20% 杀螨酯可湿性粉剂 800～1 000 倍液,

40％水胺硫磷乳油1 500～2 000倍液,5％尼索朗乳油1 500倍液等。

③生物防治。也可试引进西方盲走螨防治山楂叶螨。

7.苹果小吉丁虫

(1)危害状　属鞘翅目,吉丁虫科。主要危害苹果、沙果、花红、海棠,也危害梨、桃、杏等果树。以幼虫在枝干皮层内蛀食,造成枝干皮层干裂枯死,凹陷,变黑褐色,虫疤上常有红褐色黏液渗出,俗称"冒红油"。受害树轻则树势衰弱,重则枝条枯死。特别是苹果幼树果园,受害严重时,2～3年内全园幼树毁灭。

(2)形态特征

①成虫。体长6～9 mm,全体紫铜色,有金属光泽,近鞘翅缝2/3处各有一个淡黄色绒毛斑纹,翅端尖削。

②卵。椭圆形,长约1 mm,橙黄色。

③幼虫。体长16～22 mm,细长而扁平。前胸特别宽大,背面和腹面的中央各有1条下陷纵纹,中、后胸特小。腹部第一节较窄,第7节近末端特别宽,第10节密布粒点,末端有1对褐色尾铗。

④蛹。长6～10 mm,纺锤形,初为乳白色,渐变为黄白色,羽化前由黑褐色变为紫铜色(图9-6)。

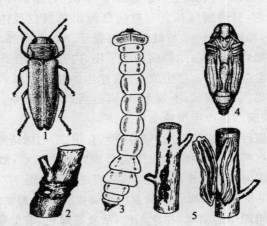

图9-6　苹果小吉丁虫
1.成虫　2.卵　3.幼虫　4.蛹　5.被害状

(3)发生规律　一年发生1代,以低龄幼虫在枝干皮层虫道内过冬。次年3月幼虫继续在皮层内串食危害,5月开始蛀入木质部化蛹。成虫盛发期在7月中旬至8月上旬,将叶片食成缺刻状。成虫白天喜在树冠树干向阳面活动和产卵。并在向阳枝干粗皮缝里和芽的两侧产卵。8月为幼虫孵化盛期,孵出的幼虫即蛀入皮层危害。

（4）防治方法

①幼虫期防治。早春幼虫在皮层浅处危害时，对渗出红褐色黏液的虫疤，涂抹1：20敌敌畏煤油溶液。

②成虫期防治。成虫羽化盛期，结合防治其他害虫，喷洒80％敌敌畏或50％对硫磷1 500倍液。

③加强检疫。防止带虫苗木、接穗向保护区调运。

（二）苹果病害

苹果病害有117种，其中真菌病害84种，细菌病害2种，病毒病害8种，线虫14种，其他9种。

1. 苹果树腐烂病

苹果树腐烂病又名烂皮病，是对苹果生产威胁很大的毁灭性病害。全国各地都有发生，30年以上的大树多因腐烂病危害而枯死。除危害苹果外，还可寄生沙果、海棠和山定子等。

（1）症状识别　根据病害发生的季节部位不同，可分为下列3种症状类型：

①溃疡型。初期病部为红褐色，略隆起，呈水渍状，组织松软，病皮易于剥离，内部组织呈暗红褐色，有酒糟气味。有时病部流出黄褐色液体，后期病部失水干缩、下陷、硬化，变为黑褐色，病部与健部之间裂开。以后病部表面产生许多小突起。顶破表皮露出黑色小粒点，此即病菌的子座，内有分生孢子器和子囊壳。

②枝枯型。多发生在2～3年生或4～5年生的枝条或果台上，在衰弱树上发生更明显。病部红褐色，水渍状，不规则形，迅速延及整个枝条，使枝条枯死。病枝上的叶片变黄，后期病部也产生黑色小粒点。

③病果型。病斑红褐色，圆形或不规则形，有轮纹，边缘清晰。病组织腐烂，略带酒糟气味。病斑在扩展时，中部常较快地形成黑色小粒点，散生或集生，有时略呈轮纹状排列。潮湿时亦可涌出孢子角，病部表皮剥离（图9-7）。

（2）病原　苹果树腐烂病属子囊菌亚门黑腐皮壳属。无性世代属半知菌亚门壳囊孢属。在寄主组织中的菌丝，初期无色，后变墨绿色，有分隔，经10～15 d后，在表皮下紧密结合形成黑色小颗粒，最后穿破表皮——孢子座。

（3）发病规律　苹果树腐烂病以菌丝体、分生孢子器、子囊壳在病树及砍伐的病残枝皮层中过冬。翌年春季分生孢子器遇到降雨，吸水膨胀产生孢子角。通过雨水冲溅随风传播，这是病菌传播的重要途径。此外，昆虫（如苹果透翅蛾、梨潜皮蛾等）也可传播。子囊孢子也能侵染，但发病力低，潜育期长，病部扩展慢。病菌从伤口侵入已死亡的皮层组织。3月下旬至5月孢子侵染较多，杂菌少；6～11月杂菌多,侵染较少;12 月至第二年 2 月不侵染。入侵的伤口很多,如冻伤、剪锯口、虫伤口等。

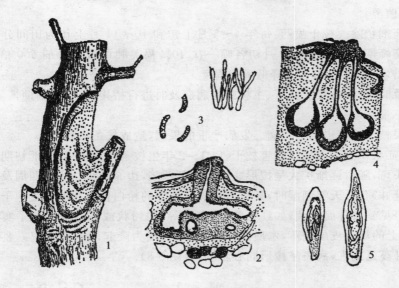

图 9-7　苹果树腐烂病

1. 树干上的溃疡症状　2. 分生孢子器　3. 分生孢子梗及分生孢子

4. 子囊壳　5. 子囊及子囊孢子

259

（4）防治方法

①合理调整结果量。结果树应根据树龄、树势、土壤肥力、施肥水平等条件,通过疏花疏果,做到合理调整结果量。梢短而细弱、中矮枝比例过高、叶果比小、小果率达 50％左右等,都是树势衰弱的表现。

②实行科学施肥、灌水。一般每 50 kg 果施 N、K 各 1.4 kg,P 0.6 kg;秋季施肥可增加树体的营养积累,改善早春的营养状况,提高树体的抗病能力,降低春季发病高峰时的病情。还可在秋梢基本停长期（9 月）进行叶面喷肥,如喷 200～300 倍尿素加 200～300 倍磷酸二氢钾 1～2 次;实行"秋控春灌"对防治腐烂病很重要。

③防治其他病虫害。及时防治造成早期落叶的病害（如褐斑病等）和虫害（如叶螨类、梨网蝽、蚜虫类、透翅蛾、潜叶蛾类等）。

④及时刮除病斑。从 2～11 月每月对全园逐树认真检查一次,发现病斑及时刮除,刮治病斑的最好时期是春季高峰期,即 3～4 月。刮完之后要表面涂药,如波美 10 度石硫合剂、40％福美胂可湿性粉剂或 40％退菌特可湿性粉剂 50 倍液、5％田安水剂 5 倍液、60％腐殖酸钠 50～75 倍液、托福油膏、果树康油膏;70％甲基托

布津可湿性粉剂 1 份加豆油或其他植物油 3～5 份效果也很好。

⑤消除菌源。刮治的树皮组织、枯枝死树、修剪枝条在 3 月以前要清理出果园,消除菌源。

⑥药剂铲除。枝干喷药:每年 4～5 月上旬和 10～11 月上旬为田间分生孢子活动的高峰期。5 月初和 11 月初各喷一次 40％福美胂可湿性粉剂 500 倍(5 月)或 100 倍(11 月)液,可大大降低发病程度。

⑦及时脚接、桥接。主干、主枝的大病疤及时进行桥接和脚接,辅助恢复树势。

2.苹果枝溃疡病

苹果枝溃疡病也叫芽腐病。发病严重的果园,造成枝条枯死。

(1)症状识别 此病仅危害枝干,以 1～2 年生枝条发病较多,病部初期为红褐色圆形小斑,随后逐渐扩大呈梭形病斑。中部凹陷,边缘隆起。病部四周及中心部发生裂缝并翘起,天气潮湿时,裂缝四周确有堆着的粉白色霉状的分生孢子座。在病部还可见到其他腐生菌(如红粉菌、黑腐菌等)的粉状或黑色颗粒状子实体。后期,病疤上的坏死皮层脱落,木质部裸露在外,四周为隆起的愈伤组织。翌年病菌继续向外蔓延危害,病斑呈梭形同心轮纹状(图 9-8)。

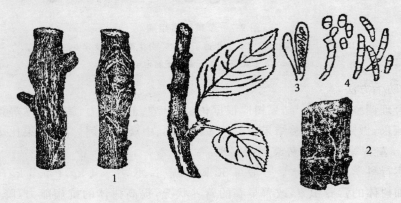

图 9-8 苹果枝溃疡病

1.被害枝 2.枯枝上子囊壳着生状 3.子囊及子囊孢子 4.小型分生孢子及大型分生孢子

(2)病原 溃疡病菌属于子囊菌亚门丛赤壳属。无性阶段属于半知菌亚门柱孢霉属(图 9-8)。

(3)发病规律 病菌以菌丝在病组织内越冬,翌年春季及整个生长季均可产生分生孢子。病菌孢子借昆虫、雨水及气候传播,从伤口侵入,如病虫伤、修剪伤、冻伤、芽痕,叶丛枝等。春季潮湿时子囊孢子自壳内放射或挤压出来传播侵染。

（4）防治方法

①加强果园管理，调节树势，氮肥不可施用过多，地势低洼，土壤黏重的果园，搞好排灌设施和土壤改良。

②已发病的果园，清除树枝干上的溃疡斑。细枝梢结合修剪彻底清除，较粗枝应进行伤疤治疗（参照苹果树腐烂病的病疤治疗）。

③溃疡病菌通过伤口侵染枝干，果园要加强防治其他病虫害及树体冻伤，粗皮、翘皮。

3. 苹果轮纹病

苹果轮纹病又称粗皮病，轮纹褐腐病，黑腐病，此病侵染果实。枝干染病严重时，树势减弱。此病除危害苹果外，还危害梨、桃、李、杏、栗、枣等多种果树。

（1）症状识别　轮纹病主要危害枝干和果实。也可危害叶片。枝干受害，以皮孔为中心，形成扁圆形或椭圆形，直径 0.3～3 cm 的红褐色病斑，病斑质地坚硬，中心突出，如一个疣状物，边缘龟裂，往往与健部组织形成一道环沟，第二年病斑中间生黑色小粒点（分生孢子器）。

果实多在近成熟期和贮藏期发病。果实受害，以皮孔为中心，生成水渍状褐色小斑点，很快成同心轮纹状，向四周扩大，呈淡褐色或褐色，并有茶褐色的黏液溢出。病斑发展迅速，条件适宜时，几天内全果腐烂，发出酸臭气味，病部中心表皮下逐渐散生黑色粒点（即分生孢子器）。病果腐烂多汁，失水后变为黑色僵果。

叶片发病产生近圆形同心轮纹的褐色病斑或不规则形褐色病斑，大小为 0.5～1.5 cm，病斑逐渐变为灰白色并长出黑色小粒点. 叶片上病斑很多时，引起干枯早落（图 9-9）。

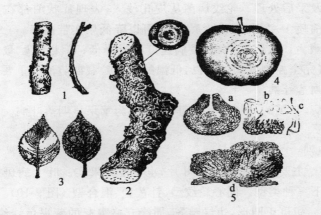

图 9-9　苹果轮纹病

1.病枝（梨）　2.病枝（苹果）及病部放大　3.病叶（梨）　4.病果（苹果）

5.病原（a.分生孢子器 b.分生孢子 c.孢子萌发 d.子囊壳）

（2）病原　病原菌属于子囊菌亚门囊孢菌属,有性阶段不常出现。无性阶段属半知菌亚门大茎点属。菌丝无色,有隔。分生孢子器扁圆形或椭圆形,顶部有略隆起的孔口,内壁密生分生孢子梗,孢子梗棒槌状,单胞,顶端着生分生孢子。

（3）发病规律　病菌以菌丝、分生孢子器及子囊壳在被害枝干越冬。菌丝在枝干病组织中可存活4～5年,每年4～6月产生孢子,成为初次侵染来源。7～8月孢子散发较多,病部前三年产生孢子的能力强,以后逐渐减弱。分生孢子主要随雨水飞溅传播,一般不超过10m范围。花谢后的幼果至采收前的成熟果实,病菌均可侵入,以6～7月侵染最多,幼果期降雨频繁,病菌孢子散发多,侵染也多。

（4）防治方法

①加强果树栽培管理。新建果园选用无病苗木,发现病株及时铲除;苗圃设在远离病区地方,培育无病壮苗;幼树整形修剪时,切忌用病区枝干作支柱;修剪的病枝干不能堆积在新果区附近。

②刮除病斑。病菌初期侵染来源于枝干病瘤,因此必须及时清除病瘤。果树休眠期喷涂杀菌剂;5～7月病树重刮皮,除掉病组织,集中烧毁或深埋。

③喷药保护。发芽前在搞好果园卫生的基础上应当喷一次铲除性药剂,从5月下旬开始喷第一次药,以后结合防治其他病害,共喷3～5次。保护果实,对轮纹病比较有效的药剂是1：2：240倍波尔多液、25%克菌丹可湿性粉剂250倍液、50%多菌灵可湿性粉剂800倍液、50%退菌特可湿性粉剂800倍液、40%炭疽福美可湿性粉剂400倍液、50%或70%甲基托布津可湿性粉剂800～1 000倍液等。在防治中应该注意多种药剂的交替使用。

④采收前及采后处理。轮纹病菌从皮孔侵入,表现症状前都在皮孔及其附近潜伏,因此,采前喷1～2次内吸性杀菌剂,可以降低果实带菌率。

⑤低温贮藏。15℃以下贮藏,发病速度明显降低;5℃以下贮藏,基本不发病;0～2℃贮藏,可完全控制发病。所以,低温贮藏是贮藏期防治的重要措施。

4.苹果早期落叶病

苹果褐斑病、灰斑病、圆斑病、轮斑病,统称为苹果早期落叶病。我国各苹果产区都有分布。

（1）症状识别

▨褐斑病　主要危害苹果树的叶片,也可侵染果实。叶上病斑初为褐色小点以后发展为以下三种类型。同心轮纹型、针芒型、混合型（图9-10）。

▨灰斑病　病斑正圆形,边缘整齐,周缘有略突起的紫褐色线纹。初期褐色,后变银灰色,表面有光泽;有些病斑向外扩展成不规则状,后期病斑散生稀疏的黑色小点,即病菌的分生孢子器。此病一般不引起叶片变黄脱落,有的叶片病斑密集,严重时叶片近焦枯。

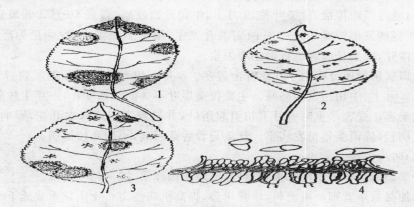

图 9-10　苹果褐斑病
1.同心轮纹斑型　2.针芒型　3.混合型　4.分生孢子盘和分生孢子

▨▨圆斑病　病斑圆形,褐色,边缘清晰,直径 4～5 mm,与叶健部交界处呈紫色,中央有一黑色小点,状似鸡眼。

▨▨轮斑病　又叫苹果斑点病,病斑多散生叶片边缘,呈半圆形,叶片中部病斑略呈圆形。病斑褐色,无光泽,有明显的颜色深浅交错的同心环纹。病斑背面发生黑色霉状物。病重时病斑占叶片大半,叶片焦枯卷缩。

(2)病原　苹果褐斑病的病原为苹果盘二孢菌,属于半知菌亚门腔孢纲黑盘孢目。该菌的有性阶段为苹果双壳菌,属于子囊菌亚门盘菌纲柔膜菌目双壳属。病斑上着生的小黑点为该菌的分生孢子盘,初埋生于表皮下,成熟后突破表皮外露。

轮斑病病原为苹果链格孢。属半知菌亚门丝孢纲丛梗孢目交链孢属。分生孢子梗自气孔内成束伸出,暗褐色、弯曲、多隔膜;分生孢子顶生,短棍棒状,单生或链生,暗褐色,有 2～5 个横隔和 1～3 个纵隔。

(3)发病规律　褐斑病以菌丝、菌索和分生孢子盘在病叶上过冬,以子囊盘、拟子囊孢子在落叶上越冬。越冬的病菌春季产生分生孢子,随雨水冲溅,先在接近地面的叶片侵染发病,成为初侵染源。潮湿是病菌扩展及产生分生孢子的必要条件,干燥及沤烂的病叶均无产生分生孢子的能力。病菌 23℃以上和相对湿度 100% 才能萌发,从叶背侵入,潜育期 6～12 d。病菌产生毒素,刺激叶柄基部提前形成离层,叶片黄化,提前脱落,发病至落叶 13～55 d。分生孢子借风雨再侵染。

灰斑病病菌以分生孢子器在病叶中越冬。次年环境条件适宜时,产生的分生孢子随风、雨传播。北方果区 5 月中、下旬开始发病,7～8 月为发病盛期。一般在秋季发病重。国光品种易感病。

263

圆斑病病菌主要以菌丝体在落叶及病枝中越冬。来年春季,越冬病菌产生大量孢子,通过风雨传播,侵染叶片,5月上、中旬开始发病,直到10月。圆斑病发生较早,灰斑病发生较晚。6~7月两病混合发生,雨水多湿度大,发病更为严重,造成大量落叶,降雨是病害流行的主要因素。

轮斑病菌丝或分生孢子在落叶上过冬。5月下旬至6月初开始发病,7月中、下旬至8月上、中旬达发病高峰。主要侵染展叶不久的幼嫩叶片,一年生枝条及果实也能受害。受害严重时8月下旬引起落叶,并导致当年第二次开花,影响产量。春旱发病轻,降雨多年份发病重。红星与青香蕉感病,小国光较抗病。

（4）防治方法

①果园清洁秋冬季清除果园落叶,或对果园浅耕,减少越冬菌源。

②加强栽培管理增施肥料,增强树势,提高抗病能力。土质黏重或地下水位较高的果园,注意排水。加强果树整形、修剪,使其通风透光,降低果园小气候湿度,抑制病害发生。

③喷药保护关中5月上中旬、6月上中旬和7月中下旬喷3次药。药剂有:波尔多液(1∶2∶200),1.5%多抗霉素可湿性粉剂300~500倍液、80%喷克可湿性粉剂、80%大生M-45可湿性粉剂、50%扑海因可湿性粉剂1 000~1 500倍液交替使用。

5.苹果白粉病

（1）症状识别　苗木染病后,顶端叶片和幼苗嫩茎发生灰白斑块,覆盖白粉。发病严重时,病斑扩展全叶,病叶萎缩,变褐色枯死。新梢顶端受害,展叶迟缓,叶片细长,呈紫红色。顶梢微曲,发育停滞。

大树染病后,病芽春季萌发晚,抽出新梢和嫩叶覆盖白粉。病梢节间缩短,叶片狭长,叶缘向上,质硬而脆,渐变褐色,病梢多不能抽出二次枝,受害重的顶端枯萎。花器受害,花萼、花梗畸形,花瓣细长,受害严重时不结果。幼果受害,多在萼洼或梗洼产生白色粉斑,稍后形成网状锈斑,表皮硬化呈锈皮状,后期形成裂口或裂纹,重者幼果萎缩早落（图9-11）。

（2）病原　苹果白粉病。属子囊菌亚门叉丝单囊壳属。无性阶段属半知菌亚门顶孢属。是一种外寄生菌,寄主表面的白粉状物即病菌分生孢子。菌丝无色透明,多分枝,纤细,有隔膜。分生孢子梗棍棒形,顶端串生分生孢子。分生孢子无色单孢,椭圆形。闭囊壳中只有一个子囊,椭圆形或球形,内含8个子囊孢子,子囊孢子无色单孢椭圆形 。

（3）发病规律　苹果白粉病以菌丝潜伏在冬芽的鳞片内过冬。春季萌发期,越冬的菌丝开始活动,产生分生孢子经气流传播进行侵染。菌丝蔓延在嫩叶、花器及新梢的外表,以吸器伸入寄主内部吸收营养。菌丝发展到一定阶段,产生大量分生孢子梗和分生孢子。4～9 月为病害发生期,从 4 月初至 7 月不断再侵染,5～6月为侵染盛期,6～8 月发病缓慢或停滞,8 月以后侵染秋梢,形成二次发病高峰。

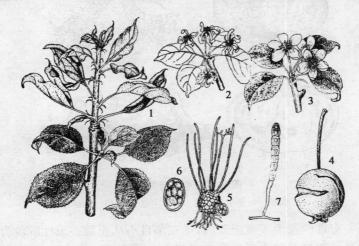

图 9-11　苹果白粉病

1.病叶　2.病花　3.健花　4.病果　5.闭囊壳　6.子囊　7.分生孢子梗及分生孢子

(4)防治方法

①清除菌源。结合冬季修剪,剪除病芽病梢,早春开花前及时摘除病芽,病叶冬季喷正癸醇加正辛醇,铲除病芽。

②药剂防治。感病品种树上,花前及花后 5 月中下旬喷 3 次药,药剂有 0.3～0.5 度石硫合剂、40%粉锈宁可湿粉剂 2 000 倍液、50%甲基托布津可湿粉剂 1 000倍液、40%福美砷可湿粉剂 500～700 倍液、50%多菌灵可湿粉剂 1 000 倍液等。

③栽培措施。合理密植,控制灌水,疏剪过密枝条,避免偏施氮肥。增施磷肥、钾肥。病害流行地区,避免或压缩感病品种(如倭锦、红玉、柳玉、国光等),种植抗病品种。

6.苹果炭疽病

(1)症状识别　主要危害果实。初期果面出现淡褐色水浸状小圆斑,并迅速扩大。果肉软腐味苦,而果心呈漏斗状变褐,表面下陷,呈深浅交替的轮纹,但如环境适宜便迅速腐烂,而不显轮纹。当病斑扩大到 1～2 cm 时,在病斑表面下形成许多小粒点,后变黑色,即病菌的分生孢子盘,略呈同心轮纹状排列。果台发病自顶部开始向下蔓延呈深褐色,受害严重的果台抽不出副梢以致干枯死亡(图 9-12)。

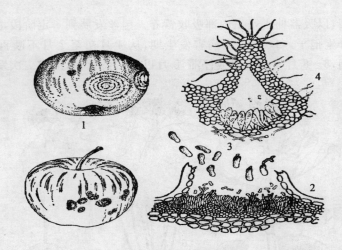

图 9-12　苹果炭疽病
1.病果　2.分生孢子盘　3.分生孢子　4.子囊壳

（2）病原　有性阶段为子囊菌亚门，球壳菌目小丛壳属。无性阶段为属半知菌亚门，腔胞纲黑盘孢目盘圆孢属。分生孢子盘生于表皮下，成熟后突破表皮，盘内平行排列一层分生孢子梗，单胞无色；顶端生有单胞，无色长卵圆形的分生孢子，分生孢子陆续大量产生，并混合胶质，遇水胶质即可溶解并使孢子分散传播。子囊世代较少发生。子囊壳埋于黑色子座内，子囊长棍棒形，子囊孢子无色，椭圆形 。

（3）发病规律　病菌以菌丝体在病果、小僵果、病虫危害的破伤枝和果台上越冬，翌年天气转暖后，产生大量分生孢子，成为初侵染源，借风雨和昆虫传播危害。分生孢子萌发时产生一隔膜，形成两个细胞，每一细胞各长出一芽管，在芽管的前端形成附着器，再长出侵染丝穿透角质层直接侵入，或经皮孔、伤口侵入，高温适于病菌繁殖和孢子萌发入侵，适宜条件下，孢子接触果后，仅 5～10 h 即完成侵染。菌丝在果肉细胞间生长，分泌果胶酶，破坏细胞组织，引起果实腐烂。病菌具有潜伏侵染特性。菌丝生长最适温度 28℃，孢子萌发适宜温度 28～32℃。每次雨后病情即有发展，高温、高湿是此病流行的主要条件。5 月底、6 月初进入侵染盛期，生长季节不断传播，直到晚秋为止。凡已受侵染的果实，在贮藏期间侵染点继续扩大成病斑而腐烂。但贮藏期一般不再传染。

（4）防治方法

①做好清园工作。消灭或减少越冬病原，结合冬季修剪去除各种干枯枝、病虫枝、僵果等，及时烧毁。重病果园，在春季苹果开花前，还应专门进行一次清除病原菌的工作。生长期发现病果或当年小僵果，应及时摘除，以减少侵染来源。

②休眠期防治。重病果园,在果树近发芽前,喷布一次 40%福美胂可湿性粉剂 100 倍液,杀死树上的越冬病菌,这是重要防治措施。

③药剂防治。生长期应于谢花后半月的幼果期(5 月中旬),病菌开始侵染时,喷布第 1 次药剂,药剂可选用下列 1 种:多菌灵+代森锰锌混剂(40%多菌灵胶悬剂 800 倍,混加 70%代森锰锌可湿性粉剂 700 倍液);多菌灵+退菌特混剂(50%可湿性粉剂 500 倍,混加 50%退菌特可湿性粉剂 1 000 倍液);以后根据药剂残效期,每隔 15~20 d,交替选择喷布以下药剂:1:(2~3):200 倍波尔多液;50%退菌特可湿性粉剂 800~1 000 倍液;80%炭疽福美可湿性粉剂 600 倍液;75%百菌清可湿性粉剂 600 倍液;50%敌菌灵可湿性粉剂 500 倍液;50%克菌丹可湿性粉剂 500 倍液;50%托布津可湿性粉剂 500 倍液。

[作业单 1]

(一)阅读资料单后完成表 9-2 和表 9-3。

表 9-2　苹果害虫种类、形态特征、发生规律、防治要点

序号	害虫名称	目、科	形态特征	发生规律				防治要点
				世代数	越冬虫态	越冬场所	危害盛期	
1								
2								
3								
4								
5								

表 9-3　苹果病害种类、症状、病原、发病规律、防治要点

序号	病害名称	症状	病原	发病规律				防治要点
				越冬场所	传播途径	侵入途径	发病条件	
1								
2								
3								
4								
5								

(二)阅读资料单后完成绿色苹果病虫害周年防治历。

[案例17] 苹果病虫害周年防治历

一、1～3月(休眠期)

(1)主要病害　轮纹病、腐烂病等枝干病害。

(2)主要虫害　蚜虫、螨虫、蚧壳虫等越冬害虫。

刮除老粗翘皮、病疣、病斑;剪除病虫枝梢、清除残枝落叶;涂7.5％强力轮纹净悬浮剂5～10倍液。蚜虫严重的果园喷一次40％蚜灭多乳油1 500倍液;涂药中可加入金源牌强渗助杀剂等。

二、3月下旬至4月中下旬(开花前)

(1)主要病害　轮纹病、腐烂病、白粉病等病害。

(2)主要虫害　蚜虫、螨虫、蚧壳虫等越冬害虫。

7.5％强力轮纹净悬浮剂30～50倍液、波美5度石硫合剂;20％粉锈宁乳油1 500倍液;25％灭幼脲3号1 500倍液;喷透大枝主干及病疤处,扒晒根颈检查防治烂根病。

三、5月上中旬(花期)

(1)主要病害　霉心病、轮纹病、斑点落叶病、苦痘病。

(2)主要虫害　黄蚜、棉蚜、螨、潜夜蛾、卷叶蛾。

10％扑虱蚜可湿性粉剂3 000倍液;30％蛾螨灵可湿粉剂1 500倍液＋70％甲基托布津可湿性粉剂800倍液;1.5％多抗霉素可湿性粉剂300～500倍液＋70％甲基托布津可湿粉剂800倍液;氨钙宝或氨基酸钙400倍液;彻底清除荠菜等杂草;树上喷1～2次生命源或氨基酸复合微肥。

四、5月下旬至6月上旬(定果期)

(1)主要病害　霉心病、轮纹病、斑点落叶病、苦豆病。

(2)主要虫害　潜夜蛾、桃小食心虫等鳞翅目害虫、黄蚜、棉蚜。

80％喷克可湿性粉剂或80％大生M-45可湿性粉剂800倍液或50％扑海因可湿性粉剂1 000～1 500倍液;25％悬乳剂灭幼脲3号1 500倍液或30％蛾螨灵可湿性粉剂2 000倍液兼治害螨;40％蚜灭多乳油1 500倍液对苹果绵蚜有特效;25％悬乳剂灭幼脲3号1 500倍杀桃小食心虫卵有特效。黄蚜一般不用专治。

五、6月中旬至7月上旬

(1)主要病害　轮纹病、斑点落叶病等果实及叶部病害。

(2)主要虫害　黄蚜、棉铃虫、潜叶蛾、卷叶蛾、桃小食心虫等鳞翅目害虫。

富士落花后 35～40 d 套袋、金冠落花后 10～15 d 套袋。套袋果要在套袋前 5 d 喷一次 70%甲基托布津可湿性粉剂 800 倍液或 50%多菌灵可湿性粉剂 600 倍液,套袋后喷一次 1∶2∶200 倍波尔多液。80%大生可湿性粉剂或 80%喷克可湿性粉剂 800 倍液,可与 70%甲基托布津可湿性粉剂+3%多抗霉素可湿性粉剂 600～900 倍液交替使用。全面套塑膜袋的苹果此后防病药剂只用波尔多液或绿乳铜即可,石灰用量不要超过 2.5 份。

六、7 月中旬至 8 月上旬

(1)主要病害　轮纹病、斑点落叶病等果实及叶部病害。

(2)主要虫害　食心虫、毛虫等鳞翅目害虫。

12%绿乳铜乳油 600 倍液或 1∶3∶200 倍波尔多液交替喷一次;80%喷克可湿性粉剂或大生 M-45 可湿性粉剂 800 倍液。斑点落叶病重的加喷 1 次 1.5%多抗霉素可湿性粉剂 300～500 倍液。25%悬乳剂 灭幼脲 3 号或 1.8%阿维菌素可湿性粉剂 2 000 倍。

七、8 月中下旬

(1)主要病害　防治轮纹病、斑点落叶病等果实及叶部病害。

(2)主要虫害　食心虫、毛虫等鳞翅目害虫。

12%绿乳铜乳油 600～800 倍液或 1∶2.5∶200 倍波尔多液与 80%喷克可湿性粉剂或大生 M-45 可湿性粉剂 800 倍液交替喷。喷 1～2 次 25%悬乳剂 灭幼脲 3 号或 1.8%阿维菌素可湿性粉剂 2 000 倍液。30%蛾螨灵可湿性粉剂 2 000 倍液。6、7、8 月共喷 3 次波尔多液。

八、9～10 月

(1)主要病害　轮纹病、斑点落叶病等果实及叶部病害。

(2)主要虫害　食心虫、毛虫等鳞翅目害虫。

70%甲基托布津可湿性粉剂或 50%多菌灵可湿性粉剂、50%多霉清可湿性粉剂 800～1 000 倍液;12%绿乳铜乳油 600～800 倍液或 1∶3∶200 倍波尔多液;70%甲基托布津可湿性粉剂 800 倍液加生命源或氨基酸(腐殖酸)类微肥;30%倍虫隆乳油 1 500 倍液;利用微膜套袋的可不必除袋。

九、采收后至落叶

防治越冬虫害及病源。

269

[资料单2]　梨树病虫害

一、梨树虫害

梨树害虫记载有 697 种,目前危害较严重的害虫有梨大食心虫、梨小食心虫、梨木虱、梨蚜和梨黄粉蚜、梨网蝽、梨星毛虫、梨茎蜂等。

1. 梨小食心虫

(1)危害状　梨小食心虫简称梨小,又叫桃折梢虫、东方蛀果蛾,属鳞翅目,小卷叶蛾科。全国各地均有分布。寄主有梨、桃,李、杏等果树。幼虫危害桃、梨等嫩梢,多从端部下面第 2~3 叶柄基部蛀入向下取食,蛀入孔外有虫粪排出,外流胶液,嫩梢逐渐萎蔫,最后干枯下垂。后期危害梨、桃和苹果等果实,入果孔很小,四周青绿色,稍凹陷,多由近梗洼和萼洼处蛀入,幼虫入果后直达果心,然后蛀食果肉,果不变形,早期危害梨果时,入果孔较大,还有虫粪排出,蛀孔周围腐烂变黑,俗称"黑膏药"。

(2)形态特征

①成虫。体长 5~7 mm,翅展 10~15 mm,全体灰黑色,无光泽,前翅灰褐色,前缘有 8~10 组白色短斜纹,翅中央有一小白点,翅端有 2 列小黑斑点;后翅缘毛灰色。

②卵。扁圆形,中央略隆起,淡黄白色。

③幼虫。老熟幼虫体长 8~12 mm,头黄褐色,体背桃红色,前胸背板与体色相近,腹末具深褐色臀栉 4~7 刺。

④蛹。黄褐色,体长 4~7 mm,腹部第 3~7 节背面有短刺两列。蛹外有薄茧(图 9-13)。

(3)发生规律　一年发生 4~5 代,以老熟幼虫结灰白色薄丝茧在老树翘皮下、枝叉缝隙、根茎、土壤、果库墙缝中越冬。苹果、梨、桃混栽区,春季第一、二代(约 6 月下旬前)主要危害桃梢,第三代开始(约 7 月初以后)转害苹果、梨果。各代发生期大致如下:3 月中下旬越冬幼虫开始化蛹,4 月上中旬成虫羽化,产卵在桃梢,5 月上旬第一代幼虫开始蛀食桃梢,老熟后在枝杈处化蛹。5 月下旬至 6 月上中旬第一代成虫出现,第二代幼虫主要危害桃梢、桃果和苹果,产在梨果上的卵孵化出来的幼虫,因幼果石细胞紧密,幼虫难以蛀入果内危害。6 月下旬至 7 月上中旬第二代成虫出现,主要产卵在苹果和梨上,第三代成虫发生在 7 月下旬至 9 月,这时桃果已采收,苹果、梨果为被害高峰。成虫对糖醋液和黑光灯有强的趋性。

(4)防治方法

①农业防治。合理配植树种,建园时避免桃、杏、山楂和梨混栽,或近距离栽

植,杜绝梨小食心虫在寄主间转移,剪除受害梢。4~6月受害桃梢刚萎蔫时剪除烧毁,消灭过冬幼虫。

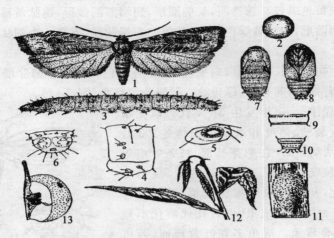

图 9-13　梨小食心虫

1. 成虫　2. 卵　3. 幼虫　4. 虫第二腹节侧面观　5. 幼虫腹足趾钩　6. 幼虫第 9~10 腹节腹面观
（示臀栉及臀趾钩）　7. 蛹背面观　8. 蛹腹面观　9. 蛹第 4 腹节背面观

②诱杀成虫。糖醋液(糖 5 份,醋 20 份,酒 5 份,水 50 份)、黑光灯、性激素诱杀成虫。用性诱剂诱杀,每 50 m 放一个水碗诱捕器,将水改用糖醋液更好。性诱剂迷向法,每株挂 4 个诱芯,效果显著。8 月中旬起在树干束草,诱集梨小食心虫越冬茧,集中烧毁,或刮刷老翘皮,消灭越冬幼虫。

③药剂防治。在二、三代成虫羽化盛期和产卵盛期喷药防治,药剂有:20%灭扫利乳油 3 000 倍液、2.5%功夫乳油 2 000 倍液、20%氰戊菊酯乳油 2 000 倍液、5%高效氯氰菊酯乳油 2 000 倍液和 2.5%敌杀死乳油 2 000 倍液等。

④生物防治。梨小食心虫产卵期每 3~5 d 放蜂一次,隔株放 1 000~2 000 头,每隔 4~5 d 放一次,连续放 3~4 次有一定效果。

2. 梨木虱

(1)危害状　梨木虱又叫梨叶木虱,俗名梨虱。属同翅目,木虱科。全国分布普遍,以北方梨区危害严重。梨木虱以若虫群集在叶背主脉两侧及嫩梢上吸食危害,使叶片沿主脉向背面弯曲、皱缩,成半月形,严重时皱缩成团,造成落叶。虫体分泌大量黏液和白色蜡丝,诱致煤污病发生并使叶片变黑和脱落,光合作用受到严重影响。

（2）形态特征

①成虫。体长 4～5 mm，夏季虫体淡黄，腹部嫩绿，冬季黑褐色。胸部背面有四条红黄色或黄色纵纹。翅透明，长椭圆形，翅端部圆弧形，翅脉黄褐色至褐色。

②卵。卵圆形，初为黄绿色，后变黄色。一端钝圆，下有一个刺状突起，起着固卵的作用。

③若虫。初孵时长卵圆形，扁平，淡黄色有褐色斑纹。后翅芽增大呈扇状，虫体扁圆形，体背褐色，间有黄、绿斑纹。复眼为鲜红色（图9-14）。

（3）发生规律　一年发生 3～4 代。以受精雌成虫在树皮裂缝、落叶和杂草丛中越冬。3 月上、中旬开始活动，卵产在梨芽基部、枝条叶痕等处。卵 3～4 粒成一排或 7～8 粒成两排。4 月上旬卵开始孵化，初孵幼虫聚集在新梢、叶柄及叶背吸食危害。6 月出现成虫，以后几代孵化不整齐，有世代重叠现象。成虫多在叶背产卵，若虫沿叶脉危害。10 月出现最后一代成虫并潜伏越冬。一年中，梨树生长前期受害较重，一般干旱年份发生严重，大雨有冲刷作用，可减轻危害。

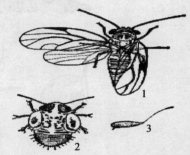

图 9-14　梨木虱
1. 雌成虫　2. 若虫　3. 卵

（4）防治方法

①刮除翘皮。冬春季刮除翘皮。

②清洁田园。彻底清除园内残枝、落叶、杂草，消灭越冬成虫。

③药剂防治。早春梨树发芽前，喷 50％对硫磷乳油 1 000 倍液或波美 3 度石硫合剂；成虫产卵期，喷 5％蒽油乳剂杀卵；在越冬成虫出蛰盛期至产卵前喷 1.8％阿维菌素乳油 4 000～5 000 倍液、2.5％功夫乳油、20％灭扫利乳油、2.5％保得乳油、20％氰戊菊酯乳油、2.5％敌杀死乳油、5％高效氯氰菊酯乳油 2 000 倍液等，可大量杀死出蛰成虫，在落花后第一代幼虫集中期喷 5％高效氯氰菊酯 2 000 倍液，或 30％百磷 3 号 1 500 倍液，或 30％氰·马乳油 1 500～2 000 倍液。6～8 月天气干旱，根据虫情再喷药 1 次。

④生物防治。有花蝽、瓢虫、蓟马、肉食螨及寄生蜂等，对梨木虱有明显抑制作用。喷药防治时，应根据园中天敌数量，选择用药，保护天敌繁衍。

3. 梨蚜和梨黄粉蚜

（1）危害状　危害梨树的蚜虫主要有两种：①梨蚜，又叫梨二叉蚜，属同翅目、蚜科。②梨黄粉蚜，属同翅目、瘤蚜科。

两种蚜虫中梨蚜分布最广，以若虫或成虫群集嫩芽和嫩叶刺吸危害。先危害膨大后的梨芽,展叶后在叶面上危害,枝梢顶端的嫩叶受害最重,被害叶片向正面纵卷。受害严重时造成大量落叶,影响树势和果实发育。

(2)形态特征(表 9-4)

表 9-4　两种蚜虫的区别

	梨　蚜	梨黄粉蚜
危害部位	叶	果,多在萼洼处
危害状	从背面向正面纵卷	被害处变黑腐烂
形态特征	休长 2 mm,绿色或黄褐色,无翅蚜额瘤不显著,有翅蚜卵圆形,灰绿色,前翅中脉分二叉	只有无翅蚜,体长 0.7 mm,米黄色,体具蜡腺,故蜡质明显,腹管退化
产卵部位	卵黑色,产卵部位在芽旁	黄色,产卵部位在翘皮裂缝中
危害时期	梨发芽至停止生长,如梢继续生长,可危害到秋季	7 月后危害梨果,以前在树皮裂缝中危害

(3)发生规律

▨梨蚜　一年发生 10 多代,以卵在芽缝及小枝裂缝处越冬。春季危害最重。早春梨树萌芽时若虫孵化,群居芽上,吸食汁液。展叶后转入叶上危害,以枝梢顶端嫩叶受害最重。被害叶片由两端纵卷,并有"蜜露"分泌而污染叶子,不久即失水干枯脱落。5 月中、下旬开始产生有翅蚜,迁移至夏季寄主狗尾草上繁殖危害,秋季又回到梨树上繁殖危害,11 月开始产生雌雄性蚜,交配产卵越冬。

▨梨黄粉蚜　以卵在梨树翘皮下、枝杆上越冬,第二年梨树开花时卵孵化,若蚜在翘皮下取食。7 月上、中旬集中在萼洼部位危害,也有一些在梗洼和两果相接处。受害初期果面出现黄斑,继而发黑,果实未收前蚜虫大部分转移到树皮缝中产卵越冬。多雨年份受害较重,被害果贮藏期易腐烂。

(4)防治方法

①人工防治。冬季刮除树皮及树上残附物,消灭越冬卵。

②药剂防治。开花前,越冬卵全部孵化而又未造成卷叶时喷药防治,可选药剂有:20%康复多浓可溶剂 5 000～8 000 倍液、10%蚜虱净可湿性粉剂 4 000～6 000 倍液、2.5%扑虱蚜可湿性粉剂 1 000～2 000 倍液等,秋季迁回梨树上时,再喷药一次,可基本控制危害。梨黄粉蚜在萌芽前喷波美 3 度石硫合剂。转果危害期喷药防治,药剂有 10%烟碱乳油 800～1 000 倍液、3%啶虫脒乳油 2 000～2 500 倍液、2.5%扑虱蚜可湿性粉剂 1 000～2 000 倍液、10%蚜虱净可湿性粉剂 4 000～6 000 倍液、20%康复多浓可溶剂 8 000 倍液等。

③生物防治。保护利用天敌。蚜虫天敌种类很多,主要有瓢虫、食蚜蝇、蚜茧

273

蜂、草蛉等,当虫口密度很低时,不需要喷药,应注意天敌的保护利用。

4.梨网蝽

(1)危害状 梨网蝽属半翅目、网蝽科。各梨产区均有分布。主要危害梨及苹果,也危害沙果、桃、李、杏等。以成、若虫在叶背吸食汁液,被害叶正面呈苍白的褪绿斑点,严重时全叶苍白,叶背面有褐色粪便,能诱致煤污病发生,污染梨叶,天气干旱时,叶片早期脱光,造成二次开花,影响来年结果。

(2)形态特征

①成虫。体长 3～4 mm,暗褐色,体扁,头小,复眼红色。前胸背板突出,将头覆盖,前胸两侧突出部分及前翅半透明,网状纹明显,前翅合叠起来其翅上的黑斑呈"X"状。腹部金黄色,有黑色斑纹,足黄褐色。

②卵。圆桶形,一端稍弯曲。初为灰绿色,半透明,后变为淡褐色。

③若虫。共 4 龄,初为白色,后变暗褐色,体形与成虫相似,翅发育不完全,腹部两侧有锥形刺突(图 9-15)。

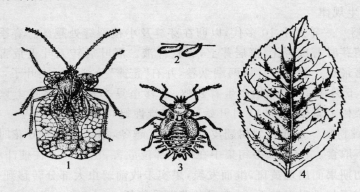

图 9-15 梨网蝽
1.成虫 2.卵 3.若虫 4.被害状

(3)发生规律 一年发生 5～6 代。以成虫在枯草、落叶、树皮裂缝及背风向阳的土缝、石缝内越冬。春季果树发芽后,出蛰活动,集中叶背吸食汁液。卵产在叶背组织内,一次产卵数十粒。产卵处沾黄褐色黏液和粪便。卵期 15～20 d,5月底至 6 月上旬若虫孵化,集中在叶背主脉两侧活动,如遇惊动,即行分散。由于虫期参差不齐,田间常有世代重叠现象,高温干燥条件下,易猖獗成灾。

(4)防治方法

①人工防治。成虫下树越冬前,在树干上绑草把,诱集消灭越冬成虫。冬季清扫果园,刮树皮,深翻树盘,消灭越冬成虫。

②药剂防治。越冬成虫出蛰盛期和第一代若虫孵化盛期，用80％敌敌畏乳剂1 000倍液，2.5％功夫乳油、20％灭扫利乳油、2.5％保得乳油、5％高效氯氰菊酯乳油2 000倍液等喷雾防治。

5. 梨星毛虫

(1)危害状　梨星毛虫俗称饺子虫，属鳞翅目斑蛾科。越冬幼虫出蛰后，蛀食花芽和叶芽，被害花芽流出树液。危害叶片时把叶缘用丝粘在一起，包成饺子形，幼虫于其中食叶肉。夏季刚孵出的幼虫不包叶，在叶背面吃叶肉，叶子被害处呈筛网状。

(2)形态特征

①成虫。体长9～12 mm，翅展19～30 mm。全身黑色，翅半透明，暗黑色，翅脉明显，上生许多短毛，翅缘深黑色。雄蛾触角短，羽毛状，雌蛾锯齿状。

②卵。椭圆形，初为白色，后渐变为黄白色，孵化前为紫褐色，数十粒至数百粒单层排列为块状。

③幼虫。从孵化到越冬出蛰期的小幼虫为淡紫色。老熟幼虫体长约20 mm，白色或黄白色，纺锤形，体背两侧各节有黑色斑点两个和白色毛丛。

④蛹。体长12 mm，初为黄白色，近羽化时变为黑色(图9-16)。

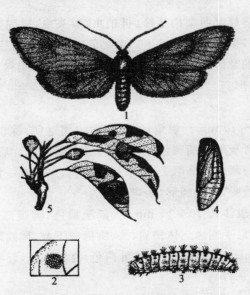

图9-16　梨星毛虫
1. 成虫　2. 卵　3. 幼虫　4. 蛹　5. 被害状

（3）发生规律　在华北地区一年一代。以小幼虫在树皮裂缝和土块缝隙中做茧越冬。每头幼虫可危害5～7个叶片。幼虫老熟后在包叶中或在另一片叶上做白茧化蛹，蛹期约10 d。成虫白天潜伏在叶背不动，黄昏后活动交尾，产卵于叶背面，成不规则块状。卵期7～10 d。幼虫于6月下旬越冬；另一部分一年2代的，则幼虫继续危害，至8月上、中旬出现第1代成虫，再产卵繁殖越冬。

（4）防治方法

①人工防治。在早春果树发芽前，越冬幼虫出蛰前，对老树进行刮树皮，对幼树进行树干周围压土消灭越冬幼虫。刮下的树皮集中烧毁。发生不太严重的果园，组织人力摘除虫苞集中处理。

②药剂防治。抓住萌芽至开花前，幼虫出蛰期和当年第一代小幼虫孵化期喷药，幼虫卷叶后防治效果降低。可选用药剂：80%敌敌畏乳油1 000倍液、50%辛硫磷乳油1 000倍液、2.5%功夫乳油2 000倍液、20%灭扫利乳油3 000倍液、2.5%保得乳油2 000倍液、20%氰戊菊酯乳油2 000倍液、2.5%敌杀死乳油2 000倍液、5%高效氯氰菊酯乳油2 000倍液等。开花前连喷两次，一般可控制危害。6月底以后可喷50%敌敌畏乳剂2 000倍液或90%敌百虫乳剂1 000倍液。

6. 梨茎蜂

（1）危害状　梨茎蜂又叫梨梢茎蜂、折梢虫、剪头虫，属膜翅目、茎蜂科。各梨产区普遍分布，我国各梨产区均有发生。主要危害梨树，亦危害苹果等。成虫产卵危害春梢，受害严重的梨园，满园断梢累累，大树被害后影响树势及产量，幼树被害后影响树冠扩大和整形。

（2）形态特征

①成虫。体长9～10 mm。触角丝状，黑色。翅透明，除前胸后缘两侧、翅基部、中胸侧板及后胸背板的后端黄色外，其余身体各部黑色。后足腿节末端及胫节前端褐色，其余黄色。雌虫腹部第2～3节呈红褐色，末端有一锯状产卵器。

②卵。乳白色，透明，长椭圆形，稍弯曲。

③幼虫。老熟幼虫体长10～11 mm，头部淡褐色，胸腹部黄白色，胸足退化；各体节侧板突出形成扁平侧缘。体稍扁，头、胸部向下弯，尾端向上翘。

④蛹。体长10 mm左右，裸蛹，全体乳白色，复眼红色，近羽化前变为黑色，茧棕褐色，长椭圆形（图9-17）。

（3）发生规律　一年1代，以老熟幼虫或蛹在被害枝条蛀道的基部越冬。越冬幼虫在梨树开花期（约4月中、下旬）羽化为成虫。在新梢长出7～10 cm时产卵，产卵时成虫用产卵器锯断新梢，将卵产在留下的小桩内，卵期7～10 d。每头雌蜂产卵 20 粒左右。幼虫孵化后,先在小短木桩内危害,长大后钻到二年生枝中串食。8、9 月在被害梢内作茧越冬。成虫有假死性和群集性,常停息在树冠下部及新梢叶背面。

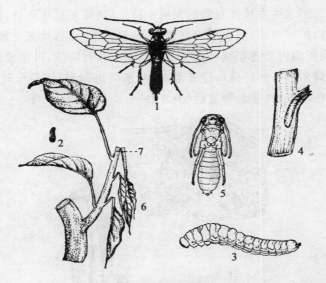

图 9-17 梨茎蜂

1. 成虫 2. 卵 3. 幼虫 4. 幼虫危害枝 5. 蛹 6. 成虫产卵危害断枝 7. 产卵痕

（4）防治方法

①人工防治。冬春季剪除被害枯枝和产卵新梢,消灭卵和幼虫。利用成虫早晚不善活动,成群栖息的习性,在清晨或傍晚震落成虫,人工捕杀。

②药剂防治。4 月上、中旬,成虫发生期喷 80% 敌敌畏乳油或 90% 晶体敌百虫 800 倍液、20% 氰戊菊酯乳油或 2.5% 敌杀死乳油 2 000 倍液毒杀成虫。

二、梨树病害

我国梨树病害有百余种,发生严重的有腐烂病、黑星病、轮纹病、锈病、黑斑病、白粉病等。

1. 梨树腐烂病

梨树腐烂又叫臭皮病。我国北方梨区分布普遍,常造成整株及整片梨树死亡。

（1）症状识别 主要危害主枝、侧枝,主干和小枝发生较少,但是在感病的西洋梨上,主干发病重,小枝也常受害。症状主要有溃疡型和枝枯型两种。

①溃疡型。树皮上初期病斑椭圆形或不规则形,稍隆起,皮层组织变松,呈水

渍状湿腐,红褐色至暗褐色,以手压之,病部稍下陷并溢出红褐色汁液,此时组织解体,易撕裂,并有酒糟味。随后,病斑表面产生疣状突起,渐突破表皮,露出黑色小粒点(即病菌的子座和分生孢子器),大小约 1 mm。

　　②枝枯型。多发生在极度衰弱的梨树小枝上,病部不呈水渍状,病斑形状不规则,边缘不明显,扩展迅速,很快包围整个枝干,使枝干枯死,并密生黑色小粒点(分生孢子器)。病树的树势逐年减弱,生长不良,如不及时防治,可造成全树枯死。

　　腐烂病菌偶尔也可通过伤口侵害果实,初期病斑圆形,褐色至红褐色软腐,后期中部散生黑色小粒,并使全果腐烂(图 9-18)。

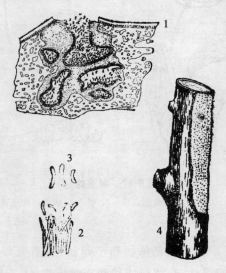

图 9-18　梨树腐烂病
1. 分生孢子器　2. 分生孢子梗　3. 分生孢子　4. 症状

　　(2)病原　梨腐烂病菌属于囊菌亚门球壳菌目腐皮壳属。无性世代为半知菌亚门,壳囊孢属以无性阶段进行侵染,分生孢子器密集散生在表皮下,后期突出,扁圆锥形,淡黑色至黑色。一般每个子座内有一个分生孢子器,形状不整齐,具有多腔室和一个黑色的孔口,分生孢子梗分枝或不分枝,无色,单胞。分生孢子香蕉形,两端饨圆,无色,单胞。

　　(3)发病规律　梨腐烂病菌以菌丝体、分生孢子器及子囊壳在枝干病部越冬。翌年春季产生分生孢子,随风雨传播,从伤口入侵。病菌具有潜伏侵染的特点,只有在侵染点树皮长势衰弱或死亡时才容易扩展,产生新的病斑。每年春季及秋季出现两个发病高峰,以春季发病高峰明显。栽培管理粗放,树势衰弱的容易发病。

（4）防治方法

①农业防治。加强栽培管理，科学施肥浇水，增施有机肥，合理修剪，适量留果，增强树势，以提高抗病力。

②枝干涂白。既可防止日灼或冻伤，亦可减少该病发生。

③药剂防治。及时刮除病疤，经常检查，发现病疤及时刮除，刮后涂以腐必清2～3 倍液，或 5% 菌毒清水剂 30～50 倍液，或 2.12% 843 康复剂 5～10 倍液等，每隔 30 d 涂 1 次，共涂 3 次。春季发芽前全树喷布 5% 菌毒清水剂 100 倍液，或 20% 农抗 120 水剂 100 倍液等。

2. 梨锈病

梨锈病又叫赤星病、羊胡子，是梨树重要病害之一。我国梨产区都有分布。发病严重时，常引起叶片早枯、脱落，幼果畸形、早落，对产量影响很大。

（1）症状识别　梨锈病主要危害叶片和新梢，严重时也能危害幼果。叶片受害开始在叶正面发生橙黄色、有光泽的小斑点，逐渐发展为近圆形的病斑。病斑表面密生橙黄色小斑点，为病菌的性子器。从性子器溢出淡黄色黏液，内含大量性孢子。黏液干燥后，小点微变黑，病斑组织渐变肥厚，背面隆起，正面微凹陷，不久在隆起处长出褐色毛状物，为锈菌的锈子腔。锈子腔成熟后先端开裂，散出黄褐色粉末，为锈孢子。最后病斑变黑枯死，仅留锈子腔的痕迹。病斑多时，引起早期落叶。幼果受害初期病斑大体与叶片上的相似。病果生长停滞，往往畸形早落。新梢、果梗与叶柄被害：症状大体与幼果上相同（图 9-19）。

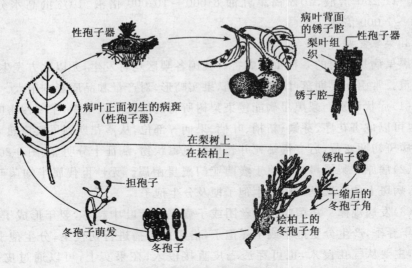

图 9-19　梨锈病侵染循环图

（2）病原　梨锈病菌为梨胶锈菌，属担子菌亚门胶锈菌属。梨锈病菌的性孢子器呈葫芦状，性孢子纺锤形，无色、单胞，锈孢子器细圆筒状，锈孢子球形或近球形，橙黄色，表面有疣。冬孢子纺锤形或椭圆形，双胞，橙黄色，有长柄，分隔处缢束。担孢子（小孢子）卵形，无色，单胞。

在转主寄主桧柏上的冬孢子，萌发最适温度 17～20℃，担孢子（小孢子）发芽最适温度 15～23℃，锈孢子萌发最适温度 27℃。

（3）发病规律　梨锈菌能产生冬孢子、担孢子、性孢子和锈孢子四种类型孢子，但不产生夏孢子，因此不能进行再侵染。病菌以菌丝体在桧柏绿枝或鳞叶上的菌瘿中越冬。第二年春季在桧柏上形成冬孢子角，冬孢子萌发产生担孢子，借风力传播到 3～5 km 以外的梨树上萌发入侵，梨树上产生性孢子器及性孢子、锈孢子器及锈孢子。秋季锈孢子随风传回桧柏上越冬。梨锈病的发生与桧柏多少、距离远近有直接关系。方圆 3～5 km 范围内，如无转主寄主，锈病就很少发生或不发生。

（4）防治方法

①清除转主寄主。彻底砍除距果园 5 km 以内的桧柏树。

②药剂防治。梨园附近不能刨除桧柏时应剪除桧柏上的病瘿。早春喷 2～3 度石硫合剂或波尔多液 160 倍液，也可喷五氯酚钠 350 倍液。在发病严重的梨区，花前、花后各喷一次药以进行预防保护，可喷 12.5%特谱唑可湿性粉剂 3 000～5 000 倍液、25%粉锈宁可湿性粉剂 1 500～2 000 倍液、6%乐必耕可湿性粉剂 1 000～1 200 倍液、40%福星乳油 8 000～10 000 倍液、10%世高水分散粒剂 6 000～7 000 倍液。

3. 梨黑星病

黑星病是梨树的一种重要病害。我国各梨区均有发生，尤以北方发生普遍，危害严重。常引起早期落叶，树势衰弱，果实畸形，对产量和品质影响很大。

（1）症状识别　梨黑星病能侵染梨树所有的绿色幼嫩组织，主要侵害叶片和果实，也可以危害花序、芽鳞、新梢、叶柄、果柄等部位，从落花期到果实成熟期均可危害。病斑初期变黄，后变褐枯死并长黑绿色霉状物，病征十分明显（图 9-20）。

（2）病原　梨黑星病菌属于囊菌亚门黑星菌属。无性世代属半知菌亚门黑星孢属，病斑上的霉层是该菌分生孢子梗及分生孢子。

（3）发病规律　病菌能以菌丝团或子囊壳在落叶中越冬，翌年形成子囊孢子。第二年春季，产生分生孢子或子囊孢子，借风雨传播进行初侵染，分生孢子落到叶片上，主要从气孔侵入，也可穿透表皮直接侵入；在果实上，可以通过皮孔侵入，也可直接侵入。以叶片及果实受害最重。病害大流行多在 6～7 月。病菌孢子入侵

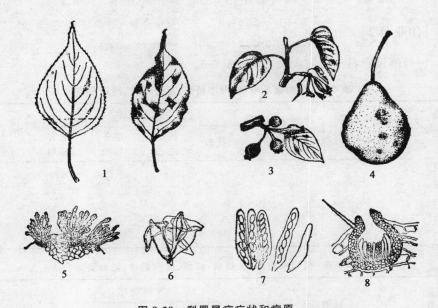

图 9-20　梨黑星病症状和病原
1. 病叶　2. 病叶柄　3. 病幼果　4. 病果　5. 分生孢子梗　6. 病花序
7. 子囊和子囊孢子　8. 子囊壳

要求一次降水在 5 mm 以上，并连续有 48 h 以上的雨天。分生孢子萌发需相对湿度 70％以上，80％以上萌发率最高，菌丝生长适宜温度 22～23℃，分生孢子形成最适温度 20℃，萌发最适温度 22℃。

（4）防治方法

①选择抗病品种。比较抗病的品种有香水梨、雪花梨、蜜梨、巴梨等。

②农业防治。根据梨树发育规律，进行水肥管理，增施有机肥料，促进树势健壮生长，提高对黑星病的抵抗能力。清除越冬病菌。

③药剂防治。梨树萌芽破绽期（3 月中旬）结合防虫喷 3～5 度石硫合剂或 50％代森胺 400 倍液一次，可以杀死病芽中潜伏的菌丝，对减少病梢有一定作用。落花后（4 月中下旬）喷 1∶1∶160 倍波尔多液。5 月中下旬，6 月中下旬及 7 月中下旬各喷波尔多液一次，或用 12.5％特谱唑可湿性粉剂 3 000～5 000 倍液、40％福星乳油 8 000～10 000 倍液、10％世高水分散粒剂 6 000～7 000 倍液喷雾。

[作业单 2]

（一）阅读资料单后完成表 9-5 和表 9-6。

表 9-5　梨树害虫种类、形态特征、发生规律、防治要点

序号	害虫名称	目、科	形态特征	发生规律				防治要点
				世代数	越冬虫态	越冬场所	危害盛期	
1								
2								
3								
4								
5								

表 9-6　梨树病害种类、症状、病原、发病规律、防治要点

序号	病害名称	症状	病原	发病规律				防治要点
				越冬场所	传播途径	侵入途径	发病条件	
1								
2								
3								
4								
5								

（二）阅读资料单后完成梨树病虫害周年防治历制定。

[案例 18]　梨病虫害周年防治历

一、休眠期（12 月至第二年 3 月初）

主要病害：梨树干腐病、腐烂病。

主要虫害：叶螨（红蜘蛛）、蚧壳虫。

落叶后清扫果园，枯枝落叶园外烧毁，或深埋；40％蚜灭多乳油 1 500 倍液防治棉蚜。全树喷一次 100 倍索利巴尔（多硫化钡晶体）；剪除病枝、枯枝、虫枝，刮除枝干粗皮、翘皮等；发芽前单喷一次 45％石硫合剂晶体 40～60 倍杀灭越冬病虫。

二、3 月至 4 月上旬（芽萌动至花前）

主要病害：腐烂病、轮纹病、干腐病、黑星病、黑斑病、锈病等。

主要虫害：梨木虱、黄粉蚜、红蜘蛛、白蜘蛛、蚧壳虫、梨二叉蚜等。

继续刮粗皮、翘皮；涂抹白方甲托悬浮剂 300 倍治腐烂病、干腐病等。发芽前选择温暖无风天，喷 3～5 度石硫合剂或 50％代森胺 400 倍液一次，可以杀死病芽中潜伏的菌丝，对减少病梢有一定作用。萌芽后开花前，喷 10％世高水分散粒剂 3 000～5 000 倍＋10％吡虫啉可湿粉剂 2 000 倍＋70％白方甲托 800 倍，杀灭在芽内越冬的轮纹病、黑星病菌及梨二叉蚜，兼防锈病。

三、4 月中下旬至 6 月上旬花后至套袋前（开花期至幼果期）

主要病害：黑星病、轮纹病、黑点病为主，兼防黑斑病、炭疽病、锈病等。

主要虫害以梨木虱、黄粉蚜、绿盲蝽及蚧壳虫为主，兼治梨二叉蚜、红蜘蛛、白蜘蛛等。

树下撒施 40.7％毒死蜱乳油拌土，每 667 m² 用粒剂 1 000 g；或地面喷 0.7％毒死蜱乳油 2 000 倍液。谢花 2/3 时，喷施 1 次喷 10％世高水分散粒剂 3 000～5 000 倍＋10％吡虫啉可湿粉剂 2 000 倍＋70％白方甲托 800 倍，杀灭嫩梢内的黑星病菌和第一代梨木虱若虫，并兼治锈病、螨类、蚜虫等。花后 7～10 d，连喷 2 次 10％世高水分散粒剂 3 000～5 000 倍＋10％吡虫啉可湿粉剂 2 000 倍＋70％白方甲托 800 倍。10 d 左右 1 次，防治黑星病、轮纹病、炭疽病，兼防锈病、黑斑病等。3、4 月中旬，黄粉蚜越冬卵孵化为若虫，至 6 月上旬，应及时喷药防治，防止其转移至果实上危害，以淋洗式喷雾效果最好。有效药剂有吡虫啉、啶硫威。

四、5 月上旬至 5 月中旬

主要病害：黑星病、轮纹病、黑点病为主，兼防黑斑病、炭疽病、锈病等。

主要虫害以梨木虱、黄粉蚜、绿盲椿象及蚧壳虫为主，兼治梨二叉蚜、红蜘蛛、白蜘蛛等。

这个时期是防治第一代梨木虱成虫的关键期，有效药剂 2％阿维菌素 3 000 倍＋40.7％毒死蜱乳油 1 500 倍兼治黄粉蚜、蚧壳虫等。

注意防治第二代梨木虱若虫及康氏粉蚧，防治药剂：1.8％阿维菌素乳油 4 000～5 000 倍液＋10％功夫乳油 2 000 倍并可兼治绿盲椿象、黄粉蚜及各种螨类等。

套袋前，必须喷施 1 次 80％代森锰锌可湿性粉剂或 70％丙森锌和多菌灵配成的可湿性粉剂 800 倍液＋70％白方甲托可湿性粉剂 800 倍液＋40.7％毒死蜱乳油 1 500 倍液以防套袋果的黑点病等病害和黄粉蚜、蚧壳虫、绿盲椿象等，帅生既能杀菌又能补锌，花后使用最安全。

五、6 月中旬至 8 月上旬（果实膨大期）

主要病害：以黑星病为主，兼防黑斑病、轮纹烂果病、炭疽病等。

主要虫害：以梨木虱、黄粉蚜为主，兼治蚧壳虫、绿盲椿象、红蜘蛛及白蜘蛛、棉铃虫等。

6月中旬后,防病可连喷用2次1:(2～3):200倍波尔多液,以降低防治成本,间隔期为15 d左右;杀虫剂视虫害配药,杀菌剂可选用12.5%烯唑醇可湿性粉剂2 000～3 000倍液、80%大生可湿性粉剂或80%喷克可湿性粉剂800倍液,可与70%甲基托布津可湿性粉剂+3%多抗霉素可湿性粉剂600～900倍液交替使用。间隔期10 d左右。7月上中旬至8月上旬,需喷药防治康氏粉蚧第一代成虫和第二代若虫,常用药剂有40.7%毒死蜱乳油1 500倍液可防治2次,主要防梨木虱、黄粉蚜、绿盲椿象等害虫。对梨木虱效果好的药剂有1.8%阿维菌素乳油4 000～5 000倍液。喷药时加入300倍尿素及300倍磷酸二氢钾,可增强树势,提高果品质量。

六、8月中旬至9月下旬采收前

主要病害:以黑星病为主,兼有黑斑病、轮纹烂果病。

主要虫害:黄粉虫、梨木虱、蚧壳虫。

防治病害主要用药剂有70%白方甲托800倍、80%大生可湿性粉剂或80%喷克可湿性粉剂800倍液,7～10 d喷1次,连喷3次左右。若有黑星病发生,用10%世高水分散粒剂3 000～5 000倍药剂喷雾。

8月中下旬至9月上中旬,需喷药防治第二代梨圆蚧壳虫若虫和第三代康氏粉蚧若虫,有效药剂40.7%毒死蜱乳油1 500倍液。

若有黄粉虫或梨木虱发生,用1.8%阿维菌素乳油4 000～5 000倍液+10%功夫乳油2 000倍防治。黑星病进入第二防治关键期,采收前10～15 d用10%世高水分散粒剂3 000～5 000倍药剂按时喷用。

喷药时加入300倍尿素及300倍磷酸二氢钾,可增强树势,提高果品质量。不再使用波尔多液,以免污染果面。

[资料单3] 葡萄病虫害

一、葡萄虫害

1.葡萄天蛾

(1)危害状 葡萄天蛾属于鳞翅目天蛾科。主要危害葡萄,分布于辽宁、河北、河南、山东、山西、陕西等省。小幼虫多将叶片咬成孔洞或缺刻,大幼虫将叶片吃光仅残留部分叶脉和叶柄,严重时可将叶片吃光,削弱树势,造成减产。树下常有大粒虫粪落下,易发现。

(2)形态特征

①成虫。体长约45 mm,翅展80～100 mm。体肥大,茶褐色,体背有一条浅

灰白色线由胸背直通腹部末端。

②卵。圆球形,直径约 1.5 mm,淡绿色。

③幼虫。老幼虫体长约 80 mm,体表布有横纹和黄色颗粒状小点。第 8 腹节背面有一尾角。

④蛹。长 45～55 mm,长纺锤形,棕褐色,顶有圆形黑斑(图 9-21)。

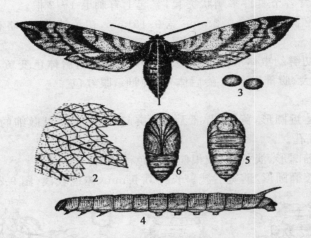

图 9-21　葡萄天蛾
1. 成虫　2. 产于叶上的卵　3. 卵粒　4. 幼虫　5. 蛹(背面观)　6. 蛹(腹面观)

(3)发生规律　北方发生 1～2 代,各地均以蛹在土内越冬,1 代区 6～7 月发生成虫,3 代区成虫发生期在 4～5 月、6～7 月、8～9 月,成虫白天潜伏、夜间活动,有趋光性,黄昏常在株间飞舞。卵散产于叶背面和新梢上,每雌产卵 400～500 粒,成虫寿命 7～10 d,卵期约 7 d,幼虫夜晚取食,白天静伏。幼虫期 40～50 d,老熟后入土化蛹,蛹期除越冬代外一般约 10 d,7～8 月危害严重,秋季以老熟幼虫入土化蛹越冬。

(4)防治方法

①人工防治。早春在葡萄根部附近及葡萄架下面挖越冬蛹,特别注意腐烂的木头周围。

②药剂防治。幼虫发生期喷药防治,虫口密度大时,可喷布 20% 氰戊菊酯 2 000～3 000 倍液、20% 敌杀死 2 000～3 000 倍液,也可喷 90% 敌百虫晶体 800 倍液等。

2. 葡萄根瘤蚜

(1)危害状　葡萄根瘤蚜属于同翅目,根瘤蚜科。分布于辽宁、山东、陕西等省的局部地区,是我国重要检疫害虫,主要危害根部和叶片,根部受害后在须根端部膨大,形成小米粒大、略呈菱形的根瘤,粗根上形成瘤状突起称为"根瘤型",最后虫瘤变褐腐烂,引起全株死亡。叶部受害后,在葡萄叶背形成许多粒状虫瘿,为"叶瘿型"。

（2）形态特征

①根瘤型。

▨成虫　体长 1.2～1.5 mm,卵圆形,体鳞黄至黄褐色,有的稍带绿色。触角及足黑褐色,体背各节具许多瘤状突起,突起上有刺毛 1～2 根。

▨卵　长椭圆形,长约 0.3 mm.宽 0.16 mm,初为淡黄色,略有光泽,近孵化变成暗黄色。

▨幼虫　初孵幼虫体淡黄,触角及足为半透明状,后体色变黄,1 龄若虫体椭圆,头及胸部膨大,腹部缩小,2 龄后体变卵圆形,眼红色。

②叶瘿型。

▨成虫　体近圆形,黄色,背部无瘤状突起,表皮上可见微细的凹凸纹,胸、腹部两侧有明显气孔。

▨卵　长椭圆形,淡黄色,较根瘤型卵色浅、壳薄。

▨幼虫　长椭圆形,前宽后狭。长约 0.9 mm,体色较浅（图 9-22）。

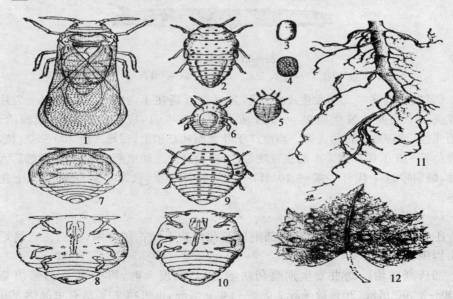

图 9-22　葡萄根瘤蚜

1.有翅型雄虫　2.有翅型若虫　3.有性型卵　4.无性卵　5.有性型雄虫　6.有性型雌虫(腹面)

7.叶瘿型成虫(背面)　8.叶瘿型成虫(腹面)　9.根瘤型成虫(背面)

10.根瘤型成虫(腹面)　11.根部被害状　12.叶瘿

（3）发生规律　一般一年8代，主要以1～2龄幼虫在葡萄根部裂缝中过冬，春季发育为无翅雌蚜，单性产卵繁殖，每雌蚜产卵40～100粒，卵孵化幼蚜仍在根部危害。形成根瘤，繁殖5～8代，最后仍以幼蚜在根部越冬。少数以卵过冬。全年5月中旬至6月下旬和9月虫口密度最大，在6～9月间也产生一部分有翅蚜。我国目前发生的地区有翅蚜仍在根部危害，少数到叶片上，但未发现产卵。此虫主要靠苗木带虫传播，根瘤蚜的发生轻重和土质结构有密切关系，一般有团粒结构比较疏松的土壤发生较重，黏重土或沙土则发生轻。

（4）防治方法

①加强检疫。严格检疫防止传播。严禁已发生区的苗木、枝条外运或引种。

②苗木消毒。苗木和枝条实行药剂处理，可用20％氰戊菊酯2 000～3 000倍液、20％敌杀死2 000～3 000倍液类农药浸泡1 min以杀死苗木上的虫体。

③药剂灌根。在已发生区可用20％氰戊菊酯乳油2 000～3 000倍液、10％氯氰菊酯乳油1 000～1 500倍液、20％敌杀死乳油2 000～3 000倍液等菊酯类农药在秋、春季节灌根，或用50％辛硫磷乳油1 000倍灌根。

3. 葡萄二星叶蝉

（1）寄主与危害状　葡萄二星叶蝉属于同翅目，叶蝉科。分布全国。主要危害葡萄、苹果、梨、桃、山楂和樱桃等树种。以成虫、若虫危害叶片，受害叶片失绿变色，影响光合产物生成，降低果实品质和枝条发育，造成叶片早期脱落。

（2）形态特征

①成虫。体长约3.7 mm，全体淡黄或黄褐色，头顶有两个明显的圆形黑斑横列，复眼黑色，触角刚毛状。前胸背板中部有褐色纵纹。前缘两侧各有三个黑斑，小盾片前缘两侧各有略呈三角形黑斑一块。

②若虫。初孵若虫乳白色。后体色加深，有两种色型，一种为淡黄色，尾部不上举，一种为褐色，尾部上举。老若虫具翅芽，体近似成虫，长约2.5 mm。

③卵。长椭圆形，长0.5 mm，稍弯曲。初产乳白，渐变黄白色（图9-23）。

图 9-23　葡萄二星叶蝉

（3）发生规律　发生代数各地不一，河北每年2代，以成虫在葡萄园附近的杂草、落叶或石缝内或屋檐下及其他隐蔽场所过冬，葡萄发芽时开始活动，先在梨、苹果、桃、山楂、樱桃等寄主嫩叶上刺吸汁液，葡萄展叶后则逐渐转移到葡萄叶片上取食危害。成虫产卵于叶脉内或叶背茸毛下，卵散产。卵孵化后被产卵处变褐色。2代区6月上旬出现第1代若虫，6月下旬出现第1代成虫，7月中

287

旬出现第2代若虫,8月出现第2代成虫,3代区9～10月出现第3代成虫。一般通风不好,杂草丛生或湿度较大的地方发生较重。从葡萄展叶直至落叶期均有危害。

(4)防治方法

①人工防治。清除落叶及杂草消灭越冬成虫。

②药剂防治。第1代若虫期喷2.5%敌杀死乳油2 000～3 000倍液,防治效果95%以上,连喷两次彻底消灭第1代若虫可以控制全年危害。也可喷80%敌敌畏1 000倍液或2.5%功夫乳油2 000～3 000倍液等。

二、葡萄病害

1.葡萄霜霉病

葡萄霜霉病是世界性病害。我国各葡萄产区均有分布,流行年份,病叶焦枯早落,病梢扭曲,发育不良,对树势和产量影响很大。

(1)症状识别 主要危害叶片,也可危害地上部分的幼嫩组织。叶片受害后,开始呈现半透明、边缘不清晰的油渍状小斑,后发展成为黄色至褐色的不规则形病斑,并能愈合成大块病斑。天气潮湿时病斑背面产生灰白色霜霉层,即病菌的孢囊梗及孢子囊(图9-24)。

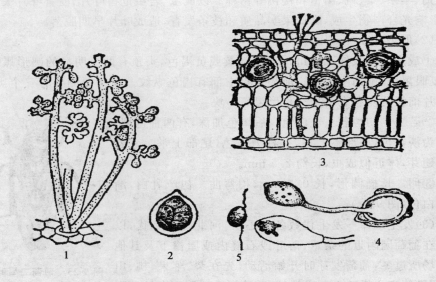

图9-24 葡萄霜霉病菌
1.孢囊梗 2.孢子梗 3.病组织中的卵孢子 4.卵孢子萌发 5.游动孢子

（2）病原 葡萄霜霉病菌［*Plasmopara viticola*（*Berk et Curt*）Berl et dc Toni］属于鞭毛菌亚门卵菌纲霜霉菌目单轴霜霉菌属。无性繁殖时产生孢子囊，孢囊内产生游动孢子。孢囊梗一般 5～6 根，由寄主气孔伸出，孢囊梗无色，单轴分枝，分枝处近直角。分枝末端略膨大，且有 2～3 个短的小梗，其上着生卵形、顶端有乳头突起的孢子囊，在水中萌发产生肾脏形游动孢子，游动孢子无色，生有两根鞭毛，后失去鞭毛，变成圆形静止孢子，静止后产生芽管，由叶背气孔侵入寄主。发育后期进行有性繁殖，在寄主组织内形成卵孢子，卵孢子褐色，球形，壁厚。

（3）发病规律 病菌以卵孢子在病残组织、病叶中越冬，寿命可维持 1～2 年。少数情况下也有以菌丝在芽内越冬的。春季卵孢子萌发产生游动孢子囊，再以游动孢子经风雨传播至近地面的叶面上，萌发产生芽管，从气孔、皮孔侵入寄主，引起初侵染。潜育期 7～12 h。葡萄发病后，产生孢子囊，进行再侵染。条件适宜时，可重复多次。秋末，病菌在病残体中形成卵孢子越冬。此病多在秋季盛发，一般冷凉潮湿的气候，有利发病。孢子囊萌发的最适温度 10～15℃，最低 5℃，最高 21℃。在 13～28℃孢子囊均可形成，以 15℃最适宜。孢子囊形成需要空气相对湿度达 95％～100％。干燥条件下，孢子囊不能形成，高温干燥下已形成的孢子囊只能存活 4～6 h。因此，秋季低温多雨湿度大，易引起病害流行。

（4）防治方法

①农业防治。冬季修剪病枝，扫除落叶，收集烧毁带菌残体，秋深翻，减少越冬菌源；棚架不要过低，改善通风透光条件。增施磷钾肥和石灰，避免偏施氮肥。雨季注意排水，减少湿度，增强寄主抗病性。

②药剂防治。春季用波尔多液（1∶0.5∶200）喷洒保护。发病初期用 40％乙磷铝可湿性粉剂 300～400 倍液、58％瑞毒霉——锰锌可湿性粉剂 600～700 倍液、70％代森锰锌可湿性粉剂 400～500 倍液、64％杀毒矾可湿性粉剂 400～500 倍液喷雾。

2. 葡萄白腐病

（1）症状识别 白腐病可危害葡萄果实、穗柄、果梗、叶片、新梢和枝蔓。在穗轴、果梗上先发病，初期病斑水浸状、浅褐色、不规则，逐渐向果粒发展。多先从果粒基部出现水浸状、淡褐色软腐病斑，后扩及全粒变褐、腐烂，果梗干枯缢缩，果粒发病 7～8 d 后由浅褐色变深褐色，病果渐失水干缩而变为褐色僵果，发病严重时常全穗腐烂，受振易落，但已干缩的僵果不易落病果，表皮组织剥落渐变灰白色。蔓上病斑初期呈水浸状、淡红褐色，边缘深褐色，后期病皮呈丝状纵裂与木质剥离。叶片受害多从叶尖或叶缘开始，先生黄褐色病斑，边缘水浸状，渐向叶片中部扩展，形成大块近圆形淡褐色病斑，有不太明显的同心轮纹。后期在病叶上生灰白色小颗粒状分生孢子器,由于叶部病斑较大,病部干枯后很易破裂。

(2)病原　该病属于半知菌亚门,球壳菌目。病斑上生的灰白色小颗粒即病菌的分生孢子器,分生孢子器球形或扁球形,孢子不分枝也无分隔,分生孢子梗上着生分生孢子。分生孢子单孢,圆形或梨形,初期无色,近成熟时渐变淡褐色,内含油球1~2个(图9-25)。

图 9-25　葡萄白腐病病原菌
1.分生孢子器　2.分生孢子

(3)发病规律　此病主要以分生孢子器、分生孢子、菌丝体在病枝、蔓的病组织内越冬,或随病果等病组织落地在土壤内越冬。一般表土 20 cm 内较多,在土壤里的病菌可存活 4~5 年。病菌在春季气候条件适宜时产生分生孢子器和分生孢子,借风雨传播,多从伤口侵入,也可在较弱的枝条表皮直接侵入,也可从果实蜜腺侵入,侵入后潜育期 3~4 d,条件适宜即可发病。

高温高湿有利此病流行,分生孢子萌发最适温度为 28~30℃,湿度为 95% 以上,所以高温多雨的年份发病重;风、雹造成伤口多的年份发病重;篱架比棚架重;近地面 40 cm 内果穗发病重;地势低洼、排水不良的葡萄园发病重,由于含糖量的增加,越近成熟期越易发病。

(4)防治方法

①农业防治。改善通风透光条件,降低小气候湿度、及时除草及时摘心、剪副梢,提高结果部位,减少离地面很近的果穗;生长季节及时摘除病果、病穗,剪除病蔓。

②药剂防治。在发病严重的地区多雨年份在 6、7、8 月每隔 10~15 d 喷 1 次 50% 的多菌灵可湿性粉剂 700~800 倍液、50% 甲基托布津可湿性粉剂 500~800 倍液或 75% 百菌清可湿性粉剂 500~800 倍液、半量式波尔多液(1:0.5:200)。在发病前地面可喷施 50% 多菌灵可湿性粉剂 500 倍液,也可用福美双 1 份,硫磺粉 1 份、碳酸钙 1 份,每 667 m² 施药 0.5 kg,三者混合均匀,每 667 m² 施药 1.5~

2 kg,撒施葡萄架下,药后耙平。

3.葡萄黑痘病

葡萄黑痘病又叫黑斑病、鸟眼病、疮痂病,痘疮病等,是我国分布广、危害大的葡萄病害之一。尤其春秋两季,温暖潮湿、多雨地区发病重,可使葡萄减产 80% 左右。

(1)症状识别　黑痘病主要危害叶、叶柄、果梗、果实、新梢及卷须等幼嫩的绿色部位,以幼果受害最重。以春季和夏初危害较为集中。幼果早期极易感病,果面及穗梗产生许多褐色小点,后干枯脱落。稍大时染病,初为深褐色近圆形病斑,以后病斑扩大,中央凹陷为灰白色,边缘紫褐色,上有黑色颗粒,形如鸟眼;叶片受害,产生小型圆斑,初为黄色小点,逐渐扩展为 1～4 mm 大小的中部变成灰色的圆斑,外围有紫褐色晕圈,病斑最后干枯穿孔;新梢、幼蔓、卷须、叶柄和果梗受害,病斑呈褐色、不规则形,稍凹陷果梗受害,果实干枯脱落或成僵果(图 9-26)。

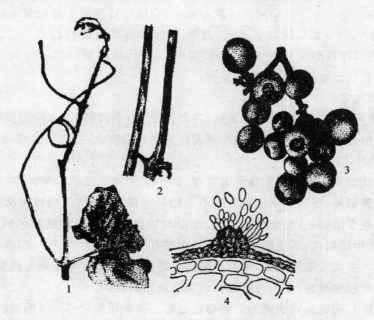

图 9-26　葡萄黑痘病
1.病梢、病叶　2.病蔓　3.病果　4.分生孢子盘及分生孢子

(2)病原　葡萄黑痘病菌,属于半知菌亚门痂圆孢属。有性世代属于子囊菌亚门。我国尚未发现。葡萄黑痘病菌产生分生孢子盘,生在寄主表皮下的病组织中。

突破表皮后,长出分生孢子梗和分生孢子。分生孢子梗短小,无色,单胞。分生孢子椭圆形,单胞,无色,稍弯曲,两端各生有一个油球。空气潮湿时,分生孢子盘涌出胶质,乳白色的分生孢子群。

(3)发病规律　黑痘病菌以菌丝在果园残留的病残组织中越冬,以结果母枝及卷须上为多。菌丝生活力很强,在病组织中可存活 4～5 年。次年春季(4～5 月)产生分生孢子,经风雨吹溅,传播到新梢和嫩叶上。孢子萌发后,直接穿透寄主表皮侵入寄主,进行初侵染。潜育期 6～12 d,以后再对幼嫩组织进行多次再侵染。远距离传播靠有菌苗木或插条。

(4)防治方法

①加强检疫。调运插条或苗木要进行消毒,加强检疫。可用五氯酚钠 200～300 倍液浸蘸。

②农业防治。结合冬剪,剪除病蔓、病梢、病叶和病果,减少越冬菌源。

③药剂防治。发芽前喷波美 3 度石硫合剂;展叶后至果实着色前每隔 10 d 左右喷一次 1∶0.5∶200 的波尔多液,或喷 25% 多菌灵可湿性粉剂 400 倍液或喷 50% 甲基托布津可湿性粉剂 800 倍液,或喷 70% 代森锰锌可湿性粉剂 500～600 倍液,均可有效地控制病情发生或发展。

4. 葡萄灰霉病

葡萄灰霉病引起花穗及果实腐烂,目前河北、山东、四川、上海、湖南等地已有发生,有的地区在春季已成为引起花穗腐烂的主要病害之一,流行时感病品种花穗被害率达 70% 以上。

(1)症状识别　灰霉病主要危害花序、幼小果实和已成熟的果实,有时亦危害新梢、叶片和果梗;花穗和刚落花后的小果穗易受侵染,发病初期被害部呈淡褐色水渍状,很快变暗褐色,整个果穗软腐,潮湿时病穗上长出一层鼠灰色的霉层;新梢及叶片产生淡褐色、不规则形的病斑。病斑有时出现不太明显轮纹,亦长出鼠灰色霉层;成熟果实及果梗被害,果面出现褐色凹陷病斑,很快整个果实软腐,长出鼠灰色霉层,果梗变黑色,不久在病部长出黑色块状菌核。

(2)病原　葡萄灰霉病菌为灰葡萄孢霉菌。属半知菌亚门。丝孢纲的真菌。

(3)发病规律　病害初侵染的来源除葡萄园内的病花穗、病果、病叶等残体上越冬的病菌外,其他场所甚至空气中都可能有病菌的孢子,菌核越冬后,次年春季温度回升,遇降雨或湿度大时即可萌动产生新的分生孢子。菌丝的发育以 20～24℃ 最适宜,因此,春季葡萄花期,不太高的气温又遇上连阴雨天,空气潮湿最容易诱发灰霉病的流行。

（4）防治方法

①选抗病品种。玫瑰香、葡萄园皇后、白香蕉等葡萄品种中度抗病；红加利亚、奈加拉、黑罕、黑大粒等高度抗病。

②农业防治。控制速效氮肥的使用，防止枝梢徒长。对过旺的枝蔓进行适当修剪，或喷生长抑制素，搞好果园的通风透光，降低田间湿度等；彻底清园和搞好越冬休眠期的防治。

③药剂防治。花前喷 1～2 次药剂预防，可使用 50％多菌灵可湿性粉剂 500 倍液；70％甲基托布津可湿性粉剂 800 倍液等，有一定效果，但灰霉病菌对多种化学药剂的抗性较其他真菌都强。50％农利灵可湿性粉剂在葡萄上使用，每 667 m² 用 0.07～0.1 kg 喷雾，在开花结果幼穗期，至收获前 3～4 周共喷 3～4 次，对灰霉病有很好的防治效果。

[作业单 3]

（一）阅读资料单后完成表 9-7 和表 9-8。

表 9-7　葡萄害虫种类、形态特征、发生规律、防治要点

序号	害虫名称	目、科	形态特征	发生规律				防治要点
				世代数	越冬虫态	越冬场所	危害盛期	
1								
2								
3								
4								
5								

表 9-8　葡萄病害种类、症状、病原、发病规律、防治要点

序号	病害名称	症状	病原	发病规律				防治要点
				越冬场所	传播途径	侵入途径	发病条件	
1								
2								
3								
4								
5								

（二）阅读资料单后完成绿色葡萄病虫害周年防治历制定。

[案例 19]　葡萄病虫害周年防治历

一、3 月上旬休眠期（秋季或春季修剪后）

主要病害：葡萄白腐病、炭疽病、黑痘病、霜霉病等。

彻底清扫果园，将枯枝落叶等运出园外集中烧毁或深埋。喷波美 3～5 度石硫合剂，亦可喷 86.2％氧化亚铜 2 000 倍液。

二、3 月下旬至 4 月上旬（芽萌动期）

主要病害：根癌病 炭疽病、白腐病、黑痘病、白粉病。

主要虫害：蚧壳虫和毛毡病（瘿螨）。

喷施 3～5 度石硫合剂，或 40％福美砷可湿性粉剂 200 倍粉剂，结合刮老皮进行药剂防治。

三、5 月上、中旬（开花期）

主要病害：黑痘病。

喷施石灰半量式的波尔多液（1∶0.5∶200）。

四、5 月下旬至 6 月上旬（落花后）

主要病害：葡萄白腐病、黑痘病、白粉病、炭疽病、霜霉病、灰霉病、穗轴褐枯病。

主要虫害：叶蝉类、蚧壳虫、绿盲蝽、螨类。

喷施 1∶1∶200 波尔多液或 40％福美砷可湿性粉剂 500 倍，或 50％退菌特可湿性粉剂 800 倍喷施，可把病害消灭在初发阶段。

五、6 月下旬至 7 月上旬（幼果膨大期）

主要病害：葡萄白腐病、黑痘病、白粉病、炭疽病、霜霉病、灰霉病、穗轴褐枯病。

主要虫害：叶蝉类、蚧壳虫、绿盲蝽、螨类。

喷施 50％退菌特可湿性粉剂 500～800 倍液加 50％百菌清可湿性粉剂 500 倍液，或 50％多菌灵可湿性粉剂 800～1 000 倍液，如果前期雨水较多，注意葡萄霜霉病的防治。

六、7 月中、下旬（果实着色期）

主要病害：葡萄白腐病、黑痘病、白粉病、炭疽病。

主要虫害：叶蝉类、蚧壳虫和螨类。

防治措施：喷施 50％退菌特可湿性粉剂 500～800 倍液加 2.5％功夫乳油 2 000～3 000 倍液。

七、8月至9月上、中旬(果实采收期)

主要病害:房枯病、锈病、叶斑病、裂果病、霜霉病等病害。

喷施1:1:200波尔多液,常用的杀菌剂如多菌灵、百菌清、福美砷、退菌特等。

八、9月下旬至10月份(采收后)

剪除挂在树上或掉在地上的病果,清除病叶、杂草。

[资料单4]　桃树病虫害

一、桃虫害

1.桃蛀螟

(1)危害状　桃蛀螟又叫桃蠹螟,是鳞翅目、螟蛾科。以幼虫食害果实,造成严重减产。桃果受害,发生流胶,蛀孔外粘有粪便,果实变黄脱落。除危害桃外,还危害苹果、梨、杏、李、石榴和山楂等果树。

(2)形态特征

①成虫。体长12 mm左右,翅展20～28 mm,全体橙黄色。体背及翅的正面散生大小不等的黑色斑点。

②卵。椭圆形,初产乳白色,后变红褐色。

③幼虫。老熟时20～25 mm,头部暗黑色,胴部暗红色。前胸背板深褐色,中、后胸及第1～8腹节,各有褐色大小毛片8个,排成2列,前列6个,后列2个。

④蛹。体长13 mm,褐色。臀棘细长,末端有卷曲的刺6根(图9-27)。

(3)发生规律　在华北及辽南地区1年发生2代,以老熟幼虫在树皮裂缝、被害僵果等结茧越冬。在华北地区,翌年4月下旬至5月上旬,越冬幼虫开始化蛹,6月上、中旬为越冬代成虫羽化盛期,越冬代成虫多在杏和早熟桃上产卵发生第一代幼虫。第一代成虫约在7月上中旬出现,主要在晚熟桃和石榴上产卵危害。以后发生的成虫转移到其他作物上产卵,继续危害。桃蛀螟成虫有趋光性,对糖醋液也有趋性。桃蛀螟属一种喜湿性害虫。一般4、5月多雨有利于发生,相对湿度在80%时,越冬幼虫化蛹和羽化率均高。

(4)防治方法

①树干绑草。秋季采果前树干绑草,诱集越冬幼虫,早春集中烧毁。

②物理防治。利用黑光灯、糖醋液诱杀成虫。

③药剂防治。要抓住第一、二代幼虫孵化盛期。第一代在5月下旬至6月上

旬;第二代在 7 月中旬至下旬。常用药剂有 90％的敌百虫晶体 1 000～1 500 倍液,20％速灭杀丁(氰戊菊酯)乳油 2 500～3 000 倍液、25％灭幼脲悬浮剂 1 500 倍液进行喷洒。成虫发生期和产卵盛期,喷洒 50％敌敌畏乳油 1 000 倍液防治。

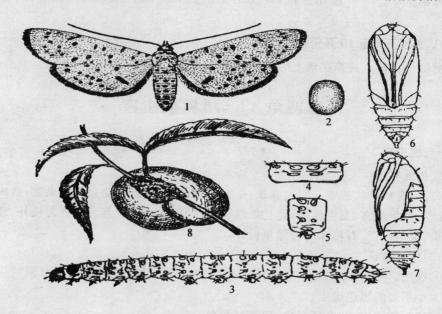

图 9-27　桃蛀螟
1.成虫　2.卵　3.幼虫　4.腹节背面观　5.蛹腹面观
6.蛹　7.蛹侧面观　8.被害状

2.桃红颈天牛

(1)危害状　桃红颈天牛是鞘翅目,天牛科。幼虫蛀入木质部危害,造成枝干中空,树势衰弱,叶片小而黄,甚至引起死亡。

(2)形态特征

①成虫。体长 28～37 mm,宽 8～10 mm。全体黑色,前胸背面棕红色,有光泽,或完全黑色。雌虫触角超过体长 2 节。雄虫触角超过体长 4～5 节。前胸两侧各有刺突 1 个,背面有瘤突 4 个。鞘翅表面光滑,基部较前胸宽,后端较窄。

②卵。长圆形,乳白色,长 3～4 mm。

③幼虫。初孵化时为乳白色,近老熟时稍带黄色。体长 50 mm 左右。前胸背板扁平方形,前缘有两块中凹入的黄褐色斑纹,两斑纹后方中央各有 1 个椭圆形小斑。

④蛹。为离蛹,外无蛹壳包被,淡黄白色,长 36 mm 左右(图 9-28)。

（3）发生规律　2～3年1代,以幼虫在树干蛀道内越冬。4～6月,老熟幼虫黏结粪便、木屑,在树干蛀道中做茧化蛹。6～7月,成虫羽化。晴天中午成虫多停留在树枝上不动。成虫外出后2～3 d交尾。卵多产在主干、主枝的树皮缝隙中。产卵时先将树皮咬一方形伤痕,然后把卵产在伤痕下。卵期8 d左右。幼虫孵化后,先在树皮下蛀食,第二年,虫体长到30 mm左右时,便蛀入木质部危害,蛀成弯曲孔道。蛀孔外堆有红褐色锯末状虫粪。

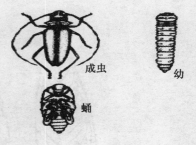

成虫
幼
蛹

图9-28　桃红颈天牛

（4）防治方法

①人工防治。利用成虫中午至下午2～3时静息于枝条上的习性,进行人工捕捉;发现方块形产卵伤痕,及时刮除虫卵;对钻在树皮下危害的幼虫,可将被害树皮拨开,杀死幼虫。

②树干涂白。在树干和主枝上涂上涂白剂(涂白剂用生石灰10份、硫磺1份、食盐0.2份、兽油0.2份、水40份配成),防止成虫产卵。

③化学防治。用杀螟硫磷乳油200～300倍液喷雾(杀成虫);2.5%溴氰菊酯乳油1 000～2 000倍做成毒签插入蛀孔中,杀幼虫;用52%磷化铝片剂进行单株熏蒸。

④生物防治。花绒坚甲、斑啄木鸟、蚂蚁、寄生蜂。

二、桃病害

1.桃细菌性穿孔病

桃细菌性穿孔病,除危害桃树,还危害杏、李、樱桃等果树。

（1）症状识别　　主要危害叶片,也能侵害果实和枝梢。叶上初生水渍状小点,逐渐扩大成圆形或不规则形病斑,红褐色至黑褐色,直径2 mm左右。病斑周围呈水渍状,并有黄绿色晕圈。以后病斑干枯,病斑处均易脱落穿孔。

枝条受害后,有两种不同的病斑:一种是春季溃疡;另一种是夏季溃疡。

果实上的病斑为暗紫色,圆形,稍凹陷,边缘水渍状,潮湿时可溢出黄色溢浓,干燥时,病斑常发生裂缝(图9-29)。

（2）病原　细菌性穿孔病菌。属细菌中的黄单胞杆菌属。菌体短杆状,两端圆,单极生1～6根鞭毛。有荚膜,无芽孢,好气性。在肉汁洋菜培养基上菌落黄色,圆形。病菌发育最适温度24～28℃,最高37℃,最低3℃,致死温度57℃10 min。在干燥条件下,病菌可存活10～13 d,枝条溃疡组织内可存活1年以上。

297

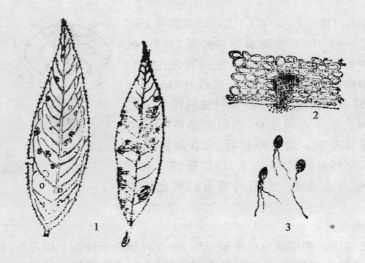

图 9-29　桃穿孔病症状及病原
1.症状　2.病叶部分及切片　3.病原细菌

（3）发病规律　病菌主要在病枝梢上越冬，第二年春季桃树开花前后，病菌随桃树汁液从病部溢出，借风、雨或昆虫传播，由叶片的气孔、枝条和果实皮孔及枝条上的芽痕侵入。叶片一般在 5 月发病，夏季干旱时病势发展缓慢，到秋季，雨季又发生后期侵染。病菌的潜育期与气温高低和树势强弱有关，温度 25～26℃，潜育期 4～5 d;20℃时为 9 d;19℃时为 16 d。树势衰弱，潜育期缩短;树势强时，潜育期达 40 d 左右。树势衰弱、排水不良、通风透光差和偏施氮肥的果园发病重。一般晚熟品种较重，早熟品种较轻。

（4）防治方法

①农业防治。新建桃园，避免与核果类果树，尤其是杏、李混栽;冬季或早春结合修剪，剪除病梢，烧毁或深埋。

②药剂防治。桃树发芽前，喷波美 4～5 度石硫合剂或用 45％固体石硫合剂 140～200 倍液，或 1∶1∶120 的锌铜波尔多液喷洒;展叶后用 50％甲霜铜可湿性粉剂 500～600 倍液，或 70％代森锰锌可湿性粉剂 400～500 倍液喷洒。

2.桃褐斑病

桃褐斑穿孔病为桃树叶片穿孔常见病害，各地均有发生。危害桃、李、樱桃等核果类果树。

（1）症状识别　主要危害叶片，也可危害新梢和果实。叶片染病，初生圆形或近圆形病斑，边缘紫色，略带环纹，大小 1～4 mm;后期病斑上长出灰褐色霉状物，中部干枯脱落,形成穿孔,穿孔的边缘整齐,穿孔多时叶片脱落。新梢、果实染病,症状与叶片相似。

(2)病原　病原菌为核果尾孢霉。属半知菌亚门真菌。有性世代为樱桃球腔菌属于子囊菌亚门真菌。分生孢子梗浅榄褐色,具隔膜 1～3 个,有明显膝状屈曲,屈曲处膨大,向顶渐细。

(3)发病规律　以菌丝体在病叶或枝梢病组织内越冬,翌春气温回升,降雨后产生分生孢子,借风雨传播,侵染叶片、新梢和果实。以后病部产生的分生孢子进行再侵染。病菌发育温度在 7～37℃,适温 25～28℃。低温多雨利于病害发生和流行。

(4)防治方法

①农业防治。桃园注意排水,增施有机肥,合理修剪,增强通透性。

②药剂防治。落花后,喷洒 70％代森锰锌可湿性粉剂 500 倍液或 70％甲基硫菌灵超微可湿性粉剂 1 000 倍液、75％百菌清可湿性粉剂 700～800 倍液。

3.桃缩叶病

(1)症状识别　此病危害桃树幼嫩部分,主要危害叶片,严重时也危害花、嫩梢及幼果。春季嫩叶自芽鳞抽出即可被害,嫩叶叶缘卷曲,颜色变红。随叶片生长,皱缩、扭曲程度加剧,叶片增厚变脆,呈红褐色。春末夏初叶面生出一层白色粉状物,即病菌的子囊层。后期病叶变褐、干枯脱落。新梢受害后肿胀、节间缩短、呈丛生状,淡绿色或黄色。病害严重时,使整枝枯死。幼果被害呈畸形,果面龟裂,易早期脱落(图 9-30)。

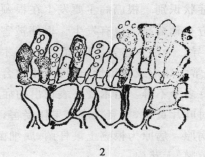

图 9-30　桃缩叶病

1.症状　2.病原(子囊层及子囊孢子)

（2）病原　桃缩叶病菌属子囊菌亚门，外子囊菌属。子囊层裸生在角质层下，子囊圆筒形，上宽下窄，顶端平截，无色。子囊内含 8 个子囊孢子，子囊孢子无色，单胞，圆形或椭圆形，能在子囊内、外以芽殖方式产生芽孢子。芽孢子有薄壁和厚壁两种。厚壁芽孢子有休眠作用，能抵抗不良环境。

（3）发病规律　病菌以子囊孢子和厚壁芽殖孢子，在芽的鳞片上或芽鳞缝隙内，以及枝干病皮中越冬和越夏。4 月初桃树萌芽时，越冬孢子萌发由气孔或表皮直接入侵，每年只侵染一次。

桃缩叶病的发生和危害轻重与早春气候关系密切。病菌生长适温 20℃，最低 10℃，最高 26～30℃，侵染最适温度 10～16℃。早春桃芽萌发时，如果气温低（10～16℃），持续时间长，湿度又大的地区有利病菌侵入，发病就重。反之，早春温暖干旱的地区发病轻。品种间早熟桃品种发病较重，中、晚熟品种发病较轻。

（4）防治方法

①农业防治。轻病区在发病早期，病叶未产生白色子囊层之前，结合疏果剪除病叶，及时深埋，减少越冬菌源。重病熏果园，及时追肥和灌水，促使树势恢复，增强抗病力，以免影响当年和来年结果。

②药剂防治。早春桃芽膨大后，芽顶开始露红时，用波美 4～5 度的石硫合剂，或 30％固体石硫合剂 100 倍液，或 1：1：100 的波尔多液喷洒。也可用其他药剂如：5 万 IU 井冈霉素水剂 500 倍液、50％多菌灵可湿性粉剂 600 倍液、50％退菌特可湿性粉剂 800 倍液，70％代森锰锌可湿性粉剂 400～500 倍液等进行喷洒。杀死树上越冬孢子，消灭初次侵染源。

4. 桃根癌病

（1）症状识别　根癌病主要发生在根颈部，也发生于侧根和支根，嫁接处较为常见，北方在葡萄蔓上也有发生。根部被害形成癌瘤。癌瘤形状、大小、质地因寄主不同而异。一般木本寄主的瘤大而硬，木质化；草本寄主的瘤小而软，肉质。瘤的形状通常为球形或扁球形，也可互相愈合成不定形的。瘤的数目少的 1～2 个，多的达 10 多个不等。苗木受害表现出的症状特点是，发育受阻，生长缓慢，植株矮小，严重时叶片黄化，早衰。成年果树受害，果实小，树龄缩短。

（2）病原　病原为根癌土壤杆菌，属细菌，短杆状，单生或链生，具 1～4 根周生鞭毛，有荚膜，无芽孢。

（3）发病规律　细菌在癌瘤组织的皮层内越冬，或在癌瘤破裂脱皮时，进入土壤中越冬（在土壤中它能存活一年以上）。雨水和灌溉水是传病的主要媒介。此外，地下害虫如蛴螬、蝼蛄、线虫等在病害传播上也起一定的作用。其中苗木带菌是远距离传播的重要途径。

病菌通过伤口侵入寄主。嫁接、昆虫或人为因素造成的伤口,都能成为病菌侵入的途径。细菌侵入后之所以会形成癌瘤,从病菌侵入到显现病瘤所需的时间,一般由几周到一年以上。

适宜的温、湿度是根癌病菌进行侵染的主要条件。病菌侵染与发病随土壤湿度的增高而增加,反之则减轻。癌瘤形成与温度关系密切。根据番茄上接种试验,瘤的形成以 22℃时为最适合,18℃或 26℃时形成的瘤细小,在 28～30℃时瘤不易形成,30℃以上则几乎不能形成。土壤反应为碱性时有利于发病,酸性土壤对发病不利。在 pH 6.2～8 均能保持病菌的致病力。

(4)防治方法

①苗木检查和消毒。对用于嫁接的砧木在移栽时应进行根部检查,出圃苗木也要进行检查,发现病苗应予淘汰。凡调出苗木都应在未抽芽之前将嫁接口以下部位,用 1%硫酸铜液浸 5 min,再放入 2%石灰水中浸 1 min。

②加强栽培管理,改进嫁接方法。老果园,特别是曾经发生过根癌病的果园不能作为育苗基地;碱性土壤,应适当施用酸性肥料或增施有机肥料如绿肥等,以改变土壤反应,使之不利于病菌生长。

③嫁接苗木采用芽接法。以避免伤口接触土壤,减少染病机会。嫁接工具使用前后须用 75%酒精消毒,以免人为传播。

④病瘤处理。在定植后的果树上发现病瘤时,先用快刀彻底切除癌瘤,然后用 100 倍硫酸铜溶液或 50 倍抗菌剂 402 溶液消毒切口,再外涂波尔多液保护;也可用 400 万 IU 农用链霉素涂切口,外加凡士林保护,切下的病瘤应随即烧毁。病株周围的土壤可用抗菌剂 402 的 2 000 倍液灌注消毒。

⑤防治地下害虫。地下害虫危害造成根部受伤,增加发病机会。因此,及时防治地下害虫可以减轻发病。

⑥生物防治。在根癌病多发区,定植时用放射土壤杆菌 84 号(K84)浸根后定植,对该病有预防效果。

[作业单4]

(一)阅读资料单后完成表9-9和表9-10。

表 9-9　桃树害虫种类、形态特征、发生规律、防治要点

序号	害虫名称	目、科	形态特征	发生规律				防治要点
				世代数	越冬虫态	越冬场所	危害盛期	
1								
2								
3								
4								
5								

表 9-10　桃树病害种类、症状、病原、发病规律、防治要点

序号	病害名称	症状	病原	发病规律				防治要点
				越冬场所	传播途径	侵入途径	发病条件	
1								
2								
3								
4								
5								

(二)阅读资料单后完成绿色桃病虫害周年防治历制定。

[案例20]　桃树病虫害周年防治历

一、3月中下旬(休眠期)

主要病害:褐腐病、穿孔病、炭疽病、缩叶病、疮痂病、腐烂病。

主要虫害:螨类(红、白蜘蛛)。

越冬菌源刮除老翘皮,剪除病虫枝梢、清扫落叶、病虫果(含小僵果)、杂草集中烧毁或深埋。对溃疡病斑涂抹21％过氧乙酸水剂5～10倍液、50％消菌灵可溶性粉剂50倍液加天达2116(复合氨基低聚糖农作物抗病增产剂)50倍液混合涂患处。1.8％克螨克可溶性水剂5 000倍液＋5％尼索朗(噻螨酮)乳油1 500倍液。20％螨死净悬浮剂1 200倍液。

二、4 月上中旬(萌芽期)

主要病害：缩叶病。

主要虫害：蚜虫、红、白蜘蛛、桃一点叶蝉、潜叶蛾。

采用杀卵与杀成螨的药剂混用,可避免后期红、白蜘蛛泛滥。38％粮果丰(多·福·酮)可湿性超微粉 600 倍液防缩叶病。此期防治蚜虫可用 10％吡虫啉可湿性粉剂 5 000 倍液、桃一点叶蝉用 40％新农宝(毒死蜱)乳剂 1 500 倍液;潜叶蛾用 20％除虫脲悬浮剂 5 000 倍液;红、白蜘蛛用 1.2％红白螨乐死乳油 2 000 倍液＋20％螨死净悬浮剂 2 000 倍液。

三、4 月下旬至 5 月上旬(坐果及新梢生长始期)

主要病害：褐腐病、穿孔病、炭疽病、疮痂病。

主要虫害：棉铃虫、潜叶蛾、蚧壳虫、蚜虫。

75％猛杀生(代森锰锌)干悬浮剂 800 倍液＋20％啶虫脒可溶性粉剂 3 000 倍液＋4.5％绿百事(高效氯氰菊酯)1 500 倍液;72％农用链霉素可溶性粉剂 3 000 倍液＋1.8％阿维菌素乳油 3 000 倍液＋硼钙宝 1 200 倍液。

四、5 月中旬(幼果发育及新梢速长期)

主要病害：流胶病、褐腐病、穿孔病、疮痂病、炭疽病。

主要虫害：茶翅蝽、桃蛀螟、梨小食心虫、红蜘蛛、潜叶蛾、球坚蚧。

68.75％易保分散粒剂(恶唑烷二酮与代森锰锌复配药)1 500 倍液＋90％万灵粉(氨基甲酸酯类农药)可溶性粉剂 3 000 倍液＋硼钙宝 1 200 倍液;40％福星乳油 8 000 倍液＋20％虫螨特可湿性粉剂 1 200 倍液＋硼钙宝 1 200 倍液。流胶病可用 21％果腐康(腐殖酸与硫酸铜复配)10 倍液,涂抹流胶处。

五、5 月下旬至 6 月上旬(果实膨大及新梢速长期)

主要病害：流胶病、褐腐病、穿孔病、疮痂病、炭疽病。

主要虫害：茶翅蝽、桃蛀螟、梨小食心虫、红蜘蛛、潜叶蛾、蚧壳虫。

套袋前用 75％治萎灵(主要成分多菌灵)可湿性粉剂 800 液倍＋20％井冈霉素可湿性粉剂 2 000 倍液＋25％灭幼脲胶悬剂 2 000 倍液＋4％蚜虱速克乳油(4％吡虫啉·高效氯氰菊酯)2 000 倍液＋旱地龙(黄腐酸抗旱剂)1 500 倍液,缺钙症硼钙宝 6 000 倍液喷雾。

六、6 月中旬(早熟早实膨大及中熟果实硬核期)

主要病害：褐腐病、穿孔病、炭疽病。

主要虫害：梨小食心虫、红蜘蛛、桃蛀螟、潜叶蛾、蚜虫、蚧壳虫。

果实、叶片、枝梢病害用 50％福美双可湿性粉剂 500 倍液;梨小食心虫、椿象用 40％毒死蜱乳油 1 500 倍液或 40％双灭铃胶悬剂 1 500 倍液；红、白蜘蛛用 20％阿维·辛乳油 3 000 倍液＋20％虫螨特可湿性粉剂 1 200 倍液；桃蚜用 3％吡虫清乳油 2 000 倍液。

七、6 月下旬至 7 月初(果实膨大及副梢生长)

主要病害：褐腐病、穿孔病、炭疽病。

主要虫害：梨小食心虫、红蜘蛛、桃蛀螟、潜叶蛾、蚜虫、蚧壳虫。

果实、叶片、枝梢病害用 60％轮纹克星可湿性粉剂 500 倍液或 50％多·锰锌可湿性粉剂 600 倍液。为防治棉铃虫第 2 代关键时期。棉铃虫 40％双灭铃胶悬剂 1 500 倍液；潜叶蛾 20％除虫脲悬浮剂 5 000 倍液；卷叶蛾、一点叶蝉可用 40％毒死蜱乳油 1 500 倍液；缺钙症硼钙宝 600 倍液。

八、7 月中旬至 8 月上旬(中熟果实膨大及花芽分化期)

主要病害：褐腐病、穿孔病、炭疽病。

主要虫害：梨小食心虫、棉铃虫、桃蛀螟、红蜘蛛。

果实、叶片、枝梢病害 60％轮星立克可湿性粉剂 800 倍液。白蜘蛛重的园片选择齐螨素和尼索朗混用，卵螨皆杀。梨小食心虫用 40％毒死蜱乳油 1 500 倍液。红、白蜘蛛用 20％阿维·辛乳油 3 000 倍液＋20％虫螨特可湿性粉剂 1 200 倍液。

九、8 月中旬至 10 月上旬(晚熟品种成熟期)

主要病害：褐腐病、炭疽病。

主要虫害：潜叶蛾、梨小食心虫、桃蛀螟、叶蝉、蚱蝉。

50％果然好(植物调节剂)1 200 倍液＋48％毒死蜱乳油 1 500 倍液＋70％甲基托布津可湿性粉剂 1 200 倍液。摘袋后 2～3 d，10％世高水分散粒剂 3 000 倍液＋氨钙宝 600 倍液＋天达 2116(复合氨基低聚糖农作物抗病增产剂)1 000 倍液专喷果。

十、10 月中旬至 12 月(采收后至休眠期)

主要病害：穿孔病、流胶病。

喷施 1：1：200 波尔多液，常用的杀菌剂，如多菌灵、百菌清、福美砷、退菌特等。

计划实施 9

(一)工作过程的组织

5～6 个学生分为一组，每组选出一名组长。共同研究讨论。

(二)材料与用具

各类果树病虫害图书、录像、图片、笔记本、农药、喷雾器、天平、量筒等。

(三)实施过程

1. 对果树虫害形态特征、危害特点、发生规律进行熟悉；

2. 对果树病害症状、病原、发生规律进行熟悉；

3. 收集与制定综合防治历相关果树栽培知识；

4. 每人制定一种果树病虫害综合防治历；

5. 小组对每人果树病虫害综合防治历进行评定；

6. 对评定出果树病虫害综合防治历进行实施。

评价与反馈 9

完成果树病虫害防治历工作任务后，进行自我评价、小组评价、教师评价。考核指标权重：自我评价占 20％，小组互评占 40％，教师评价占 40％。

(一)自我评价

根据自己的学习态度、完成果树病虫害防治历任务后进行实事求是地自我评价。

(二)小组评价

组长根据组员完成任务情况对组员进行评价。主要从小组成员果树病虫害防治历。完成情况进行评价。

(三)教师评价

教师评价是根据学生学习态度、果树病虫害防治作业单填写、果树病虫害防治历制定完成情况、出勤率四个方面进行评价。

(四)综合评价

综合评价是把个人评价，小组评价，教师评价成绩进行综合，得出每个学生完成一个工作任务的综合成绩。

(五)信息反馈

每个学生对教师进行评议，提出对工作任务建议。

参 考 文 献

[1] 陈利锋. 农业植物病理学. 北京:中国农业出版社,2001.

[2] 徐树清. 植物病理学. 北京:中国农业出版社,1993.

[3] 罗耀光. 果树病虫害防治学各论. 北京:中国农业出版社,1994.

[4] 钱学聪. 农业昆虫学. 北京:中国农业出版社,1993.

[5] 朱伟生. 南方果树病虫害防治手册. 北京:中国农业出版社,1994.

[6] 吕佩珂. 中国果树病虫原色图谱. 北京:华夏出版社,1993.

[7] 王士元. 作物保护学各论. 北京:中国农业出版社,1996.

[8] 赖传雅. 农业植物病理学(华南本). 北京:科学出版社,2003.

[9] 中国农科院植物保护研究所. 中国农作物病虫害. 2版. 上册. 北京:中国农业出版社,1995.

[10] 丁锦华,苏建亚,等. 农业昆虫学(南方本). 北京:中国农业出版社,2001.

[11] 陈利锋,徐敬友,等. 农业植物病理学(南方本). 北京:中国农业出版社,2001.

[12] 王久兴,孙成印,等. 蔬菜病虫害诊治原色图谱. 豆类分册. 北京:科学技术文献出版社,2004.

[13] 王久兴,孙成印,等. 蔬菜病虫害诊治原色图谱. 葱蒜类分册. 北京:科学技术文献出版社,2004.

[14] 郑建秋. 现代蔬菜病虫鉴别与防治手册(全彩版). 北京:中国农业出版社,2004.

[15] 孙广宇,宗兆锋. 植物病理学实验技术. 北京:中国农业出版社,2002.

[16] 中国农业科学研究院果树研究所、中国农业科学研究院柑橘研究所. 中国果树病虫志. 北京:中国农业出版社,1992.

[17] 汪景彦. 苹果无公害生产技术. 北京:中国农业出版社,2003.

［18］曹玉芬,聂继云.梨无公害生产技术.北京:中国农业出版社,2003.

［19］张友军,吴青君,芮昌辉,等.农药无公害使用指南.北京:中国农业出版社,2003.1.

［20］邱强.原色苹果病虫害综合治理.北京:中国科学技术出版社,1996.

［21］邱强,张默,马思友.原色梨树病虫图谱.北京:中国科学技术出版社,2001.

［22］邱强.原色葡萄病虫图谱.北京:中国科学技术出版社,1994.

［23］邱强.原色桃、李、梅、杏、樱桃病虫图谱.北京:中国科学技术出版社,1994.

［24］冯明祥,王国平.苹果、梨、山楂病虫害诊断与防治原色图谱.北京:金盾出版社,2003.

［25］曹子刚.北方果树病虫害防治.北京:中国农业出版社,1995.

［26］李清西,钱学聪.植物保护.北京:中国农业出版社.1995.

［27］张随榜.有害生物防治.西安:西安地图出版社.2004.

［28］费显伟.园艺植物病虫害防治。北京:高等教育出版社,2005.

［29］赖传雅.农业植物病理学(华南本).北京:科学出版社,2003.

［30］中国农科院植物保护研究所.中国农作物病虫害(上册).北京:中国农业出版社,1995.

［31］陈雪芳.50％丁醚脲悬浮剂防治小菜蛾田间药效试验.广西植保,2009,22(4).

［32］王晓梅.安全果蔬保护.北京:中国环境出版社,2006.

［33］北京昆虫网 http//www.dmbug.com.

［34］李云瑞.农业昆虫学.北京:高等教育出版社,2006.

［35］仵均祥.农业昆虫学.北京:中国农业出版社,2006.